できる!!
ウサギの診療

著：沖田将人（アレス動物医療センター）

謝 辞

　本書を執筆するにあたり，写真撮影にご協力くださいましたウサギさん，そして飼い主様に心から感謝申し上げます。

　また，愚鈍な私を見放さず，この職業で食べていけるまでに育ててくださいましたファーブル動物医療センターの山口 力先生，堀中 修先生，そして兄弟子にあたる松本 誠先生，山下 真先生に心から御礼申し上げます。

　いうまでもなく，この本は私一人でつくりあげたものではありません。たくさんの症例をご紹介いただきました富山県獣医師会の皆さん，連載の機会を与えてくださいました株式会社インターズーの西澤行人社長，連載を支えてくださいました編集の須藤 孝氏，沖田英治氏，書籍化に尽力くださいました小森孝志氏，そして執筆に耐えうる時間をつくり出してくれた当院のスタッフ一同，その他さまざまな方のご助力があって初めて形になったものです。この場を借り，謹んで心から御礼申し上げます。

　最後になりましたが，このような本を手にとっていただきました皆様に心から感謝申し上げます。

著者のことば

　縁あってインターズー発行の雑誌にウサギの診療について連載させていただくようになり，早12年となりました。人生で一度もウサギを飼ったことのない私が，まさかウサギの連載をもち，ましてや書籍を出版するとは，私を含めていったい誰に想像できたでしょう。

　先に言い訳がましいことを書かせていただくと，私はウサギを専門とする獣医師ではありません。ウサギも診療するごく一般的な犬や猫の動物病院の獣医師です。現に私の病院に登録されている患者の53％は犬であり，次いで猫25％，ウサギ10％，その他12％という内訳になっています。

　私はアメリカ留学もヨーロッパ留学もしていませんし，そもそも英語が話せません。エキゾチック診療専門の動物病院での勤務経験はなく，外科と眼科，皮膚科を中心とした動物病院での臨床経験があるのみです。さらに加えると，特別に手先が器用なわけでもありません。謙遜ではなく，おそらく私を指導した師匠からすると，劣等生の部類に入る弟子だったと思います。勤務医時代は本気でウサギの下痢にはヨーグルトがよいと信じており，ウサギの主食が乾草であることも知りませんでした。ウサギが齧歯類ではないと知ったのは勤務医になって何年目のころでしょうか。

　そんな私ですらそれらしい顔をしてウサギの診療ができているのですから，ウサギの診療のハードルは一般の獣医師が思うほど高くありません。ただ1，2冊ウサギについての書籍を読み，その基礎知識と犬や猫との違いを覚えて，自身がもっている診療，検査，手術手技に応用するだけでよいのです（実際，私はそのようにしてウサギの診療を行ってきました）。

　手前みそになりますが，本書はその一冊目にちょうどよい本であると思います。一般の動物病院に勤務している獣医師がウサギの診療もできるようになろうかと思った時，あるいは今まで犬や猫の診療を中心としていた動物病院がウサギも診療科目に加えようかと考えた時に，仕事の片手間，昼休み，就寝前に目を通す本です。まかり間違ってもウサギの診療を中心として働いているウサギのエキスパートの獣医師が，さらなる知識の習得やスキルの向上を目指して手にする本ではありません。そのような高レベルなことは一切書かれていません。

　いかに新たな設備投資をせず，犬や猫の診療技術や器具，薬剤を使用してウサギを診療するか。いかに不器用な人間でも失敗せずに手術ができるようになるか。それがこの本のテーマです。

　繰り返しになりますが，この本はウサギのスペシャリストになるための本ではありません。「うちの動物病院はウサギも診療していますよ」と，いえるようになるための本です。

2016年 夏
沖田将人

目 次

第 1 章
一般診療 –健康診断のポイント …………………………………………………………………… 3

第 2 章
一般診療 –臨床検査のポイント …………………………………………………………………… 13

第 3 章
一般診療 –処置のポイント ………………………………………………………………………… 21

第 4 章
麻酔管理 –ケタミン・イソフルラン使用による麻酔管理 ……………………………………… 31

第 5 章
麻酔管理 –v-gel による麻酔管理 ………………………………………………………………… 39

第 6 章
毛球症 –診断のポイント …………………………………………………………………………… 45

第 7 章
毛球症 –治療のポイント …………………………………………………………………………… 55

第 8 章
不正咬合 –診断のポイント ………………………………………………………………………… 67

第 9 章
不正咬合 –治療のポイント ………………………………………………………………………… 77

第 10 章
皮膚疾患 –診断・治療のポイント ………………………………………………………………… 87

第 11 章
皮膚疾患 –体表腫瘤摘出術，ほか ………………………………………………………………… 99

第 12 章
避妊・去勢手術 –卵巣子宮全摘出術 ……………………………………………………………… 109

第 13 章
　避妊・去勢手術 −ソノサージを用いた卵巣子宮全摘出術……………………………………117

第 14 章
　避妊・去勢手術 −精巣摘出術……………………………………………………………………121

第 15 章
　整形外科疾患 −跛行の検査・診断のポイント…………………………………………………129

第 16 章
　整形外科疾患 −外固定……………………………………………………………………………141

第 17 章
　整形外科疾患 −ピンニング………………………………………………………………………157

第 18 章
　整形外科疾患 −大腿骨頭切除術…………………………………………………………………169

第 19 章
　整形外科疾患 −吊り包帯…………………………………………………………………………175

第 20 章
　整形外科疾患 −断脚術……………………………………………………………………………181

第 21 章
　泌尿器疾患 −膀胱結石摘出術……………………………………………………………………189

第 22 章
　眼科疾患 −検査のポイント………………………………………………………………………197

第 23 章
　眼科疾患 −薬剤選択のポイント…………………………………………………………………207

第 24 章
　眼科疾患 −治療のポイント………………………………………………………………………211

付録

- A ウサギの来院理由として多い主訴とその鑑別診断リスト ………………………………… 付録1
  - 食欲不振あるいは便秘を主訴とする疾患　　　付録2
  - 歯ぎしりを主訴とする疾患　　　付録3
  - 軟便や下痢を主訴とする疾患　　　付録3
  - 鼻汁やくしゃみを主訴とする疾患　　　付録4
  - 皮膚異常を主訴とする疾患　　　付録4
  - 跛行を主訴とする疾患　　　付録4
  - 元気消失を主訴とする疾患　　　付録5
  - 赤色尿を主訴とする疾患　　　付録6
  - 神経疾患を主訴とする疾患　　　付録6
  - 流涙を主訴とする疾患　　　付録7
  - 眼脂を主訴とする疾患　　　付録8
  - 腹囲膨満を主訴とする疾患　　　付録8
  - 盲腸便の食べ残し（軟便の誤認識）を主訴とする疾患　　　付録9
  - 「眼が小さくみえる」という主訴の疾患　　　付録9
  - 排尿障害を主訴とする疾患　　　付録9
  - 呼吸困難を主訴とする疾患　　　付録10
  - 眼球突出を主訴とする疾患　　　付録10
  - 「眼が白くみえる」という主訴の疾患　　　付録11
  - 「体表部に腫瘤がある」という主訴の疾患　　　付録11
  - 「耳に異常がある」という主訴の疾患　　　付録12
  - 多飲多尿を主訴とする疾患　　　付録12
  - 削痩を主訴とする疾患　　　付録12
  - 高BUN血症を主訴とする疾患　　　付録13
  - 浮腫を主訴とする疾患　　　付録13
- B ウサギによくみられる主な疾患 ……………………………………………………………… 付録14
  - 消化器疾患　　　付録14
  - 呼吸器疾患　　　付録18
  - 皮膚疾患　　　付録20
  - 生殖器疾患　　　付録26
  - 神経疾患　　　付録28
  - 整形外科疾患　　　付録30
  - 泌尿器疾患　　　付録33
  - 眼科疾患　　　付録36
  - 循環器疾患　　　付録43
  - その他の疾患　　　付録43
- C ウサギについての基礎知識 …………………………………………………………………… 付録46
- D ウサギについてよくある質問 ………………………………………………………………… 付録51
- E 飼育管理アンケートと今後の予定説明シート ……………………………………………… 付録55
- F ウサギの診療に使用している薬剤・サプリメントなど …………………………………… 付録58
- G ウサギの診療に使用している器具・器材 …………………………………………………… 付録64
- H 参考図書 ………………………………………………………………………………………… 付録68
- I 索引 ……………………………………………………………………………………………… 付録71

- 一般診療
- 麻酔管理
- 毛球症
- 不正咬合
- 皮膚疾患
- 避妊・去勢手術
- 整形外科疾患
- 泌尿器疾患
- 眼科疾患
- 付録

第1章
一般診療
―健康診断のポイント

はじめに

ウサギの診療において，獣医師が最も頻繁に行うのは，避妊手術でも口腔内処置でもない．日常的な一般診療である．健康診断や爪切り，外耳処置などの一般診療は，飼い主の目の前で行うことが多い．そのため，一般診療の所作は飼い主の信頼に直結する．

「犬や猫の診療ができるから，ウサギの診療もできる」と油断してはいけない．ウサギの場合，診察台から跳び出すだけで，背骨を骨折してしまうということが起こりえる．逆に，「ウサギの診療は怖い」と敬遠していると，ちょっとしたコツを知っていれば救えるはずの生命も救えない．

ウサギの診療において細心の注意を払う必要はあるが，特別な技術も機材も必要ない．犬や猫との違いとちょっとしたコツを理解し，経験を積み重ねることで，誰にでもできるようになる．

本章は犬や猫の診療に用いる器具，あるいは日用品として手に入るものを用い，ルーチンで行う健康診断について解説する．

健康診断

症状の有無にかかわらず，著者の病院でルーチンに行っている検査を**表1-1**に示した．検査は①〜⑨の順に行っている．もちろん，この順番にこだわる必要はないが，それぞれの病院で検査の順番を決めておくことで，準備や保定をするスタッフと獣医師がスムーズに連携できるようになり，飼い主に獣医師だけではなくスタッフもウサギの扱いに慣れていることを理解してもらえるようになる．そして，そのことで飼い主は安心して診療を見守るようになり，素直にインフォームドコンセントを受け入れてくれるようになる．

表1-1 健康診断の際，著者の病院でルーチンに行っている検査

①	全身状態の観察
②	稟告の聴取
③	体重測定
④	外観の観察
⑤	聴診
⑥	近距離での視診や触診
⑦	仰臥位検査
⑧	頭部検査
⑨	口腔内検査

また，著者が表の順に検査している理由の一つとして，ウサギに与えるストレスの少ない検査から実施するということがあげられる．ストレスの小さな検査から大きな検査に一段階ずつハードルを上げることにより，ウサギに心の準備をする余裕を与え，また，検査に対するリアクションを観察してそのウサギがどの検査まで許容できるか類推しているのである．ウサギの性格や状態によって，途中で検査を切り上げる場合もある．

全身状態の観察

まず，急を要する全身状態であるかどうか観察する．ウサギの健康状態や疾患は，食餌内容や飼育環境に大きく影響される．しかし，それらすべてを飼い主から聴取しようとするとかなりの時間を要する．そのため，飼い

写真1-1　全身状態が悪く虚脱状態のウサギ

主から稟告を得る時間的余裕がそのウサギにあるのかどうか，まず判断する。

全身状態は，意識レベルや呼吸状態，正常な姿勢を維持できているかどうかについて，外観から判断する（**写真1-1**）。内部がみえるタイプのキャリーバッグの場合，キャリーバッグから出さずに観察する。

この時点で救急処置が必要であると判断した場合，飼い主に診療中に死に至る可能性があること，および緊急処置をしなければ生命にかかわる状態であることを説明し，酸素吸入や心臓マッサージなどの応急処置を行う。そして，状態が安定したら，稟告聴取や検査を再開する。

稟告聴取

ウサギにかぎらず，物言わぬ動物の診断を行う上で，飼い主の稟告は大きなヒントとなる。少なくとも**表1-2**に示した内容は聴取しておく必要がある。

体重測定

体重計の上で静止できないウサギや，初診で診療中の行動が予測できないウサギの場合，安易に体重計にのせてはいけない。個体によってはパニックを起こし，診察台から跳び出すことさえある。

このような場合，キャリーバッグに入った状態で測定し，診療中にスタッフにキャリーバッグの重さを測定してもらい，その差から体重を得る。あるいは，重さを測定しておいた収納ケースにウサギを移して，ケースごと測定してもよい。著者は収納ケースの代用に吸入麻酔ボックスを利用している。

初診の場合，体重測定時がそのウサギと最初に接触する時となる。キャリーバッグを開いた瞬間，身体に触れた瞬間，持ち上げた瞬間のウサギの表情や挙動を慎重に観察し，どの程度の保定，検査，処置ができるか類推する。ウサギが跳び出すおそれを感じたら無理せず，床での診察に切り替える。ネザーランド・ドワーフ種などはパニックを起こす個体が多く，特に注意を要する。

キャリーバッグからケース，あるいはキャリーバッグから床や診察台にウサギを移動させる際は，細心の注意を払う。ウサギはケースや床などのそばまでキャリーバッグで運び，ウサギを持って移動する距離をできるだけ短くする。移動する時は，肩から胸部を両手でしっかりと押さえて，素早く持ち上げ，移動先にすぐに下ろす

表1-2　稟告聴取のポイント

症状
- どのような症状か？
- いつからか？
- 急なものか？　徐々に進行してきたか？

自宅での様子
- 食欲はあるか？
- 水はどのくらい飲んでいるか？
- 元気はあるか？
- 便の大きさや数，色，形状に異常はないか？
- 尿の量や色に異常はないか？
- 歯ぎしりはしていないか？
- 消化管をガスが移動する音が聞こえることはないか？
- 換毛期であるか？

性格
- 神経質か？
- 抱っこができるくらい人に慣れているか？

過去の病歴
- 以前に同じような症状はなかったか？
- 過去に何らかの疾患を発症したことはないか？

食餌内容
- ペレットの主成分はチモシーかアルファルファか？
- ペレットの繊維質は何パーセントか？
- 1日何グラム与えているか？
- 乾草がケージからなくなる時間帯はないか？
- ペレットと乾草以外に与えているものはないか？

飼育環境
- 飼育環境の温度はどのくらいか？
- 飼育環境の湿度はどのくらいか？
- ケージやトイレの掃除頻度は適切か？
- ケージから出した時，目を離すことはないか？

その他
- 主訴以外に気になる点はないか？

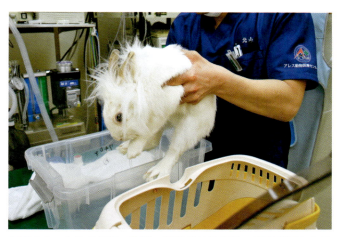

写真1-2 ウサギを短い距離、移動させる方法。両手で肩から胸部を広く持ち、素早く持ち上げ、すぐに移動先に下ろす

写真1-3 左：滑りにくい床材、右：一般的な床材

表1-3 外観観察のポイント

姿勢
- 斜頸はないか？
- 静止時の四肢の接地位置は左右対称か？
- 背弯姿勢をとることはないか？

行動
- 壁や椅子などにぶつかることはないか？
- 旋回運動をすることはないか？
- ローリングをすることはないか？
- 転ぶことはないか？
- すぐに座り込んだり、寝そべるなどの運動不耐性はないか？

歩行
- 四肢の挙上や跛行などはないか？

皮膚
- 脱毛や被毛異常はないか？

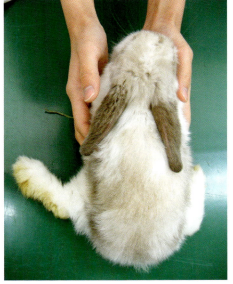

写真1-4 左後肢膝蓋骨脱臼のウサギ。飼い主は姿勢異常に気づいていなかった

（写真1-2）。重要なポイントとして、キャリーバッグを開けてから押さえるまで、押さえてから移動するまで、移動してから手を離すまでのそれぞれの段階は、ウサギに隙を与えないように素早く、スムーズに行うことがあげられる。

外観の観察

外観は、滑りにくい材質の床の上で自由に行動させ、観察する。著者の動物病院には歩行検査用の滑りにくい床の診察室と通常の床の診察室があり、診療内容に応じて使い分けている（写真1-3）。毛足の短いフロアマットを用意しておき、外観観察時に設置してもよい。観察ポイントを表1-3に示す。

静止時の四肢の接地位置は特に飼い主が気づきにくい異常であるため、念入りに観察する（写真1-4）。軽度の斜頸も飼い主は気づきにくい。観察時は、骨折や脱臼などの四肢の異常に限らず、脊椎疾患、骨盤骨折、脳疾患など、さまざまな疾患の可能性を考慮しながら観察する。

聴診

ウサギは、視界をふさぐとおとなしくなることが多い。また、狭いところに入り込むことで、安心する傾向にある。聴診時、著者はこの性質を利用し、バスタオルなどで顔を隠し、スタッフに頭部と胸部をやさしく押さえてもらいながら尾側から聴診している。ウサギをバスタオルで包む場合、バスタオルを広げ、頭部がバスタオルの中央に位置するように静かに置く。この時、ウサギの体軸はタオルの長軸に垂直になるようにする。次に、バスタオルの角を左右からウサギの頭部にかぶせ、タオ

バスタオルを広げ，ウサギの頭部がタオル中央に位置するように置く

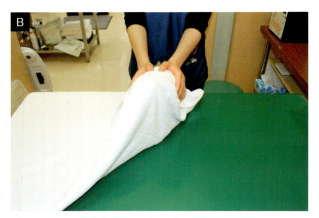
バスタオルの角を左右からウサギの頭部にかぶせる

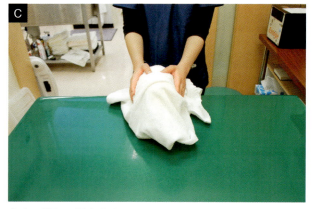
タオル越しに保定する

写真 1-5　バスタオルを利用した保定

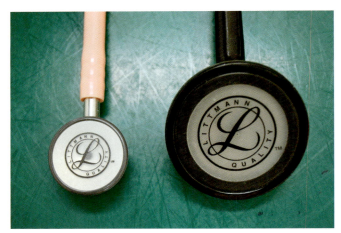
写真 1-6　聴診器。左：エキゾチックアニマルに使用しているダイヤフラム直径 3cm の新生児用聴診器。右：犬や猫に使用している直径 5cm の聴診器

ル越しに保定する（**写真 1-5**）。

　保定時，ウサギを強く押さえつづけてはならない。基本的に，バスタオルに包んだウサギがさらに前進するのを頭側から支えるようにし，後方に急に動こうとした瞬間だけ力を加えるようにする。ウサギは動けるスペースをみつけると力いっぱい抵抗するが，身体に密着した適切な保定を実施すると早々に諦める。バスタオルで隙間ができないようにウサギの身体を包む。その際，保定者は指を大きく広げてウサギとの接触範囲をできる限り広げる。重要なのは，後述する他の保定も同様であるが，点で押さえるのではなく，面で押さえるということである。手のひらや腕，体幹など，保定者の身体を少しでもウサギに密着させるように心がけるとよい。

　ただし，まれに顔を隠すことで激しく暴れるウサギがいる。この場合，後方に下がって逃げようとはしないが，タオルのわずかな隙間をみつけて顔でこじ開けて前に出ようとする。このタイプのウサギは視界を遮られることに強い不安を感じるようで，タオルから顔だけ出していたほうがむしろおとなしく診察させてくれる。しつこいくらいに前に出てくるウサギに対しては，後述のタオルから頭を出す保定に切り替え，肩から胸にかけてのみ押さえ，反応を観察するとよい。

　聴診器は，著者はダイヤフラム直径 3cm の新生児用を用いている（**写真 1-6**）。当院ではこれを幼犬や幼猫にも使用している。また，聴診は尾側から聴診器をタオルの隙間に入れ，タオルに包んだ状態で行っている（**写真 1-7**）。聴診時のチェック項目は**表 1-4** の通り。

　呼吸音や心音はもちろん，ウサギにおいては腹部聴診における腸蠕動音の聴取も重要となる。腸蠕動音の亢進は消化管内をガスが移動していることを意味する。すなわち，消化管運動機能が低下し，食渣の異常発酵により消化管内に大量のガスが発生している，あるいは呼吸困難に至る疾患により大量の空気を呑気している可能性がある。

第1章 一般診療 −健康診断のポイント

表1-4 聴診のポイント

呼吸音
・呼吸音に異常はないか？
・異常部位があった場合，どの領域か？

心音
・雑音はないか？
・心拍数の異常はないか？
・聞き取りにくい領域はないか？

腹部
・腸蠕動音が過剰に聞き取れることがないか？

表1-5 視診・触診のポイント

皮膚
・脱毛や鱗屑，発赤，発疹，内出血，痂皮，外傷はないか？

体表
・浮腫や腫脹，腫瘤，リンパ節腫大などはないか？

BCS（body condition score）
・体型は適正か？
・やせすぎ，あるいは太りすぎではないか？

疼痛
・触診を過剰に嫌がる部位はないか？

骨格
・四肢の骨格や脊椎に歪みはないか？
・膝蓋骨のゆるみや脱臼はないか？

腹部触診
・腹部に力を入れていないか？
・胃の膨満や硬化（胃壁の緊張）はないか？
・腹腔内腫瘤はないか？
・盲腸内ガスの貯留はないか？
・膀胱の膨満はないか？

近距離での視診・触診

近距離での視診・触診は聴診時の保定のまま尾側より行う。チェック項目を**表1-5**に示した。基本的には体表から始め，順に深部触診へと移行していく。

脱毛や鱗屑などの皮膚トラブルを確認した場合，この体勢のままテープテストや真菌検査を実施する（**写真1-8**）。

一般診療において，著者はBCS（body condition score）を非常に重要視している。胸部側面を両側から手のひらで触診し，肋骨上に余分な脂肪がなく，強く押さなくとも肋骨が手のひらに触知できる状態を標準体型5/9とし，重度削痩を1/9，重度肥満を9/9として，9段階で評価している。また，この情報は診察の都度カ

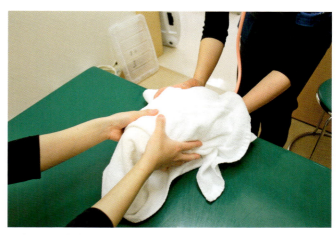

写真1-7 聴診。聴診器は尾側からタオルの隙間に入れ，タオルに包んだ状態のまま行う

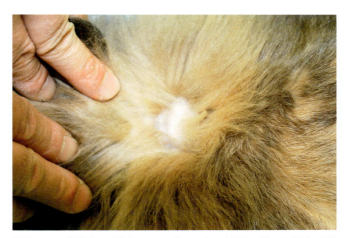

写真1-8 頸背部の脱毛。テープテストの結果，ダニの寄生が認められた

ルテに記入し，スタッフで共有している。一日当たりのペレットやおやつの摂取量とBCSが一致しているかどうかも重要である。ペレット量が適切で（5カ月齢以下は理想体重の5％／日，6〜11カ月齢は2.5〜3％／日，1歳以上は1.25〜1.5％／日），イネ科乾草を無制限で与えているにもかかわらず，やせすぎている場合には何らかの疾患が疑われる。逆に太りすぎている場合には，心不全や関節疾患などの運動不耐性疾患や，飼い主が報告していないおやつ，あるいは飼い主以外の家族が余計な食餌を与えている可能性が疑われる。たとえBCSが5/9であっても，食餌内容と一致していなければ，摂取した栄養を適切に消化，吸収，代謝できない何らかの疾患が隠れている可能性がある。

食欲不振や元気消失などの症状がある場合，特に腹部触診が重要となる。通常3時間以上摂食していないウサギの胃の触知は難しい。胃の膨満が触知された場合，あるいは3時間以上摂食していないにもかかわらず胃が触

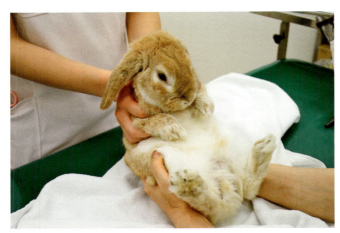

写真 1-9　仰臥位での観察

写真 1-10　前肢第一指の流涎跡。臼歯の不正咬合による流涎過多が示唆された

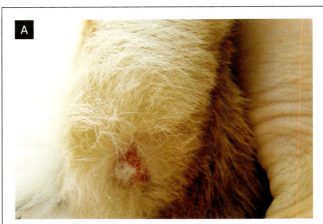

この程度の潰瘍は正常範囲内であり、治療を要さない

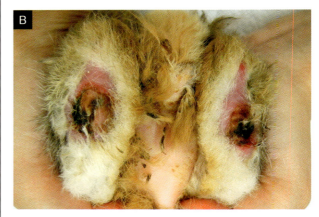

重度の足底潰瘍

写真 1-11　足底部の潰瘍

知された場合，消化管運動機能低下症がすでに発生している可能性がある。また，胃が硬化している場合や腹部触診を嫌う場合，腹部痛を伴っていることが多い。この場合，基礎疾患の診療と並行して，消化管運動機能亢進や疼痛緩和などのケアが必要となる。盲腸内のガス貯留は，食欲不振が慢性化している可能性を示唆する。日常診療で，正常な直腸の触感（砂がこすれあうようなザリザリとした感覚）を覚えておけば，容易に判断できる。

仰臥位検査

ウサギは暗くて狭い場所に入れるほか，仰臥位にすることによってもおとなしくさせることができる。

仰臥位にする場合，まずスタッフに背後から胸部を持ってもらい，獣医師は腰と大腿部を両手で広く包み持つ。胸部を持ったスタッフがゆっくりと垂直に立たせていき，それにあわせて獣医師が腰と大腿部を持った手を手前に引いて仰臥位にする。この時，脊椎は丸めた状態をキープし，伸びきったり，反ったりしないようにする（**写真 1-9**）。地面で背を丸めて伏せている姿勢を崩さないまま，仰臥位になるまで回転させるイメージで行うとよい。おとなしいウサギであったら，獣医師1人で仰臥位にして膝の上にのせて診察することもできるが，暴れるウサギや初めて診療する（性格のわからない）ウサギはスタッフと獣医師の2人で保定したほうが安全である。念入りに触診したい場合，スタッフ2人に仰臥位で保定してもらうとよい。そうすることで，獣医師の両手は空き，時間をかけて診察できるようになる。仰臥位検査でのチェック項目は**表 1-6**に示した。

肉垂や内股の脱毛は雌の巣づくり行動でもみられるが，頻繁にみられる場合は何らかのストレスを検討する。前肢第一指の流涎跡は不正咬合による流涎過剰の可能性がある（**写真 1-10**）。足底の痂皮は正常でもみられることが多く，軽度で非進行性であれば，通常は問題ない（**写真 1-11A**）。しかし，蓄膿しているものや潰瘍が

第1章　一般診療 −健康診断のポイント

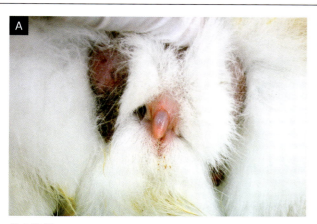

写真 1-12　雌雄鑑別

表 1-6　仰臥位検査のポイント

<u>腹側皮膚</u>
・脱毛や鱗屑，発赤，発疹，内出血，痂皮，外傷はないか？

<u>足底</u>
・前肢第一指に流涎跡はないか？
・外傷や潰瘍はないか？
・便の付着はないか？

<u>陰部</u>
・雌雄鑑別は正しいか？
・臭腺が過剰に蓄積していることはないか？
・尿や便による汚染，湿性皮膚炎はないか？

写真 1-13　軟便による陰部周辺の湿性皮膚炎

広範囲のもの，進行性のものは足底潰瘍として治療する必要がある（写真 1-11B）。便の付着は清掃不足や軟便，下痢便の可能性が示唆される。

　また，生後3カ月以下での雌雄鑑別は難しく，購入時にペットショップでいわれた雌雄を鵜呑みにして，確認しないまま飼育している飼い主も多い。初診時には確実に雌雄鑑別しておく（写真 1-12）。また，尿や便による陰部周辺の汚れや炎症がみられた場合，飼育環境の不備のほか，肥満，姿勢異常，泌尿器疾患，消化器疾患，生殖器疾患，皮膚疾患など，複数の疾患を想定しておく必要がある（写真 1-13）。

頭部検査

　バスタオルを広げ，その長軸中央の端にウサギの頭部がタオルから出るように静かに置く。頸のまわりに左右からバスタオルをまわし，背側部でつまんで固定する。この時，締めつけが強すぎると呼吸困難となり，ゆるすぎると脱走されかねない。頸のサイズにあわせて保持する。保定中に前肢が隙間から出てきたら，締めつけがゆるいということになる。次に，タオルの左右の端をウサギの体幹に巻きつけるように交互に包み，スタンピングできないように保定者の利き手でタオル越しに腰部を圧迫する。この時，ウサギの脊椎が丸くなるようにし，真っ直ぐにならないようにする。腰部の圧迫は真上から押すのではなく，丸めた脊椎が伸びないように背尾方向から圧迫する（写真 1-14）。

　ウサギの診療で最も怖いのは急激なスタンピングによる脊椎骨折である。保定時は常に脊椎を丸め，タオルが密着するようにしっかりと巻きつけ，スタンピングを防ぐ。このようにすれば，不慮の事故は起こらない。ウサギが暴れる場合，全身を使ってウサギの動きを制限する必要がある。利き手で頸まわりのタオルをつかみ，両腕でウサギを左右からはさみ，肩から胸の部分で腰背部を圧迫する（写真 1-15）。この時，保定者は診療の邪魔

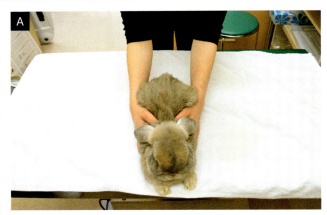

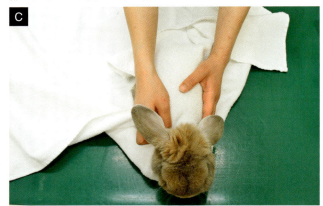
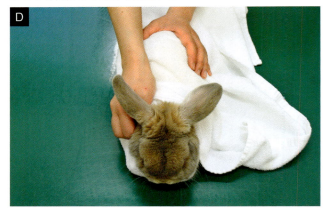

A バスタオルを広げ，バスタオルの長軸中央の端にウサギの頭部がタオルから出るように置く

B 頸のまわりに左右からバスタオルをまわし，頸のサイズにあわせて背側部でつまんで固定する

C タオルの左右の端をウサギの体幹に巻きつけるようにして交互に包む

D スタンピングできないように保定者の利き手でタオル越しに腰部を圧迫する

写真 1-14　頭部検査のためのバスタオルを利用した保定

にならないように自身の頭部をウサギから遠ざける。強く圧迫するのではなく，密着部分を増やして隙間をつくらず，ウサギに諦めさせるようにする。

頭部検査のチェック項目は**表1-7**に示した。

表1-7のチェック項目のうち，流涙（**写真1-16**），眼脂，鼻汁，流涎（**写真1-17**），顎骨の異常は，いずれも不正咬合との関連が強く疑われる。1項目でも異常があれば，たとえ後述の口腔内検査に異常がなくても不正咬合の可能性を考えておく必要がある。

口腔内検査

頭部検査に引き続き，口腔内検査を行う。ウサギにとって，咬合はその健康や寿命に直結するため，口腔内検査は非常に重要な検査となる。口腔内検査のチェック項目は**表1-8**に示した。

ウサギの切歯は，手で口唇をめくることで容易に観察できる。臼歯は，切歯の横から耳鏡や鼻鏡を口腔内に挿

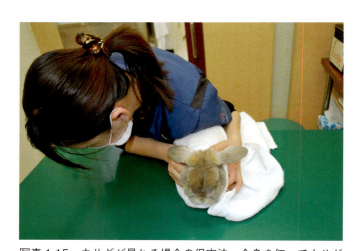

写真 1-15　ウサギが暴れる場合の保定法。全身を使ってウサギの動きを制限する。診療の邪魔にならないように，保定者の頭はウサギからできるだけ離す

入し，観察する（**写真1-18**）。上顎臼歯は主に頬側を，下顎臼歯は主に舌側を中心に観察する。

おとなしいウサギでも，すべての臼歯を完全に観察す

表1-7 頭部検査のポイント

神経症状徴候
・斜頸や眼振はないか？

眼
・結膜や強膜の充血はないか？
・角膜の潰瘍や浮腫はないか？
・左右差はないか？
・流涙や眼脂跡はないか？

鼻孔
・鼻汁跡はないか？

下顎
・流涎跡はないか？
・脱毛はないか？
・腫瘤はないか？

顎骨
・上顎骨や下顎骨の触診で不正な隆起はないか？

耳
・耳介の脱毛や鱗屑はないか？
・耳根部の腫脹はないか？
・耳道の発赤や痂皮はないか？
・耳道内に耳垢や膿瘍はないか？

表1-8 口腔内検査のポイント

歯列
・切歯や臼歯の不正咬合はないか？

口腔内
・唾液の過剰産生はないか？
・過剰な食渣はないか？
・潰瘍はないか？
・排膿は認められないか？

写真1-16 流涙。このウサギは流涙により内眼角の皮膚炎を起こしている

写真1-17 流涎。このウサギは下顎臼歯の不正咬合により舌潰瘍ができ、流涎過剰になっている

写真1-18 耳鏡による口腔内検査。ウサギが暴れる場合、眼を覆い、視界をふさぐことで、おとなしくなる場合もある

ることは難しい。そのため、一見正常のようにみえたとしても、唾液の過剰産生など、表1-8の項目に異常があった場合は不正咬合を疑う。また、インフォームドコンセントとして、飼い主には「観察可能な範囲には異常はあ りませんが、一番奥の臼歯に関しては鎮静や麻酔をかけなければ判断できません」と説明する。ウサギの口腔内検査に関して、麻酔下で開口して確認しない限り「大丈夫」と明言してはならない。

第2章
一般診療
―臨床検査のポイント

糞便検査

糞便検査は診察のたびに実施する。通常は飼い主に自宅で便を採取してきてもらい，診療中に排便した場合は新鮮便を用いて検査する。著者は直接塗抹法と集卵法をコンスタントに実施している。集卵の手法や浮遊液の選択はそれぞれの病院で犬や猫で実施している集卵法と同じでよい。ちなみに，著者は飽和硝酸ナトリウム液を浮遊液として下記の方法で実施している。

ウサギの糞便2g（約1/2～1個）を試験管にとり，少量の飽和硝酸ナトリウム液を加え，十分に攪拌する（**写真 2-1A**）。別の試験管口に2cm角に切ったキムワイプ（日本製紙クレシア）を詰める。ここに先に作成した糞便液をゆっくり入れ，夾雑物をキムワイプで濾過する（**写真 2-1B**）。ウサギの糞便は乾草の未消化物など夾雑物が多く，この作業を実施しなければ顕微鏡検査時にクリアな視野は得られない。試験管口のキムワイプを取り除き，表面張力で試験管口に盛り上がるまで飽和硝酸ナトリウム液を静かに加える（**写真 2-1C**）。20～30分静置し，試験管口に盛り上がった糞便液表面にカバーガラスを水平に接触させ，浮遊物を付着させる。

糞便検査のチェック項目を**表 2-1**に示した。

表 2-1　糞便検査のポイント

形状
- 小さくないか？
- 軟らかくないか？
- 数珠状，ぶどうの房状，涙滴状などの形状異常はないか？

色調
- 黒色便ではないか？

付着物
- 被毛や異物，粘膜，蟯虫などは付着していないか？

顕微鏡検査
- 直接法や浮遊法で，蟯虫卵やコクシジウム，ジアルジア，クリプトスポリジウムなどの原虫が認められないか？

写真 2-1　集卵法。ウサギの糞便を飽和硝酸ナトリウム液に溶解する（A）。別の試験管口に2cm角に切ったキムワイプを詰め，糞便液をゆっくり入れ，夾雑物を濾過する（B）。試験管口のキムワイプを取り除き，表面張力で試験管口に盛り上がるまで飽和硝酸ナトリウム液を静かに加える（C）

写真2-2 ウサギの便。便の大きさはウサギの食欲を表す。左は食欲不振時の便，食欲の改善とともに便は大きくなる。右端は正常食欲時の便

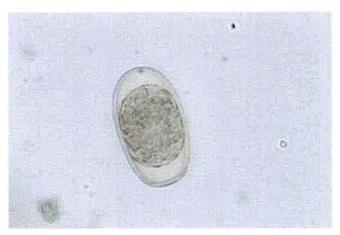

写真2-3 コクシジウムのオーシスト

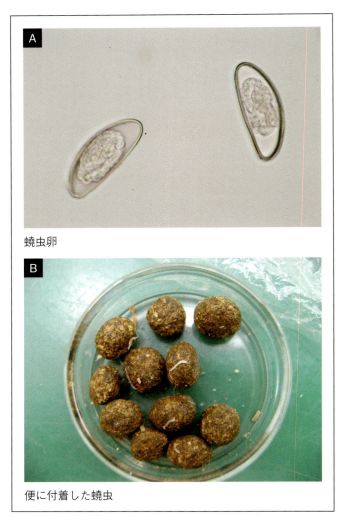

蟯虫卵

便に付着した蟯虫

写真2-4 蟯虫

　便の大きさや数は，食欲および繊維質の摂取量を正確に表すため，カルテに便の直径を記載しておくとよい（**写真2-2**）。食餌内容が変化していないにもかかわらず，黒色便が排泄される場合，上部消化管での出血が疑われる。

　消化管寄生虫の検出は非常に重要である。特に，コクシジウム（**写真2-3**）の感染は若齢個体の下痢や突然死の原因になりうる。ジアルジアは病原性がないとされているが，糞便中にジアルジアが大量にみられた場合，摂取カロリーに比してBCS評価が低い（削痩気味の）場合や成長不良の場合もあり，基本的に著者は駆虫を行っている。また，蟯虫も基本的に無症状であるが，大量寄生により体重減少や被毛粗剛，肛門の自舐行為，軟便，下痢などが認められる場合もあるため，駆虫している。蟯虫に関しては顕微鏡で虫卵を検出するか（**写真2-4A**），便に付着した虫体を肉眼で確認するか（**写真2-4B**）して，診断する。

　糞便の鏡検において，未消化の花粉などが認められることもある（**写真2-5**）。これらは一見コクシジウムに似ているため，注意する必要がある（**写真2-6**）。スライドガラス上でチモシーなどの乾草を軽く叩きカバーガラスをのせて鏡検すると容易に観察できるため，一度実物をみておくとよい。

　ほかに，糞便検査において*Cyniclomyces guttulatulus*という酵母が観察されることが多々ある（**写真2-7**）。この酵母は害も益もない常在菌であり，その増減に診断的価値はないとされている（ただし，犬では下痢の原因になりうるとの報告がある）。

尿検査

　ウサギは正常時でもポルフィリン尿のような色素尿（赤色尿）を排泄することがあるため，外観での判断ではなく尿試験紙での検査が必要となる。飼い主が採尿できないと訴える場合において，赤色というよりは濃いオ

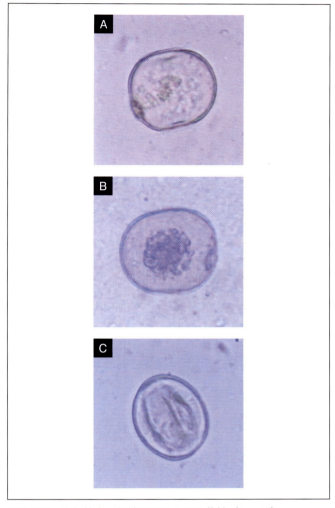

写真2-5　糞便検査で頻繁に認められる花粉（A～C）

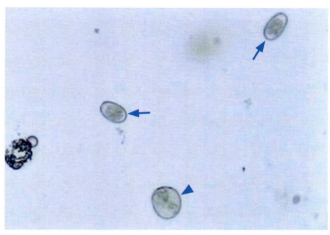

写真2-6　鏡検下でのコクシジウム（→），花粉（▶）。大きさや形状が似ているため，注意する

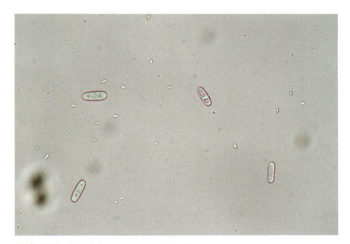

写真2-7　*Cyniclomyces guttulatulus*

レンジ色または朱色に近く，時間の経過とともに赤みが増していくという場合は確定はできないが，色素尿の可能性が高い。本来，採尿器での採尿が理想ではあるが，これが困難なウサギも多い。この場合，尿を吸収したペットシーツを病院に持参してもらうとよい。

持参したペットシーツは，一層目の不織布を15mm角に切り，2.5mLシリンジに詰め込む。次にペットシーツの尿を吸収した綿状パルプ高分子ポリマーを採取し，これを不織布の後に詰める。内筒で圧迫すると不織布で濾過された尿が採取される（**写真2-8**）。細胞や結晶は不織布を通過し，検査に十分に耐えられる試料となる（**写真2-9**）。採尿器を渡しても多くの飼い主は尿を採取してこないが，ペットシーツの持参を指示するとほとんどの飼い主が対応してくれる。

尿検査は，少なくとも排尿後2時間以内に実施すべきであり，この間に来院困難な場合はビニール袋などに入れてから冷蔵保存してもらい，24時間以内に持参してもらう。尿検査のチェック項目は**表2-2**に示した。

通常，ウサギの尿はアルカリ性であり，酸性尿の場合は食欲不振などの体調不良を疑う必要がある。また，アルカリ尿において，尿タンパクは偽陽性を呈することが多いため，尿検査での重要項目は糖と鮮血の確認となる。

顕微鏡検査で炭酸カルシウムやシュウ酸カルシウム，ストラバイトなどの結晶が観察されることは珍しくなく，異常と判断すべきではない。また，採尿器具とペットシーツのいずれから採尿したとしても，細菌の混入による汚染を考慮する必要がある。

血液検査

ウサギにとって採血は非常にストレスとなるため，呼吸などの全身状態を把握し，耐えられるかどうかを見極めてから実施する必要がある。採血部位として，橈側皮静脈や耳介動静脈，頸静脈などが用いられる。著者は低血圧時でも十分な採血量が得られる橈側皮静脈での採

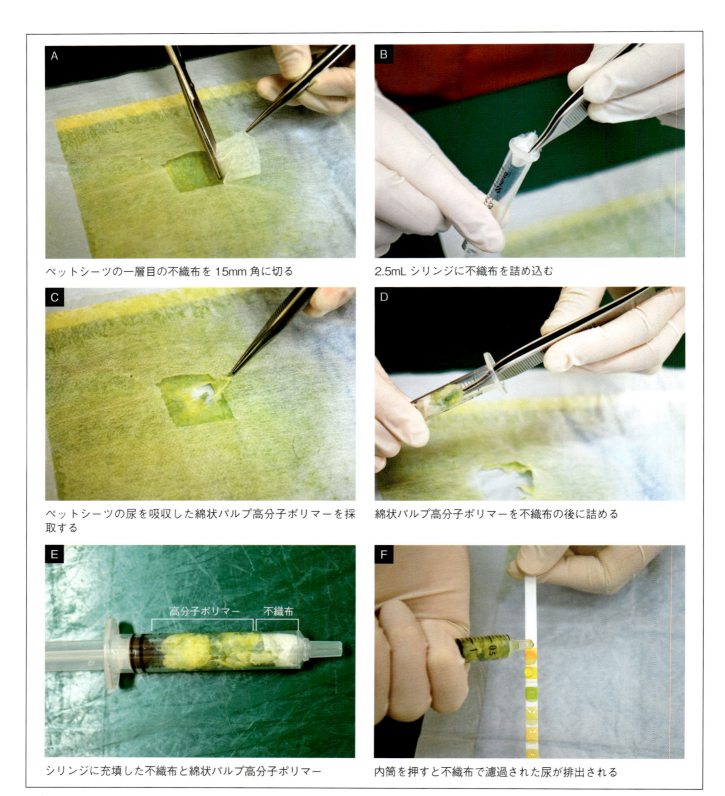

写真2-8　ペットシーツからの採尿法

A ペットシーツの一層目の不織布を15mm角に切る
B 2.5mLシリンジに不織布を詰め込む
C ペットシーツの尿を吸収した綿状パルプ高分子ポリマーを採取する
D 綿状パルプ高分子ポリマーを不織布の後に詰める
E シリンジに充填した不織布と綿状パルプ高分子ポリマー
F 内筒を押すと不織布で濾過された尿が排出される

血を好んで実施しているが，血管確保のために橈側皮静脈を温存し，耳介動静脈からの採血を選択してもよい。
　橈側皮静脈からの採血は次の通り。タオルで頭部を隠す保定（第1章）を行い，前肢だけタオルから露出する。ウサギの駆血では岸上式静脈駆血器（**図 2-10A**）が非常に使いやすい。駆血器を肘関節に設置し，保定者は肘関節（上腕遠位部）尾側に指を当て，前肢が伸展するように軽く頭側に圧迫する（**図 2-10B**）。前肢を強く握ることをウサギは嫌うため，圧迫により関節を固定するイメージで行うとよい（**図 2-10C**）。

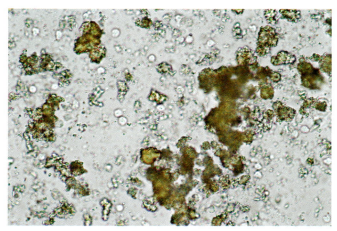

写真 2-9　不織布で濾過されても結晶や細胞は観察できる

表 2-2　尿検査のポイント

物理的検査
- 尿色に異常はないか？
- 尿比重の異常はないか？

化学的検査
- 尿pHは7以下に低下していないか？
- 潜血，糖は陽性ではないか？

顕微鏡検査
- 細胞，細菌，円柱，結晶などを観察

　採血手法は犬や猫と同じであるが，インスリン皮下投与針付注射筒がウサギには有用である。内筒を外し，ヘパリン 0.03mL を入れ，内筒を取り付けて余剰ヘパリンを針から排出した後に使用する。橈側皮静脈に針を刺し，内筒を 0.2 ～ 0.3mL 引いた状態で手を離すと，陰圧がゆるやかにかかり，血管壁が採血針の穴に貼りつかずにゆっくりと採血できる（図 2-10D）。さらに採血が必要な場合，内筒を 0.5mL のラインまで引いて追加採血することも容易にできる。吸引は内筒の陰圧に任せ，空いた手で針の位置を微調整することもできる。

　著者の病院ではエキゾチックアニマルの血液生化学検査はベトスキャン VS2（ABAXIS 社）で実施している。採血した血液は注射器から別容器に移さず，直接ローターのサンプルポートに 0.12mL 注入して検査を実施している。余った血液は血球計算器用の試料としている。

　個々のウサギの状態や症状にもよるが，血液検査の重要項目として BUN，ALT，GLU，TP，電解質，CRE，ALB，TG，WBC，PCV があげられる。状況によって他の項目も検査できれば理想ではあるが，採血量によって検査項目が制限される場合は優先順位を決めて測定

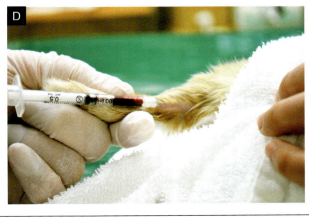

図 2-10　橈側皮静脈からの採血。岸上式静脈駆血帯（A）。保定者は前肢を握るのではなく，上腕骨遠位を頭側に圧迫する（B）。この際，圧迫により関節を固定するイメージで行う（C）。内筒を 0.2 ～ 0.3mL 分引いたら，吸引は陰圧に任せ，内筒から手を離す（D）

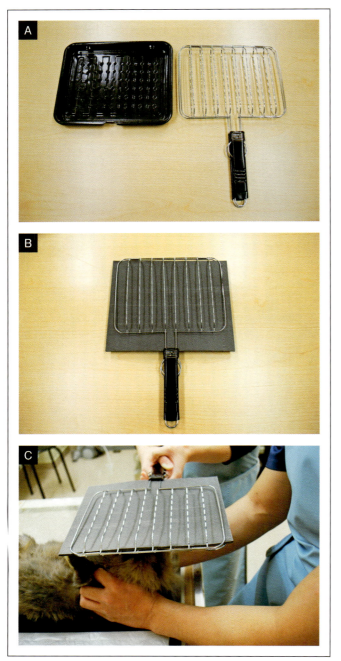

写真 2-11　オリジナルの被曝防御器具。両面式の魚焼き器から金網部分を取り外す（A）。含鉛ゴムを金網ではさむ（B）。X線写真撮影時に保定者の手を覆い，被曝から守る（C）

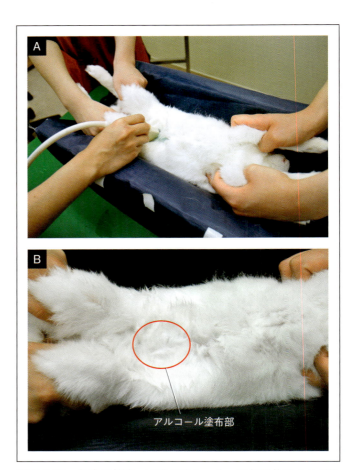

写真 2-12　超音波検査。V型ポジショナーに仰臥位にウサギを保定する（A）。被毛の上からアルコールなどを塗布し，毛を寝かせてから超音波検査を実施する（B）

する必要がある．著者の病院の場合，採血量に応じて，前述の項目順に検査を実施している．ベトスキャンVS2は全血0.1 mLで前述の検査項目中，TG，WBC，PCV以外は測定可能であり，ウサギを含めたエキゾチックアニマルの血液生化学検査には非常に有用である．欠点はALBが低値で測定される点であり，現時点ではベトスキャンでの測定値に1.8をかけて参照値と比較する必要がある．ちなみに表示されるGLBは測定値ではなく，TP測定値からALB測定値を引いた差であるため，こちらも補正が必要である．すなわちGLB＝TP測定値－1.8×ALB測定値となる．低TPや低ALBの個体に過度の点滴を行うと，肺水腫や腹水などの生命にかかわる問題が発生するおそれがある．そのため，慢性的な食欲不振のウサギに点滴を実施する場合，これらの値を確認してから実施しなければならない．TGはウサギにおいて食欲不振や脂肪肝との関連性が高く予後判定に有効であるため，可能であれば検査したい．ウサギにおいて，炎症性疾患でのWBC上昇は軽微であり診断的意義が低い．WBCの低下は敗血症の指標，PCVの低下は貧血の指標として，採血量が十分であれば測定すべきである．

X線検査

X線検査もまたウサギにとって大きなストレスとなるため，細心の注意を要する．撮影中に体動があった場合，診断意義のある画像は得られない．しかし，力任せに押さえつければ，脊椎骨折などの医療事故が発生しうる．

診断上は本来，VDまたはDV像とラテラル像の2方向像が必要であるが，状態によっては1方向撮影のみで妥協しなければならない。特にラテラル方向の保定を嫌うウサギは多く，注意を要する。呼吸状態が悪い場合は，X線透過性の吸入麻酔用ボックスにウサギを入れ，保定せずに酸素を流入しながらDV像のみ撮影する場合もある。適切なポジショニングから離れるほど診断意義の低い画像となるが，検査中の事故死は絶対に避けなければならない。

第1章でも述べたが，ウサギは仰向けにするとおとなしくなるので，VD像の撮影は容易である。仰臥位保定の体勢から，ゆっくりと四肢を頭尾側に牽引して撮影する。ラテラル撮影の場合，仰臥位保定の状態から，頭側を保定する撮影者は一方の手で両前肢を，もう一方の手で頸部背側の皮膚をつかみ，ウサギの脊椎を丸めたまま体軸を回転させ横臥位にする。ここから徐々に四肢を牽引し，脊椎をゆっくりと伸ばしていく。脊椎が真っ直ぐになるほど理想的ポジショニングとなるが，ウサギが暴れる可能性も高くなる。四肢をゆっくり牽引しながら，ウサギの挙動を観察し，動き出す気配を感じたら，それ以上の牽引は諦める。ウサギのX線写真撮影において完全なポジショニングは困難であり，全身状態がよければ，鎮静下での撮影を選択してもよい。

また，X線撮影時，ウサギが急激に動いたとしても，撮影者はそれに繊細かつ機敏に対応できなければならない。また，ウサギの身体は小さいため，胸部撮影などでは撮影者の手が被曝するおそれがある。防護手袋を装着すればよいのだが，それでは繊細かつ機敏な動きはなかなか難しい。そのため，ウサギのX線撮影は，撮影者2人と撮影者の被曝を防ぐ助手1人の計3人で実施するとよい。著者の病院では，含鉛ゴムをはさんだ両面式の魚焼き器を助手が操作し，撮影者の手の被曝を防いでいる（**写真2-11**）。助手が防護手袋をはめ，撮影者の手を覆ってもよい。

X線撮影のチェック項目は撮影部位や目的により多岐にわたるため，成書を参考にしていただきたい。

超音波検査

ウサギにおいて，超音波検査は子宮や膀胱，腎臓，肝臓，脾臓などの腹腔内臓器の観察に有用である。検査中の体位の安定を得るため，V型ポジショナーに仰臥位にウサギを保定する（**写真2-12A**）。多くのウサギはこの状態での検査を許容するが，暴れる場合は背骨の骨折を防ぐため，鎮静を行ったほうが無難である。その場合，著者はメデトミジン0.1〜0.25mg/kgを皮下投与し，10分後に検査している。検査終了後はアチパメゾール0.5〜1.25mg/kgの皮下投与で覚醒を促している。

クリアな超音波画像を得るためには，本来剃毛を行うべきである。しかし，皮膚が裂けやすく，毛が刈りにくいウサギにおいては，剃毛は時間がかかる。そのため，著者は剃毛せず，被毛の上からアルコールなどを塗布し，毛を寝かせてから超音波検査を実施している（**写真1-12B**）。アルコールはスプレーで散布してもよいが，臆病なウサギはそれでパニックを起こすことがあるため，アルコールを含んだコットンなどで状態をみながら塗布したほうが安全である。

超音波検査では，腹腔内臓器以外に，眼球内構造や眼球後部の膿瘍や腫瘍を確認することができる。この場合，局所麻酔点眼薬を用いれば，鎮静薬などを用いなくとも，頭部検査時のタオル保定のみで実施できる。

X線CT検査

X線CT検査はどの病院でも実施できるというものではないが，短時間で非常に多くの情報が得られ，ウサギにおいても非常に有用な検査である。動物病院用3DマイクロCT R_mCT AX（リガク）は，512枚のスライス画像を18秒で収集でき，しかも最小スライス厚は0.06mmと非常に精密な画像が得られる。エキゾチックアニマルを専門に診療する病院はいずれこのような機械が必須となるかもしれないが，中型犬以上の動物を撮影することは困難であり，犬や猫を中心とする動物病院にとっては汎用性が低い。エキゾチックアニマルだけでなく犬や猫の撮影もコンスタントに実施する場合は，中型犬や大型犬も撮影可能なヒト用X線CTを導入したほうがよい。ただし，撮影時にスキャナ台が動くとそれに反応してウサギが動いてしまうことが多いため，16列以下のCTスキャナを使用する場合は鎮静処置が必要である。著者はメデトミジン皮下投与10分後にウサギをタオルで包み，タオルごと麻酔ボックスに入れて撮影している。

ウサギのX線CT検査において有用性が高いのは，胸腔や腹腔内マス，不正咬合，骨折，脱臼である。胸腔や腹腔内マスの観察は，肺野の透過性低下，胸水，腹水，削痩などによって，X線検査による判定が困難な場合に有用である。不正咬合は，口腔内涎が多く，耳鏡などによる臼歯の観察が不完全な場合，あるいは飼い主が麻酔

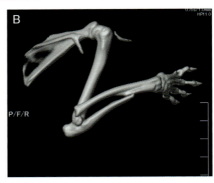
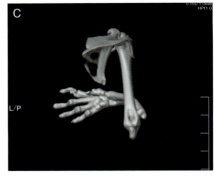

写真2-13　X線CT検査

A　落下事故後，前肢跛行を呈したウサギのCT3D画像

B　右前肢骨のみを抽出した画像。橈骨の肘関節脱臼と尺骨骨折が認められた

C　CT検査における3D画像はさまざまな角度から観察することができ，より綿密な手術計画を立てることができる

下での口腔内処置を決心できない場合にX線CT検査が有用となる。臼歯の棘化を3D処理して示すことで，処置に後ろ向きだった飼い主が処置を決断することも多い。落下事故などによる骨折や脱臼時にも，X線CT検査は非常に有用である。全身状態が悪くて動けない状態であれば，鎮静処置は必要ない。疼痛があって患肢を牽引されることを嫌うウサギに対し，無理やりX線検査を実施しても，パニックやショックに陥ることが多く，適切なポジショニングで撮影できることは少ない。X線CT検査は疼痛によるストレスが少なく，全身の撮影が可能であるため，骨折や脱臼の形状や変位を正確に把握でき，術前に精密な手術プランを検討できる（**写真2-13**）。また，それ以外の骨の骨折，脱臼，肺挫傷，胸腔内出血，腹腔内出血など，同時に他の疾患の有無も確認できる。骨折が起きるほどの事故があった場合，他の臓器にトラブルが潜んでいる可能性を十分考慮しなければならない。

謝辞

本章で記載した尿検査におけるペットシーツからの採尿方法は，清水動物病院（横浜市）の清水邦一先生よりご教授いただいた手法をアレンジしたものです。この方法により，当院ではウサギだけでなく，犬や猫でも採尿器具で尿を採取できない飼い主からも尿サンプルを得ることができるようになりました。特別な器具がなくても，工夫を重ねることで診療精度を上げることができること，ウサギの診療のみならず犬や猫の診療の発展にも貢献できることをご指導くださいました清水邦一先生にこの場を借りて御礼申し上げます。

第3章
一般診療
―処置のポイント

はじめに

著者は聴診や口腔内検査などの健康診断は診察室で行っているが，採血や爪切りなどの処置は処置室（飼い主のいない部屋）で行っている。もちろん，それらの処置も診察室で行ってもよいのだが，ウサギの飼い主は心配性の人が多く，処置中に身を乗り出すなどしてきて支障が出ることがある。また，ウサギの急激な動きに反応して大きな声を出す飼い主もおり，診療事故のきっかけになりかねない。逆に，健康診断の段階から処置室（飼い主のいない部屋）で行えば，ウサギがどのような扱いを受けているのか飼い主は不安を感じる。健康診断における取り扱いや稟告聴取でウサギの診療に慣れていることを示して信頼を得てから，処置室に移動し，臨床検査や処置に集中する。

処置室へは，健康診断時に使用したタオルでウサギを隙間なく包んでから，ラグビーボールを運ぶように全身を両手で抱えて移動する（**写真3-1**）。暴れるウサギは，出し入れがスムーズに行える天井部が開くタイプのキャリーバッグ，あるいは麻酔ボックスに入れて移動する。

処置において，最も重要なのは安全な保定である。保定を誤った場合，たとえ爪切りでもウサギを骨折させるおそれがある。保定のポイントは第1章にも記載したが，①ウサギの脊椎を丸め，②タオルで全身を隙間なく包み，③ウサギと接触する面を少しでも多くし，④常時力を入れるのではなく包み込むようにやさしく保定し，⑤急激な動きがありそうな時（あるいはあった時）のみ力を入れるということである。

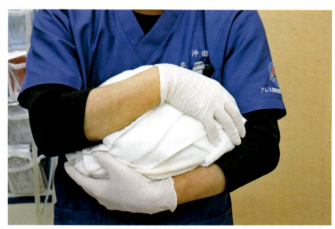

写真3-1　ウサギを持って移動する時の保定。タオルで全身を隙間なく包み，ラグビーボールを運ぶように両手で全身を包み込んで移動する

頭部や腰部の動きを制限することは特に重要であるため，保定者は手や体を使ってやさしく圧迫しつづける。

処置のポイント

爪切り

ウサギの爪切りは1〜3カ月ごとに実施する。それ以上間隔が開くと，爪折れ事故を起こす可能性が高くなる。また，爪切りを理由として，定期的に通院するように飼い主を習慣づけておけば，疾患の早期発見・早期治療につながる。

ウサギは視界をふさぐとおとなしくなる場合が多いため，第1章で記載した頭部を覆う保定を基本とする。顔を含めた全身をタオルで包み，爪を切る肢のみタオルから出す（**写真3-2**）。この時は，肢を強く握るのでは

写真 3-2　爪切り時の保定。顔を含めて全身をタオルで包み、爪を切る肢だけタオルから出す

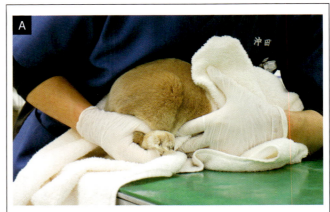

爪を切る後肢以外をタオルで覆い、頭部と腰部の圧迫を重視して保定する。写真では保定者の左腕で頭部を、胸で腰部を圧迫している

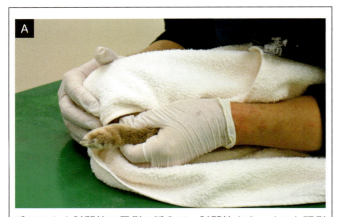

手のひらを肘関節の尾側に添えて、肘関節をゆっくりと頭側に押し出す。親指は上腕部近位頭側に添え、尾側に軽く圧迫している

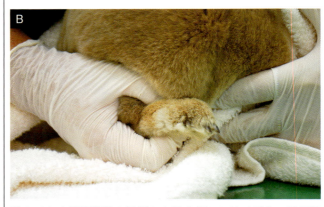

手のひらを足根関節の尾側から足底部にかけて添え、足根関節をゆっくり頭側へ押す。また、親指は下腿部近位頭側に添え、軽く尾側に圧迫している

前肢は爪切りがかろうじてできる程度に伸展させ、無理な体勢には極力しない

写真 3-3　前肢の爪切り

処置しにくかったとしても、後肢は強く伸展せず、ウサギの自然な体勢を維持したまま爪を切る

写真 3-4　後肢の爪切り

なく、関節の駆動を妨げるように保定する。

　前肢の爪切りの保定は、手のひらを肘関節の尾側に添えて肘関節をゆっくり頭側に押すとともに、親指を上腕部近位頭側に添えて軽く尾側に圧迫する。このようにすることで、強い力を加えずに前肢の動きを制限できる。また、爪切りがかろうじてできる程度にだけ前肢を伸展し、無理な体勢にならないように努める（**写真 3-3**）。

　後肢の爪切りでは、手のひらを足根関節の尾側から足

第3章 一般診療 －処置のポイント

写真 3-5 タオルで視界を遮ると暴れる場合，頭部と処置肢以外をタオルで包み，爪を切る（A および B）

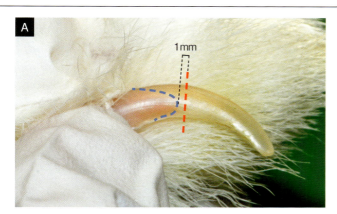

透明な爪は血管を含む部分がピンク色に透けてみえる。血管より 1mm 先を切断する（- - - -）　　処置後

写真 3-6 爪を切る位置

底部にかけて添えて足根関節をゆっくり頭側に押すとともに，親指を下腿部近位頭側に添えて軽く尾側に圧迫する（写真 3-4A，B）。このようにすることで，後肢の動きを制限できる。この時，前肢と同じように，爪切りがかろうじてできる程度にだけ後肢を伸展し，起立時の自然な姿勢を維持するように極力努める。不自然な姿勢や圧迫はより強い抵抗の原因となる。そのため，処置者が爪を切りやすい姿勢ではなく，ウサギに不快感を与えない姿勢を優先しなければならない（写真 3-4C）。

まれに視界をふさぐと激しく抵抗するウサギがいる。このタイプのウサギはタオルに包むとすぐに前に進み，小さな隙間から顔を無理やり出してくる。このような場合，タオルから顔を出してやることで，逆に抵抗なく爪切りできることもある（写真 3-5）。

爪を切る位置は，透明な爪であれば，血管が透けてみえるため，その先端より 1mm 先を切る（写真 3-6）。

保定者も処置者も，慣れるまでは少し長めに残したほうが無難である。黒爪の場合，その他の爪のなかに透明な爪がないか探し，その血管の長さや爪の伸び具合を参考にする。透明な爪が一本もない場合，爪に光を当て，透けて見える血管を確認して切る。たとえ透明な爪であったとしても，ウサギの急激な動きによって出血することはあるため，必ず処置前にクイックストップ（文永堂薬品）などの止血剤を準備しておく。

外耳処置

ウサギでは正常な場合でも耳垢は生成されるが，耳のケアが自力で実施できる場合は外耳処置をしなくても耳垢は蓄積しない。定期的な外耳処置が必要となるのは，ロップイヤーなどの垂れ耳種，関節疾患や神経疾患などのために四肢の動きが制限され自力で耳道清掃できないウサギ，外耳炎や耳根膿瘍があり膿性耳垢や過剰

写真3-7 ウサギの耳垢。乾燥していることが多い

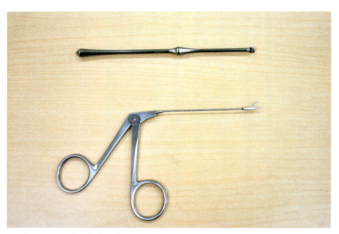

写真3-8 耳垢除去に使用する器具。ステンレス製のヒト用耳かき（上）と異物除去鉗子（下）

頭部のみ露出するように保定する

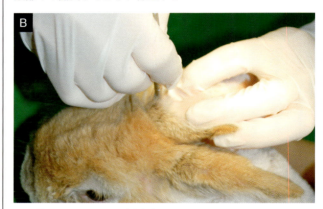

ヒト用耳かきによる耳垢除去。

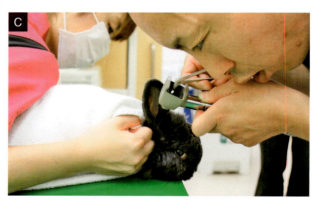

摘出困難な耳垢は、接眼レンズ部分を外した耳鏡を通して異物除去鉗子で摘出する

写真3-9 外耳処置

に耳垢が分泌されるウサギである。

　保定は、第1章で紹介した頭部のみ露出する方法を選択する。

　ウサギの耳垢は乾燥したものが多く（写真3-7）、綿棒で摘出することは難しい。また、耳道内に入れた洗浄液を完全に回収できない場合、それをきっかけに外耳炎に発展することもある。これらのことを考慮し、耳垢を摘出する際、著者は洗浄液は使わず、ステンレス製のヒト用耳かきや異物除去鉗子を用いている（写真3-8）。

　実際に摘出する際は、耳鏡で耳垢の位置を正確に把握した上で、耳かきで摘出する（写真3-9A、B）。耳かきで摘出困難な耳垢は異物除去鉗子で摘出する。その場合、耳鏡の接眼レンズ部分を外し、耳鏡内に異物除去鉗子を通すと、容易に耳垢が摘出できる（写真3-9C）。耳道内に耳かきや綿棒を入れるとほとんどのウサギは頭を強く振るため、耳道内や鼓膜を傷つけないように注意する必要がある。また、この頭を振る行為を耳垢摘出に利用することもできる。すなわち、完全に耳垢を取り除かなくとも、耳道に張りついた耳垢を剥がしとっておけば、ウサギは頭を振って、これを耳道外に出してくれる。摘出した耳垢はダニなどの外部寄生虫を含んでいないか鏡検する。

　耳垢除去後、シルピナ（ヨウ化銀錯塩：共立製薬）などステロイドを含まない抗菌外用薬を点耳する。ウサギの耳道内に犬や猫用のステロイドを含む点耳薬を使用すると、それをきっかけに耳道内膿瘍が形成されること

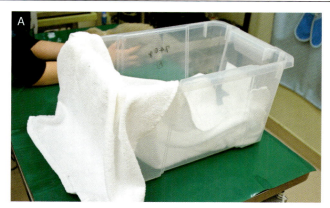
ボックスの底にタオルを敷き，余ったタオルの一端をボックスの外に出す

ウサギは，ボックスの外にタオルを出した側に頭部がくるようにボックスに入れる

余ったタオルをウサギの背側にかぶせ，頭部から肩にかけ両手ではさむように保定する

注射部位に針を固定し，皮膚を針に向かって引っぱりあげて刺入する

写真 3-10　皮下注射

があるため，その使用は避ける。どうしても抗菌薬を使用したい場合，クロラムフェニコール点眼薬やオフロキサシン点眼薬など，ウサギに安全に使用できる点眼用抗菌薬で代用する。

皮下注射および皮下輸液

皮下注射や皮下輸液の際は頭部を隠す保定を基本とする。皮下注射は短時間で終わるため，タオル保定だけでも可能であるが，皮下輸液は数分間ウサギの動きを制限する必要があるため，ボックスの中で行ったほうが安全である。

ボックスの底にタオルを敷き，余ったタオルの一端をボックスの外に出しておく（写真 3-10A）。このタオルの余っている方向にウサギの頭部を向けてボックス内に入れる（写真 3-10B）。余ったタオルをウサギの背側にかぶせ，保定者は頭部から肩にかけ両手ではさむように保定する（写真 3-10C）。この時，強い力は加えず，タオルをウサギに密着させるイメージで軽い圧迫をかける。処置者が針を刺し抜きする瞬間，そしてウサギが急激に動き出そうとした瞬間のみ力を入れるようにする。その際も強い力を加え続けるのではなく，瞬間的に圧迫を加え，ウサギの動きを制したら，すぐに圧迫を解除する。

犬や猫の皮下注射では，通常，皮膚消毒後，注射部位の皮膚を小さく摘み上げ，筋肉から浮き上がった皮膚に針を刺す。しかし，ウサギの皮膚は意外と硬く，この方法では針が刺しにくい。刺入に時間がかかれば，ウサギは暴れはじめ，中途半端な刺入位置となる。皮内注射は後日皮膚の壊死を招きかねない。ウサギの硬い皮膚に対し，スムーズかつ確実に針を皮下組織まで刺入するにはちょっとしたコツがいる。犬や猫と同じように片手で皮膚を小さく摘み上げ，注射部位に針をあてがったら，針の位置は固定して，皮膚を針に向かって引っぱりあげ，刺入するのである（写真 3-10D）。針が皮下組織に入ったら，注射液を注入する。この際，冷蔵保存の注射液は室温に戻しておく。冷たいままの注射液は急激な体動の

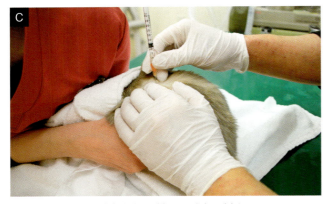

A: 両手の親指を腰部背側に当てるとともに，残りの指を足底部の下に入れ，脇を締めて両腕でウサギの体幹を左右からはさみ，腹部でウサギの頭部を抑える

B: 保定者は検査者の邪魔にならないように注射部位の対側に頭を動かす

C: 注射針は腰仙椎棘突起外側に対して垂直に刺す

D: 注射部位より露出した針は指で支持し，腰部に接着させ，ウサギが急に動いても針の刺入深度が変わらないようにする

写真 3-11　筋肉内注射

原因となる。

筋肉内注射

　筋肉内注射時には，皮下注射時と同じく，頭部を隠す保定を行う。保定者は両手の親指で腰部背側を押さえ，残りの指を足底部の下に入れ，脇を締めて両腕でウサギの体幹を左右からはさみ，腹でウサギの頭部を押さえる（いずれもタオル越しに）。また，保定者は，処置の邪魔にならないように注射部位の対側に自身の頭をもっていく（写真 3-11A，B）。

　筋肉内注射で体動が起きやすいのは，アルコールによる皮膚消毒時，注射針刺入時，注射液注入時である。注射担当者はこれらを行うタイミングで保定者に声をかけ，保定者はこの時のみ圧迫を強める。

　注射は，腰仙椎棘突起外側が実施しやすい。被毛をかき分け，注射部位の皮膚をアルコールで十分に消毒する。注射針を注射部位に垂直に刺し（写真 3-11C），確実に筋肉内に入ったという感触を得られたら，注射部位から出ている針を指で支持し，針を支持した手をウサギの腰部に接着させる。これはウサギが急にスタンピングしても，針を支持する手は腰部とともに動き，針の刺入深度が変わらないようにするためである（写真 3-11D）。ウサギの動く気配に注意しながら，ゆっくりと注射液を注入する。筋肉内注射は疼痛を伴うため，針を抜き，ウサギをキャリーバッグに戻すまで集中力を維持する。

静脈内注射

　ウサギの静脈内注射において，著者は橈側皮静脈や外側伏在静脈を用いている。

　保定は，爪切りと同じ保定方法で，注射対象となる肢だけ露出させる。ただし，爪切りとは異なり，注射する肢をしっかり伸展する必要がある。進展させる際は，ウサギが暴れないようにゆっくりと力を加え（より強く握るのではなく，前肢では肘関節尾側を，後肢では大腿部

第3章　一般診療－処置のポイント

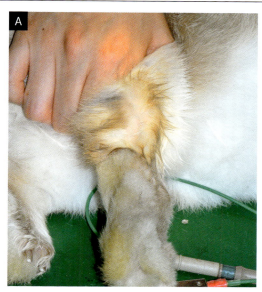
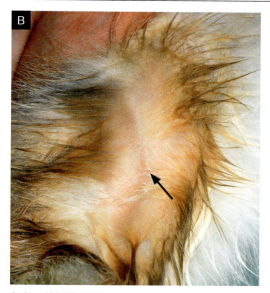

親指で大腿部遠位頭側を尾側に，他の指で大腿部近位〜中央を頭側に圧迫し，外側伏在静脈近位を駆血しつつ，後肢を伸展させる

矢印は外側伏在静脈

写真 3-12　静脈内注射

遠位頭側を圧迫する力を強くする），ウサギの様子をみながら静かに伸展させる（**写真 3-12**）。

　注射針は 27G 針を用いている。血管は非常に浅い位置に存在しているため，犬や猫の感覚で針を進めると容易に貫通してしまう。皮膚に対し平行に近いかたちで進め，シリンジ内に血液が流入してきたら，ゆっくりと注射液を注入する。慣れるまでは麻酔や鎮静をかけたウサギで練習するとよい。

経口投与

　治療を要するウサギでは，内服薬や流動食など，ほぼすべての場合で経口投与が必要となる。しかも，飼い主が自宅で投与できるようにする必要があるため，わかりやすく指導・説明できなければならない。初めて投薬する飼い主の場合，著者は必ず飼い主の目の前で行ってみせている。また，このデモンストレーションをスムーズに（いかにも簡単にやっているように）できなければ，飼い主は「プロですら困難なことが私たち素人にできるはずがない」と諦めてしまう。したがって，獣医師だけではなく，スタッフもスムーズに投薬できるように教育しておく必要がある。

　経口投与時は，タオルを使用した顔だけを出す保定を実施する（第1章）。この保定方法も飼い主に説明する。

　投与時は，薬や流動食を充填したスポイトやシリンジ

写真 3-13　経口投与。顔だけ出るようにタオルで保定し，スポイトの先端をウサギの口角から挿入する

の先端をウサギの口角から挿入する（**写真 3-13**）。ある程度挿入すると，ウサギはモグモグと口を動かしはじめる。これが嚥下できるサインとなる。口が動いている間は投与しつづけてもよいが，口の動きがとまった時は口腔内に投与物をため込んでいることが多いため，いったん中止する（この時に投与しつづけると，口から投与物を吐き出してしまう）。スポイト（またはシリンジ）の先端を口から出すと，ウサギは口を再度動かしはじめ，嚥下が終わると口の動きがとまる。口の動きがとまったのを確認してからシリンジを口角より再度挿入し，投与

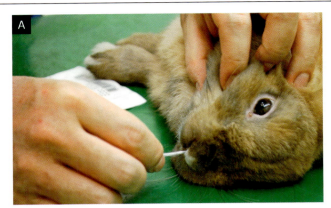
鼻孔部よりカテーテルをゆっくり挿入する

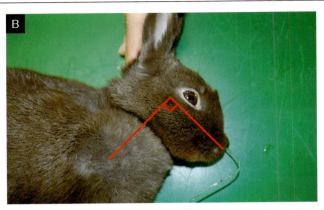
頭部を頸椎に対し約90度腹側に屈曲させ，カテーテルを挿入すると食道内に入る

鼻孔背側の皮膚と頭部の2カ所で栄養カテーテルを固定する

写真3-14　経鼻食道カテーテル

を再開する。これを目的とする投与量に達するまで繰り返す。経口投与を嫌うウサギの場合，1mLを3～4回に分けて投与する必要がある。ただし，ラキサトーン（フジタ製薬）のような粘稠度の高い投与物は，1mL程度であれば一回で投与しても吐き出すことはない。単なる経口投与とはいえ，瀕死の状態のウサギに実施すれば，生命にかかわることもある。ウサギの状態を十分に観察し，診断してから実施する必要がある。

経鼻食道カテーテル

経鼻食道カテーテルは，長期間の強制給餌が必要な場合や飼い主が強制給餌をうまく実施できない場合，設置する。ウサギはその原因にかかわらず，24時間以上の食欲不振で消化管運動機能低下や消化管内細菌叢の攪乱，脂肪肝などの二次的トラブルが発生し，状態が増悪する。これを防ぐため，長期の食欲不振時には流動食の強制給餌による治療が必須となるが，性格や嗜好，状態によって一切受け付けてくれない場合がある。このような時でも，経鼻食道カテーテルを設置することで，安全かつ簡単に大量の流動食を給餌することができる。

経鼻食道カテーテルは，基本的には鎮静または全身麻酔下で設置するが，状態の悪い場合には鎮静剤を用いなくても設置できる（ただし，下記の処置についても鎮静も要さない場合はかなり重篤な状態である）。4～5Frの栄養カテーテルを準備し，挿入する長さを決める。挿入の長さは頸部を伸展させた状態で鼻孔から第九肋骨付近までの長さとし，ここに印をつけておく。カテーテルの先端から最終的に挿入する部位までK-Yルブリケーティングゼリー（レキットベンキーザー・ジャパン）を塗布しておく。鼻孔部よりカテーテルをゆっくり挿入する（写真3-14A）。この時，犬や猫では鼻孔の内腹側を目指すとスムーズに挿入できるが，ウサギの場合は犬や猫に挿入する位置よりやや背側をイメージしたほうが挿入しやすい。初めて実施する場合は，犬や猫に挿入するイメージで挿入を開始し，抵抗を感じた場合は狙いを少し背側に変える。そうすれば，スムーズに挿入できる部位がみつかる。カテーテル先端が喉頭付近まで挿入できたら，頭部を頸椎に対し約90度腹側に屈曲させ，カテーテルを挿入すると食道内に入る（写真3-14B）。目的の位置まで挿入したら，カテーテルにシリンジを装着し，吸引して空気が入ってこない（食道内である）ことを確認する。また，X線ラテラル像を撮影し，先端部が適切な位置にあることを確認する。

位置を修正した後，栄養カテーテルを3-0ナイロンなどの非吸収糸で皮膚に縫合し，固定する。固定は，鼻孔背側の皮膚と頭部の2カ所で行い，チャイニーズ・フィンガートラップ縫合で固定する（写真3-14C）。

チャイニーズ・フィンガートラップ縫合はチューブを

第3章 一般診療－処置のポイント

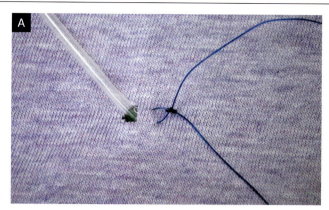
布を皮膚と見立てて，実施方法を示す。チューブを固定する皮膚に単純結節縫合を行う

糸の両端をチューブ周囲に一周させて，皮膚の対側で男結びを2回行う

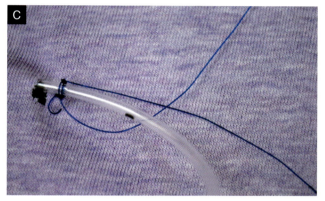
両側の糸をチューブ腹側で交差させる

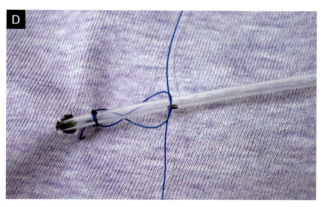
さらに背側までまわし，男結びを2回行う

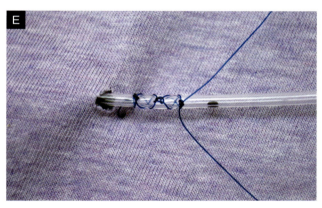
C〜Dの作業を繰り返す

縫合糸切断後に横からみたチャイニーズ・フィンガートラップの変法。本来の縫合法とは異なり，チューブ固定の縫合は背側のみ

写真3-15　チャイニーズ・フィンガートラップの変法

　固定する縫合としては非常に強固であるが，著者は処置時間を短縮するために変法として結紮回数を減らして実施している。具体的には，まずチューブを固定する皮膚に単純結節縫合を行う（**写真3-15A**）。この時，結節の両側には十分な長さの糸を残しておく。次に糸の両端をチューブ周囲に一周させて，皮膚の対側で男結びを2回行う（**写真3-15B**）。外科結びでもよいが，4Fr栄養カテーテルの場合は締めつけすぎるとチューブが狭窄するため，注意する。両側の糸をチューブの腹側で交差させ（**写真3-15C**），背側までまわし，同じように背側で2回男結びする（**写真3-15D**）。同じことをもう一回行い（**写真3-15E**），余った糸を切断する（**写真3-15F**）。チャイニーズ・フィンガートラップ縫合は，本来，結紮をチューブの背側と腹側のそれぞれで行うため，固定が

29

強固な半面，処置に時間がかかる。ウサギの場合，著者は固定の強固さよりも麻酔時間の短縮を優先してこのようにしているが，どちらを選択しても問題はない。

流動食のうち，ベジタブルサポートDoctor Plus Exotic（ダブリュ・アイ・システム）などの粒子の細かいものは4Frの栄養チューブをスムーズに通過する。粒子が粗く，スムーズに通過しにくいと考えられるものの場合，著者は溶解前にフードプロセッサーなどで細かく粉砕し，茶こしなどで粗い粒子を取り除いてから用いている。また，実施前には，ベジタブルサポートも含め，念のため，ぬるま湯で溶解し，4Frの栄養チューブに通過させて，その通過具合を確認しておく必要がある。流動食を注入したら，2～3mLのぬるま湯を注入し，チューブ内を洗浄する。チューブが目詰まりした場合，少量の炭酸飲料水でフラッシュすると解消することもある。

まとめ

本章を含む「一般診療」は，ウサギの診療では日常的に行うことばかりで，一般の獣医師にも求められる内容である。安全に実施できるようになっていれば，ストレスなくウサギの診療を請け負うことができる。また，これらの健康診断や臨床検査，処置のスキルを総動員すれば，一般の獣医師でも外傷や皮膚疾患，消化器疾患，泌尿器疾患，呼吸器疾患などさまざまな疾患と戦うことができる。整形外科や子宮疾患，不正咬合など，記載した内容だけでは対処できない疾患ももちろんあるが，これらのスキルが随所に必要とされる。

第4章
麻酔管理
―ケタミン・イソフルラン使用による麻酔管理

はじめに

　室内の小さなスペースでも飼育できる，散歩の必要がない，鳴かないなどの理由から，ウサギの飼育頭数は年々増加している。それに伴い，動物病院に来院するウサギも増加し，同時に飼い主が動物病院に求める診療レベルも高くなってきている。

　これに対する動物病院の姿勢はさまざまで，ウサギの診療を敬遠する病院も依然多い。その理由の一つとして，ウサギの外科手術の困難さがあげられる。しかし，ウサギの外科手術に特殊な技能が必要かというと，決してそうではない。安定した麻酔が得られ，犬や猫とのさまざまな違いを理解し，それにあわせてほんの少し工夫すれば，ウサギの外科手術は特殊な器械や薬剤を必要とせず，日常の診療で培った技術を生かして行える。

　本章ではウサギの麻酔管理において，少しでも生存率を上げるため，そして少しでも安定した麻酔を得るためのテクニックについて記載した。

麻酔方法の選択

　ウサギに限らず，どのような動物種においても，すべての症例に効果がある完璧な麻酔方法はない。年齢，体型，状態，疾患，手術時間の長さ，処置に伴う疼痛の度合い，麻酔管理者の慣れなど，さまざまな要因に基づき，症例ごとによりリスクの低い方法を選択していくしかない。

　また，獣医師によって実施する麻酔方法も異なり，イソフルランによるマスク吸入麻酔，気管切開による気管チューブ挿入，ブラインド法による気管内挿管法の変法，ケタミン塩酸塩（以下，ケタミン）＋キシラジン，ケタミン＋メデトミジン塩酸塩（以下，メデトミジン），ケタミン＋ジアゼパムなどコンビネーション注射麻酔などさまざまな手法が紹介されている。ウサギの獣医学自体発展途上の分野であり，麻酔方法についても模索状態が続いている。かくいう著者もこれまでにさまざまな方法で麻酔を行ってきたが，未だに納得のいく麻酔は行えていない。

　著者がウサギの診療を始めた頃は，イソフルランのマ

術前準備
- メロキシカム，0.2mg/kg，SC
- 塩酸メトクロプラミド，0.2～1mg/kg，SC
- メデトミジン塩酸塩，0.1～0.25mg/kg，SC
- 吸入麻酔ボックスで，10分間，酸素化

↓

導入麻酔
- ケタミン塩酸塩，5mg/kg，IVあるいはIM
- 吸入麻酔ボックスで，不動化するまで酸素化

↓

維持麻酔
- 経鼻気管カテーテル挿管
- 麻酔流量1L／分，イソフルラン2.0～3.0％吸入麻酔
- ケタミン塩酸塩，5mg/kg，IV，覚醒徴候にあわせ追加投与1～2回（1時間程度の手術の場合）

↓

覚醒
- アチパメゾール，0.5～1.25mg/kg，IV

図4-1　著者が現在実施している麻酔管理のおおまかな流れ

スク麻酔を多く行っていた。これは犬や猫の麻酔のほとんどをイソフルランの吸入麻酔で行っていたためであり、最も慣れていたからである。この手法は肝臓や腎臓などに障害のある高リスク症例でも安全性が高く、手術後の覚醒は非常に速い。しかし、マスクを鼻孔にしか当てられない抜歯や、腹腔内に大きな腫瘍病変があり呼吸状態が悪い症例（**写真4-1**）などでは、安定性に欠ける。また、整形外科手術などの長時間かつ処置による疼痛が不規則な手術の場合、イソフルランの濃度が低すぎると予想外の急激な覚醒を、高すぎると呼吸停止を招き、手術に集中できなくなる。外傷処置や麻酔下検査、去勢手術などの短時間麻酔としては非常に優れており、著者は今も多用しているが、すべての手術をこの手法のみで対処するには限界を感じていた。

そこで気管内挿管の習得を目指したが、恥ずかしながらうまくいかず、2kg以上のウサギではかろうじて実施できるのだが、それより小さいウサギでは極端に成功率が下がった。挿管に失敗すると喉頭浮腫が起こり、呼吸困難や喉頭麻痺を引き起こすという文献でよくみられる状態に至ったことはないが、これらのことを恐れるあまり、積極的に挿管を試みていないために運よく免れていただけかもしれない。

次に実施したのが、マレイン酸アセプロマジン（以下、アセプロマジン）（0.2〜0.5mg/kg, SC）やジアゼパム（1mg/kg, IM）、モルヒネ（2mg/kg, SC）、メデトミジン（0.1〜0.25mg/kg, SC）などの前投与を行った後のイソフルランのマスク吸入麻酔である。モルヒネやメデトミジンでは麻酔濃度を低下させることができたが、それでも長時間の安定した麻酔管理は難しく、アセプロマジンやジアゼパムでは明確な効果を感じられなかった。

この後、メデトミジン（0.1〜0.25mg/kg）とケタミン（5mg/kg）混合の筋肉内注射による導入後、イソフルランマスクの吸入維持麻酔を実施するようになった。この手法は、安定していればイソフルラン濃度を1.5%まで下げることができ、口腔内処置や30分以下の短時間手術であれば十分な安定性が得られた。また、アチパメゾール（0.5〜1.25mg/kg, IV）による早期覚醒も可能で、非常に有用であった。しかし、麻酔時間が30分を超えると、イソフルランの単独麻酔と同じように、急激な覚醒や不安定な呼吸がみられはじめるようになった。手術時間が長いほどその安定性は損なわれ、少しの体動も許されない眼科手術や腸管吻合などでは、手術時

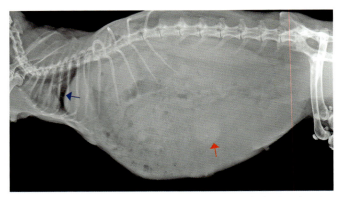

写真4-1　過大な子宮癌（赤矢印）により横隔膜（青矢印）が頭側に変位し、呼吸困難を呈していた症例

間は短くても使用しにくかった。

著者は現在、長時間手術や一切の体動が許されない手術では、メデトミジン（0.1〜0.25mg/kg, SC）前投与、ケタミン（5mg/kg, IM）導入、経鼻気管カテーテル挿管、イソフルラン維持麻酔、体動時追加ケタミン（5mg/kg, IV）による麻酔を実施している。この方法は長時間でも非常に安定した麻酔が得られ、容易に実施でき、犬や猫の診療技術で十分に実行できる。ただし、肝臓や腎臓などの代謝に異常をもつ症例では必ずしも安全とはいえない。そのため、この方法だけではすべての手術に対応することはできない。

前述のように、ウサギの状態や年齢、手術内容に応じて、その都度よりリスクの低い方法を選択し、一つの方法にこだわるべきではない。イソフルランを主体とした麻酔の詳細や、術前検査などについてはVEC20号の特集「ECの全身麻酔」を参考にしていただきたい。ここでは、著者が実施している方法を紹介する。

ケタミン・イソフルラン併用麻酔（図4-1）

術前準備

以前は麻酔前2〜4時間の絶食を推奨する文献をよくみかけたが、最近は1〜2時間の絶食、あるいは絶食は必要ないという文献が多い。そもそもウサギは嘔吐しない動物であり、ウサギにおける絶食は麻酔時の嘔吐を懸念してのものではない。すなわち、胃内容物が多く貯留し、横隔膜が頭側に変位することにより呼吸が妨げられるリスクを重視したり、食餌停止による消化管の運動機能低下のリスクを重要視した上の選択と思われる。著者も絶食は勧めていないが、通常午前中に預かり、手術ま

写真4-2　透明な収納ボックスに穴を開け，麻酔器のチューブが接続できるようにした吸入麻酔ボックス

写真4-3　メデトミジン投与後15分，かなり動きが少なくなり，反応が鈍くなっている

でに1〜2時間の待ち時間ができてしまうため，結果としてこの間絶食状態となっている。

　麻酔を要するウサギはすでに食欲が低下している場合が多く，また麻酔によってさらに消化管の運動機能が低下してしまう場合が多いため，塩酸メトクロプラミド（以下，メトクロプラミド）（0.2〜1mg/kg，SC）を投与する。

　ウサギはアトロピンエステラーゼをもつ個体が多いため，術前投与として硫酸アトロピン（以下，アトロピン）を用いる場合，大量投与が必要となる。また，メデトミジンとアトロピンの併用は血圧の一時的な過剰上昇と心臓への大きな負荷を引き起こす危険性があり，著者はアトロピンは使っていない。

　以前はメデトミジンとケタミンを混合して筋肉内注射を行っていたが，最近はメデトミジン（0.1〜0.25mg/kg，SC）とメロキシカム（0.2mg/kg，SC）を前投与として行っている。その理由として，筋肉内注射に非常に抵抗するウサギもおり，注射をするために押さえつけることで大きなストレスを与えるためである。皮下注射に関しては大きなストレスを与えることなく行うことができる。

　前投与を行った後，ウサギを吸入麻酔ボックスに入れ，これに酸素を流し，10分間酸素化を行う（**写真4-2**）。当院ではホームセンターで販売している透明な収納ボックスに穴を開け，これに麻酔器を取り付けたものを使っている。酸素化が呼吸停止時に役立ってくれるのはほんの1〜2分かもしれないが，この短い時間が緊急時の対応に大きな差となる。

　メデトミジンは犬や猫の副作用として徐脈が心配されるが，ウサギではみられないという報告もある。著者は統計をとって正確に比較したことはないため，有意差の有無については明言できないが，メデトミジンを使いはじめる以前の麻酔と心拍数に差を感じたことはない。メデトミジン投与後10分程度で，通常はかなり暴れるウサギでも十分な鎮静状態に至る（**写真4-3**）。前投与以前に暴れて血管確保ができなかった場合はこの段階で行うのが理想であり，この時点でも不可能であれば，導入麻酔後に実施することになる。

麻酔

　導入麻酔としてケタミン（5mg/kg）を，血管が確保されている場合は静脈内投与で，設置できなかった場合は筋肉内注射で行う。ケタミン投与後，不動化するまでマスクあるいは吸入麻酔ボックスで再び酸素化を行う。

　不動化後，手術台の頭部側を上げ傾斜した状態で保定し，腹腔内臓器や横隔膜の位置を少しでも尾側に変位させ，呼吸の妨げにならないように気を配る。

経鼻気管カテーテル

　全身麻酔を実施する際，酸素やガス麻酔を気管に直接送気するため，著者は必ず経鼻気管カテーテルを実施している。もちろん，気管に適合した気管チューブを挿管するのが理想ではあるが，誰にでも容易に実施できる手技ではなく，練習が必要となる。また，マスク麻酔は容易に実施できるが，安定性に欠け，一部は呑気してしまい，マスク麻酔による長時間麻酔は消化管内ガス貯留と

経鼻気管カテーテルでは，カテーテルの先端が喉頭付近まで挿入できたら，ウサギの頭部を背側に持ち上げ，ゆっくりと挿入する

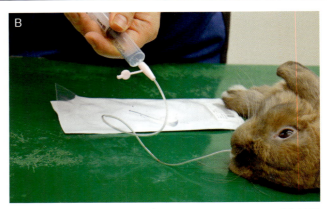

気管内に挿入できている場合，カテーテルにシリンジを接続してゆっくり引くことで空気が吸引できる

呼吸にあわせて鼻孔そばのカテーテル内がくもれば気管内に入っている

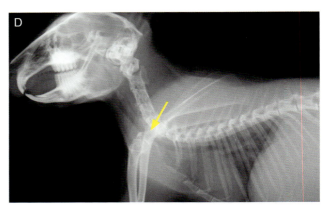

経鼻気管カテーテルの先端（矢印）は肩関節付近まで挿入する。

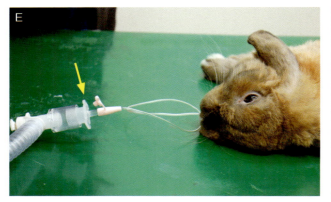

経鼻気管カテーテルに3.5～4Fr気管チューブの接続部（矢印）を仲介させて麻酔器と接続する

写真4-4　経鼻気管カテーテル

それに伴う呼吸不全につながる。経鼻気管カテーテルの設置は誰でも容易に実施でき，気管だけに酸素とガス麻酔が送気できる。

経鼻気管カテーテルの挿入時は，まずケタミンなどの注射麻酔で不動化した後，ウサギを横臥位にする。4～5Frの栄養カテーテルを準備し，挿入する長さを決める。挿入する長さは頸部を伸展させた状態で鼻孔から肩関節までの長さとし，カテーテルに印をつけておく。カテーテルの先端から最終的に挿入する部位までは，K-Yルブリケーティングゼリー（レキットベンキーザー・ジャパン）を塗布しておく。

次に，鼻孔部よりカテーテルを徐々に挿入する。犬や猫であれば，鼻孔の内腹側を目指すとスムーズに挿入できるが，ウサギでは犬や猫よりもやや背側をイメージしたほうがスムーズに挿入できる。初めて実施する場合は，犬や猫に挿入するイメージで開始し，抵抗を感じたら少し背側に狙いを変えるという方法で，スムーズに挿入部位がみつかる。カテーテル先端が喉頭付近まで挿入できたら，ウサギの頭部を背側に持ち上げ，さらにゆっくりと挿入する（写真4-4A）。目標とする位置まで挿入できたら，カテーテルにシリンジを接続し，ゆっくりと引く。この時，空気が吸引でき（写真4-4B），シリンジを外すと呼吸にあわせて鼻孔そばのカテーテルがくもれば気管内に入っているということである（写真4-4C）。

第4章 麻酔管理 －ケタミン・イソフルラン使用による麻酔管理

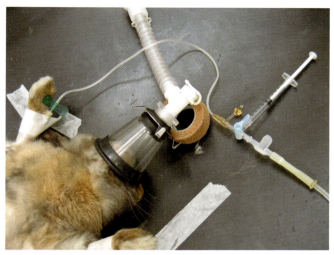

写真4-5 右より，輸液セット，三方活栓とそれに接続したケタミン充填シリンジ，翼状針，右橈側皮静脈の血管確保を連結している

シリンジ内筒を引いても空気がシリンジ内に入ってこない場合は食道内に入っているため，いったん喉頭までカテーテルを引き戻し，頭部の角度を少し（頭部が背側に動く可動範囲ぎりぎりまで）変えて再挿入する。慣れるまではX線検査で位置を確認してもよい（**写真4-4D**）。カテーテルのシリンジ接続部は麻酔器の呼吸回路チューブには直接つながらないため，3.5〜4Fr気管チューブの接続部を仲介させて麻酔器と接続する（**写真4-4E**）。酸素流量1L/分，イソフルラン2.0〜3.0％吸入維持麻酔を行う。

術中点滴の輸液セットと翼状針の間に三方活栓を設置し，これに追加投与用のケタミンを充填したシリンジを接続しておく（**写真4-5**）。麻酔担当者には1回に追加するケタミン量（5mg/kg）を事前に指示しておき，呼吸数の増加や眼瞼反射，角膜反射，わずかな体動など麻酔深度が浅くなった徴候にあわせ，補助麻酔として追加投与してもらう。著者の経験では1時間前後の手術の場合，ケタミンの追加は1〜2回であり，導入量とあわせて10〜15mg/kgのケタミンを投与することになる。追加投与が何回必要であるかは，手術の疼痛の度合いや個体差が大きく，実際行ってみないとわからないが，少なくてすむ場合はもちろんそれに越したことはない。

操作自体は，輸液セットのゴム管から直接ケタミンを追加投与するほうが容易であるが，ゴムの破損や空気の混入が起こるおそれがあり，またゴム管の先にタコ管がある場合は薬剤がそこで滞留し，追加投与したケタミンがすべて血管確保にたどりつくのにかなりの時間を要する。三方活栓を介して翼状針を血管確保に接続しておけば，多少の体動があっても容易に操作でき，点滴速度を20〜30秒間最大速度にすることにより急速に効果を現す。

モニタリング

心電図は，一般の犬猫に用いられている心電図モニターで十分に対応できる。波形が小さく，みえにくい場合は心電図の感度を上げたり，Ⅱ誘導からⅠ誘導やⅢ誘導に切り替えることで，よりはっきりとした波形が得られる。ウサギは見た目で正確に仰臥位に保定しても心臓の軸が左右いずれかに傾いていることが多く，誘導の切り替えは非常に有効である。

これに対し，呼吸モニターは気管内挿管を行えない場合は正確とはいえない。また，ウサギでは数十秒間一時的に呼吸が停止する「息こらえ」が起こるという報告もあり，麻酔管理者による目視の呼吸観察が重要であるが，難易度は高い。呼吸停止が起こった時に蘇生できる可能性は低く，気管切開の準備は常にしておく必要がある。とはいえ，いかに安定した呼吸を維持するかが麻酔の成否を分ける。

著者の病院では，呼吸の目視基準として，経鼻気管カテーテルの呼吸によるくもりと胸部の動きを重視している。カテーテルのくもりは麻酔管理者にドレープの頭側をめくって常に観察してもらうが，不明瞭な時も多い。また，術創の大きさにあわせた有窓布では胸の動きがみえなくなってしまう。そこで，剃毛（**写真4-6**），消毒（**写真4-7**）した後，透明な切開用ドレープ，ステリ・ドレープ2（スリーエムヘルスケア販売，**写真4-8**）を全身にかけ（**写真4-9**），術野だけでなく胸部もみえる大型犬用の有窓布をこれに重ねることで対応している（**写真4-10，11**）。この方法であれば，麻酔管理者だけでなく，術者も常に胸部の動きを観察でき，ウサギの疼痛に対する反応を複数の目で監視できる。

ウサギの剃毛は非常に時間がかかるため，呼吸を確認するために胸部まで丁寧に剃毛をしていると麻酔時間が無意味に経過してしまう。術野以外の毛刈りはあまり時間をかけず，消毒も術野にかかわる範囲を中心に行えばよいが，有窓布を固定する場所は剃毛や消毒がきちんと行われているべきであり，消毒が行われていない部分に支持糸をかけるべきではない。

覚醒

術後，アチパメゾール（0.5〜1.25mg/kg，IV）で覚

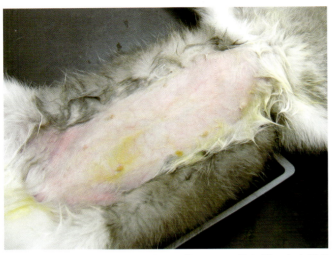

写真 4-6　避妊手術の剃毛領域。通常よりやや胸部側に広く剃毛している

写真 4-7　イソジンシャンプーによるスクラブ後，ポビドンヨードとアルコールによる消毒を実施する

写真 4-8　上は透明な切開用ドレープ ステリ・ドレープ 2，下はヨウ素化合物含有粘着剤使用の切開用ドレープ アイオバン 2 スペシャルインサイズドレープ

写真 4-9　術野だけでなく胸部全体を覆うようにステリ・ドレープ 2 を広げる

醒を促す。これは術前に投与したメデトミジンの 5 倍量であり，メデトミジン 1.0mg/mL，アチパメゾール 5.0mg/mL の注射薬を用いれば，同じ用量（mL）ということになる。ただし，麻酔時間が長い場合，3 〜 4 倍量で投与しても十分覚醒を促せる。アチパメゾールを静脈内投与すると即座に覚醒し，暴れはじめるため，アチパメゾールの静脈内投与は入院ケージに入れてから行う。この時，酸素濃度 30 〜 35％の ICU で覚醒できれば，低酸素症に至るリスクを下げることができる（**写真 4-12**）。

第4章 麻酔管理 −ケタミン・イソフルラン使用による麻酔管理

写真4-10 切開用ドレープの上に有窓布をかける。頭側の白い部分は剃毛および消毒されていないため，この部位に有窓布固定用支持糸をかけてはいけない

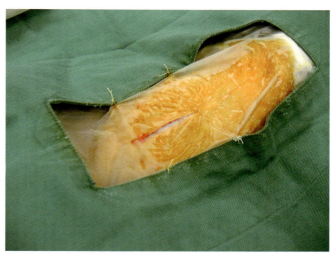

写真4-11 切開線からわかるように術野は尾側半分のみで，頭側は胸部呼吸を観察するためだけに開口している

写真4-12 簡易ICUベルパ（東京メニックス）。既存のケージに取り付けることができる

まとめ

　本章で記した診療テクニックはウサギ用の特殊な器具を用いるわけではなく，気管内挿管のような特殊な技能も必要としない。経鼻気管カテーテル挿管も困難であれば，マスク麻酔で代用することもできる（しかし，経鼻気管カテーテル挿管は実際に行ってみると，非常に簡単なので，ぜひチャレンジしていただきたい）。すべての手術をこの麻酔法でコントロールできるとは思わないが，だれにでも実施できる非常に簡単な手技であり，多くの症例に応用可能だと思われる。

第5章
麻酔管理
ーv-gelによる麻酔管理

はじめに

近年ウサギ用気管チューブとして注目されているv-gelは非常に画期的であり，麻酔管理の難しいウサギの手術が大きく変わる可能性がある。そのメリットは**表5-1**の通り。

今までウサギの気管チューブ挿管は，ある程度訓練を行った獣医師や，硬性鏡を所有した獣医師でなければ実施できなかった。この処置が誰にでも実施できるようになった利点は大きく，安定した麻酔が得られるというメリットはウサギのあらゆる手術において大きな強みとなる。また，陽圧呼吸も可能であり，横隔膜ヘルニアなどの手術も実施できる。呼吸停止時の蘇生処置にも有用である。v-gelの使用方法をマスターすれば，治療可能な疾患や治療の選択肢は大きく広がる。

v-gelの特徴

構造

v-gelでは，先端のカフチップを食道内に侵入させることで麻酔ガスが食道内に流入することを防いでいる。この時，エアウェイチャンネルが喉頭を覆い，酸素や麻酔ガスはロスが少ない状態で気管内に流入する。また，モニタリングポートにカプノメーターのサンプルラインを接続し，$EtCO_2$（呼気中二酸化炭素分圧）やカプノグラムを観察することにより，リークなく設置できるか常時確認できる。さらに，上下の切歯間にバイトブロックを咬ませることにより，v-gelの損傷を防ぎ，かつ麻酔中にずれることがないように設計されている（**写真5-1**）。したがって，v-gelは気管内挿管ではなく，喉頭をカフで覆い，密着させることによりリークを最小限にとどめていることになる。

この特殊な形状は，ウサギの口腔の解剖学的特徴を綿密に計算したものであり，体重に対応したv-gelを選択し，バイトブロックを切歯で咬む位置まで口腔内に挿入すれば，自然と適切な位置に設置される。

表5-1 v-gelのメリット
- 容易に装着できる
- 容易かつ正確に呼吸をモニタリングできる
- 安定した麻酔が得られる
- 陽圧呼吸が可能である

デメリット

では，あらゆる手術に対応でき，まったくデメリットがないのかというとそうでもない。著者が感じた最も大きなデメリットは，わずかなずれでも喉頭とv-gelの間に隙間ができたり，喉頭が圧迫されたりして，酸素や麻酔ガスがリークするということである。

v-gelをヒモで頸部に固定しても，腹臥位から横臥位や仰臥位に変えるだけで微妙なずれが生じ，モニターが$EtCO_2$を検出できなくなる。あるいは，v-gelを麻酔器の呼吸回路に接続した途端，$EtCO_2$の低下（リーク），あるいは$EtCO_2$の上昇（喉頭の圧迫あるいは気道の狭窄）が起きる。この時，v-gel内に呼気によるくもりは観察されるため，完全に外れてしまうわけではなく，$EtCO_2$の数値をみながらv-gelの位置を微調整すれば，ずれは改善される。しかし，手術中に喉頭の圧迫や麻酔ガスの

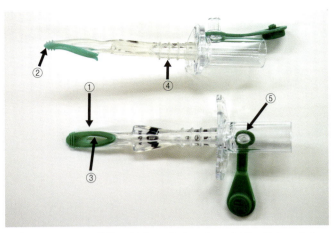

写真 5-1 v-gel の構造。①カフ，②カフチップ，③エアウェイチャンネル，④バイトブロック，⑤モニタリングポート

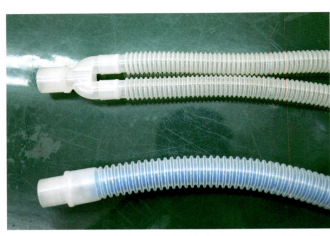

写真 5-2 Y型回路（上）とF型回路（下）。v-gelでは，F型回路のほうが使用しやすい

リークが頻繁に起き，そのたびに微調整しなければならないとなると，安定した麻酔管理とはいえない。一回セッティングしたら手術終了まで調節しなくてもよいシステムが理想である。

著者の経験上，不具合を起こす原因として最も多かったのは麻酔器呼吸回路の蛇腹管接続であった。蛇腹管の重さや堅さ（柔軟性のなさ）によりv-gelの位置が微妙に変化し，リークや喉頭圧迫が起きるケースが多かった。以下に示す設置手技はこれらのデメリットを考慮した手法である。

v-gel の設置手技

麻酔前の準備

前述の理由により，呼吸回路をF型回路（Y型回路よりも柔軟に操作できる）に変更する（写真 5-2）。次に，F型回路を固定する。著者はデスク固定型のフレキシブルライトを手術台に固定し，これに洗濯バサミで3〜4カ所F型回路を固定している（写真 5-3）。さらに，メデトミジン（0.25mg/kg, SC）とメロキシカム（0.2mg/kg, SC）前投与，10分経過後，ケタミン（5mg/kg, IM）で導入麻酔する。それから，モニタリングポートにカプノメーターのサンプルラインを接続し，カフおよびカフチップにキシロカインゼリー2%など潤滑剤を塗布する。

v-gel の装着

v-gel 装着後に動かさなくてもいいように，手術を実施する体勢にウサギを保定する（写真 5-4A）。次に，上

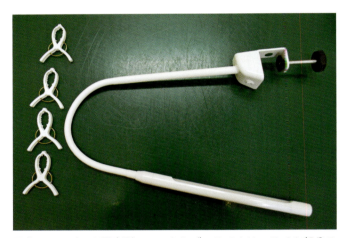

写真 5-3 デスク固定型のフレキシブルライトは，ライト部分の直線距離が長いほうが使用しやすい。洗濯バサミは滑り止めの棘がついているもののほうが使いやすい

顎切歯尾側に包帯を通し，助手にこれを牽引させる（仰臥位の場合は包帯を手術台に押し付ける）（写真 5-4B）。舌を前方に牽引しながら（この作業を怠ると，舌がv-gelに巻き込まれて喉頭をふさぎ，うまく装着できない），切歯の横からv-gelを挿入し（写真 5-4C），硬口蓋をすべらせるように喉頭方向に進める。切歯でバイトブロックが咬める位置まで進め，上下切歯間にバイトブロック部をはさむ（写真 5-4D）。次に，v-gel 内に呼気によるくもりが観察できるように，v-gelを前後左右に動かす（写真 5-4E）。このくもりは喉頭とエアウェイチャンネルが接触したことを意味する。さらに，リークをなくすためにv-gelが喉頭に密着する位置まで微調整する（写真 5-4F）。すなわち，v-gelを動かし，カプノグラムがきれいにみえ，$EtCO_2$ が20〜45%を示すようにする。はじめからv-gelを奥深くまで挿入すると，喉頭圧迫を

第5章 麻酔管理 − v-gel による麻酔管理

v-gel を設置する前に手術ポジションで保定をする

上顎切歯に包帯をかけ，開口するように牽引する

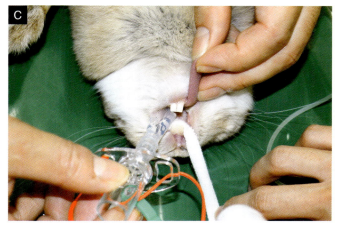
舌を前方に引き出し，切歯の横から v-gel を挿入する

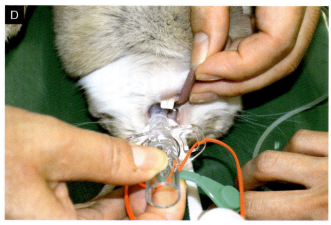
切歯でバイトブロックが咬める位置まで v-gel を挿入したら，わずかに開口し，v-gel を正中（上下の切歯の間）に動かす

矢印部分のくもりは，呼気によるくもりであり，エアウェイチャンネルが喉頭に接近していることを示す

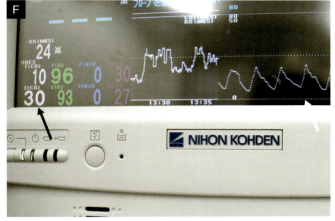
カプノグラムがきれいにみえ（白矢印），$EtCO_2$ が 30 〜 40％ を示す位置（黒矢印）を目安に，v-gel の位置を微調整する

写真 5-4　v-gel の装着

起こすおそれがある。したがって，最初は浅く挿入し，$EtCO_2$ を確認しながら切歯で咬みあわせるバイトブロックの位置を1段ずつ進めていき，微調整する。特にネザーランド種などの短頭種では，体重にあわせて v-gel のサイズを選択すると過剰挿入になる危険性があるため，注意が必要である。

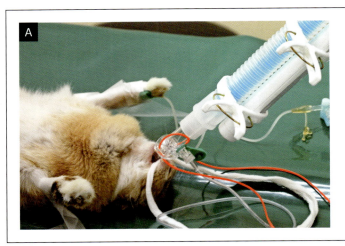
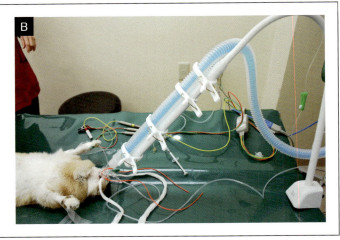

写真5-5 v-gelを呼吸回路に接続した状態。この時，v-gelの位置や角度が変わらないように注意する

文章にすると複雑になってしまうが，この処置は非常に容易に行える。

呼吸回路との接続

手術しやすい高さに手術台の高さを調整する（呼吸回路との接続前に行っておく）。F型回路を固定したフレキシブルライトをv-gelに負荷をかけることなく接続できる位置と角度にあわせ，呼吸回路と接続する（**写真5-5**）。酸素流量1L/分，イソフルラン2.0～3.0％を吸引させ麻酔を維持する。無菌的に切開用ドレープステリ・ドレープ2をかけ，左右と尾側のみサージカルドレープを配置し，頭側は折りたたんだサージカルタオルをウサギの顔にかからないように配置する。この処置によりv-gel内の呼気によるくもりが常に観察でき，かつ覆布によるv-gelのずれを防止できる（**写真5-6**）。

術後管理

自発呼吸があることを確認した後，v-gelを引き抜き，アチパメゾール（0.5～1.25mg/kg，IVまたはIM）で覚醒を促す。この際，酸素濃度30～35％のICUでの覚醒が行えれば，低酸素症のリスクを低くすることができる。

まとめ

v-gelは容易に装着できるが，安定した麻酔を得るために前述のようにかなり気を使う。そのように考えると，口腔内処置や頭部の手術，手術中に体位の変動が考えられる手術には適していないのかもしれない。しか

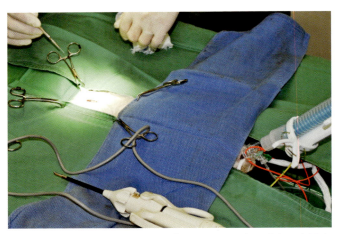

写真5-6 v-gelに負荷がかからず，かつv-gel内のくもりを観察しやすくするため，頭側はサージカルドレープを折りたたんで使用している

し，今まで著者が経験した麻酔方法のなかでは抜群の安定性が得られ，また，モニタリングの容易さから麻酔担当者の評価も非常に高い。気管チューブを挿管できる場合，そのほうがより安定した麻酔管理ができるかもしれない。しかし，著者のように硬性鏡をもたない場合，v-gelは非常に有用となる。著者は過去に4頭のウサギを麻酔で死なせてしまった経験をもつが（いずれも剃毛段階で死に至ってしまった），その時にv-gelがあれば，違った結果になっていたかもしれない。

どのような麻酔方法にもメリットとデメリットはある。肝要なのは，一つの麻酔方法に固執するのではなく，多くの引き出しをもち，症例ごとに最も適した方法を選択するということである。著者は，ケタミンによる注射麻酔，マスク麻酔，栄養チューブによる経鼻気管カテーテル麻酔という3つの方法をメインに麻酔管理してきた

が，これにv-gelによる麻酔方法が加わることで手術の幅が広がるとともにより安全に手術が実施できるようになると考えている。v-gelは，これからウサギの麻酔に取り組む獣医師にとって，非常に大きな武器になると確信している。

第6章
毛球症
―診断のポイント

はじめに

　本章では，毛球症を含めた消化管運動機能低下症の診断について取り上げる。なぜ，「消化管運動機能低下症-診断のポイント」というタイトルにしなかったかというと，飼い主をはじめ，獣医師・スタッフの間に毛球症という病名が定着してしまっているからである。飼い主に対するインフォームドコンセントで，消化管運動機能低下症と説明しても理解してもらえず，毛球症と言いなおさなければならない場合は多い。また，毛球症が消化管運動機能低下症の一種である以上，診断や治療の方法に大きな差はない。

　毛球症と表現すると，毛を大量に飲み込んで食欲不振を起こしているという印象が強いが，その症状は多岐にわたる。食欲の低下に限らず，行動の異常や元気消失，呼吸困難，ショック状態がみられる場合もある。このように症状が多岐にわたるのは，発生機序の複雑さに由来しており，適切な治療を行うためにはこの発生機序や進行機序を十分に理解しておく必要がある。

　本章では，消化管運動機能低下症の発生機序や診断方法，グレード分類に重点をおいて解説する。

発生機序

繊維質の役割と，消化管運動機能

　食物中の繊維質は，直接的および拡張性の作用によって胃や小腸，盲結腸の運動性を促進する。また，繊維質には繊維質以外の栄養素の消化を助けるはたらきがある。すなわち，ウサギにおいて，繊維質は栄養源としてよりも消化管運動の原動力としての役割のほうが重要であり，繊維質の摂取量が低下すると胃腸の蠕動運動は低下してしまう。

　さらに，ウサギは常時唾液を分泌しているため，食渣が胃から腸に流れないと胃内に唾液や胃液がたまり，胃は膨張する。胃の膨満により食餌や飲水の摂取量は減少するが，食餌摂取量の減少は繊維質の摂取量の減少を意味する。このようにして，消化管運動機能はさらに低下する。

　また，ウサギにおいて，脱水の影響は皮膚には顕著に現れず，消化管において食渣の含水量の低下として現れる。これにより，消化管運動機能はさらに低下する。脱水が長期化すれば腎機能障害に移行し，それによって食欲はさらに低下する。

胃の膨満，およびそれによるガスの貯留

　胃の膨満が進行すると，横隔膜は頭側に押し出され，それにより呼吸器と循環器は圧迫される。そして，ウサギは呼吸困難となり，過剰に呑気し，そのために胃内にガスが貯留する。この胃内ガスは腸管にも送り込まれ，腸管内にもガスが貯留する。また，消化管内細菌叢の撹乱による異常発酵や胃酸-重炭酸塩反応によるガス産生も同時に起こり，胃腸管内に大量のガスが貯留する。ガスの貯留は重度の腹痛を伴うため，カテコールアミンの分泌を促し，消化管蠕動をさらに低下させる。

　消化管内にガスが過剰に貯留すると，犬の胃捻転胃拡張症候群に似た病態へと移行する。すなわち，胃内圧が上昇し，門脈や後大静脈を圧迫することで心帰還血流の低下が起き，結果として心拍出量や動脈圧の低下が起こ

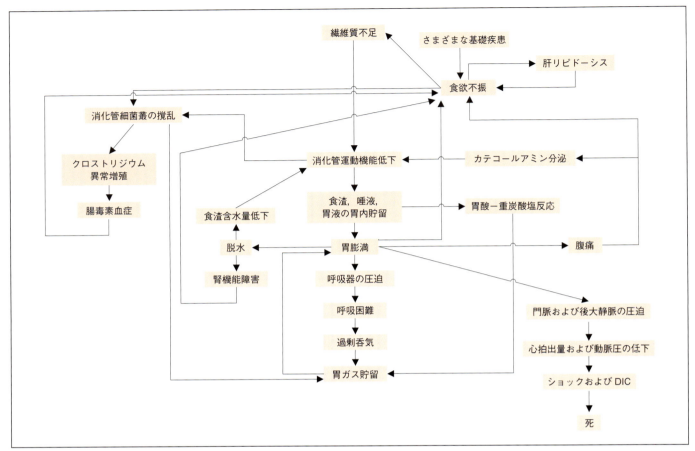

図6-1 消化管運動機能低下症発生の機序

る。組織灌流血液量が減少すると，重度のショックや播種性血管内凝固症候群（DIC）を引き起こす可能性が生じる。

食欲不振を契機とする悪循環

その他，腸管うっ滞によって腸内細菌叢が破綻した場合，クロストリジウム（*Clostridium spiroforme*）の異常増殖による腸毒素血症が併発するおそれがある。また，クロストリジウムが産生する外毒素（イオタトキシン）は血流にのって循環し，全身に組織壊死を引き起こす。これらの消化管うっ滞による状態の悪化と並行して，食欲不振が長引けば飢餓状態となり，脂肪組織からの脂肪酸の動員が促され，肝リピドーシスやケトアシドーシスが引き起こされる。これは，肥満のウサギでより顕著に現れ，食欲廃絶後24時間程度で発現することもある。

したがって，ウサギにおいては，食欲不振を契機として消化管うっ滞や腎機能障害，クロストリジウムの増加，肝リピドーシスという一連の流れがスタートする（図6-1）。また，それらはそれぞれ食欲不振（繊維質摂取量の減少）をより悪化させ，負の連鎖を引き起こす。

消化管運動機能低下症と毛球症

このように，ウサギでは，何らかの原因により起きた食欲不振が消化管運動機能低下症に移行したり，併発することは多い。食欲不振の原因として，飼育環境の問題（食餌，温度や湿度，ストレスなど）や消化器疾患（消化器感染症，中毒，異物の誤飲，不正咬合など），尿石症，骨折，腫瘍，腎不全などがあげられる。このなかで，「毛を過剰に摂取することにより発生した食欲不振とそれに伴う消化管運動機能低下症」が毛球症である。そのような意味合いでは，毛球症は数ある消化管運動機能低下症の発生原因の一つにすぎず，特に重要視すべきものではない。

そもそも消化管運動が健全に行われていれば，少量の毛を誤食したとしても糞便として排出される。問題なのは，毛を飲み込むことではなく，飲み込んだ毛を処理できない消化管運動機能の低さなのである。消化管運動機能の低さは食餌性，飼育環境不備，ストレスなど，さま

ざまな要因が複雑にからみあって起きるため，毛球のみを原因とすべきではない。他の疾患で死亡したウサギの剖検時，70％の個体で胃内に毛球が認められたという報告もあり，胃内に毛球があっても無症状の場合が多い。したがって，消化管運動機能低下症に陥っているウサギにおいて，その原因を毛球と特定することも難しい。

以下に示した検査や診断の方法は，毛球症を含めた消化管運動機能低下症について解説したものであることに注意してほしい。

症状

消化管運動機能低下症の症状を**表6-1**に示した。①から⑧の順に悪化すると考えるべきであるが，順番通りに症状が現れるとは限らず，元気消失や呼吸促迫だけを主訴に来院する飼い主も多い。一般的に，①～②は軽度，③～④は中等度，⑤～⑥は重度，⑦～⑧は救急処置を要する状態と判断できる。

診断

食欲不振のウサギが来院した場合，消化管運動機能低下症かどうかの診断はあまり意味がない。なぜなら，12時間以上食欲不振が続いているウサギは，原因が何であれすでに消化管運動機能低下症が発症しているか，あるいはこれから発症するかのどちらかであるためである。いずれの場合でも，消化管運動機能低下症を治療する必要はある。

診断で重要なことは，消化管運動機能低下症の重症度の評価と，現時点で発生している問題の把握，基礎疾患の原因特定である。重症度や発生している問題によって治療法は異なり，また，消化管運動機能低下症だけを治療しても原因となる基礎疾患を放置したままでは根本的解決は望めない。基礎疾患の詳細は成書に委ね，ここでは重症度評価と発生している問題の把握方法を中心に解説する。

稟告聴取

表6-1に該当する症状はないか聴取する。少なくとも③の12時間以上の食欲不振が認められた場合，消化管運動機能低下症を発症している（あるいはこれから発症する）と考えてよい。

食餌内容の聴取

食餌内容の聴取は非常に重要である。日々の乾草摂取

表6-1 消化管運動機能低下症の症状

①便の異常（軟便，下痢，毛の混入便，数珠状便，大小不同）とそれに伴う肛門周囲の汚れ
②嗜好性の変化：ペレットだけを食べる，あるいは乾草だけを食べる，など
③12時間以上の食欲不振，あるいは食欲廃絶
④排便量の低下および排便停止
⑤腹痛による歯ぎしり，背弯姿勢，弓状姿勢，落ち着かない動作（頻繁に寝返りを打つなど）
⑥元気消失，嗜眠，沈うつ，毛づくろいの減少に伴う被毛粗剛
⑦呼吸促迫
⑧血圧低下，ショック

不足はそれだけで消化管運動機能低下症の原因となる。また，不正咬合や尿石症などの疾患の原因にもなりうる。さらに，毛球や異物を誤食した場合に胃内に貯留する可能性も高くなる。乾草の摂取量を定量的に飼い主から聞き出すことは難しいため，乾草は途切れることなく24時間ケージに入っているか，ウサギ用のおやつや穀物を与えていないか，ペレットや果物，野菜は与えすぎていないかなどを聴取し，推定する。ウサギは繊維質が少ない食餌（消化管運動機能低下症の原因になる食餌）ほど好み，乾草をケージに入れておいてもそれ以外のものを多給していれば，乾草の摂取量は減る。1歳以上のウサギにおいて，一日当たり体重の1.5％以上のペレットを給餌されている場合，消化管運動機能低下症の発生要因があると考えてよい。

便の形状

便は，いびつではないか，軟らかくはないか，大きさは不揃いではないか，毛は混じっていないかなどを聴取する（**写真6-1**）。軟便を「盲腸便が多い」と表現する飼い主が多いため，形状だけではなく，大きさや数も詳しく聴取する。ウサギでは，便の大きさや数から，摂取した食餌（繊維質）の量を推量することができる。乾草の摂取量を正確に把握することは難しいため，ペレットを完食している場合でも「食欲がある」と表現する飼い主は珍しくない。飼い主の言葉にはヒントはあるが，必ずしも真実とは限らない。

飲水量および尿量

飲水量を確認することで，点滴の指針とすることができる。飲水量低下の有無と，低下していた場合はその時期を確認する。また，症状の発症前に多飲多尿がなかっ

写真6-1 便の形状。大きさが不揃いで，いびつな便

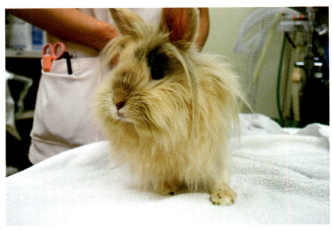

写真6-2 長毛種は高温・多湿に弱く，換毛期の毛の誤食も多いため，消化管運動機能低下症の好発種と考えるべきである

たか聴取する。多飲多尿があった場合，腎不全や糖尿病などの脱水を呈する疾患，および高温多湿などの飼育環境不備の可能性を検討する。飼い主には，来院日以降の飲水量を正確に記録するように指導し，以降の点滴量の指標とする。

また，尿量については，その増減や排尿の頻度を確認する。尿量は飲水量を反映しており，頻度が増している場合は泌尿器疾患が疑われる。排尿障害も食欲不振の原因となりうる。

飼育環境

さらに，飼育環境も詳細に聴取する。発症時に大きく変わった環境はないか，昼と夜の室温差は激しくないか，ペレットや乾草の種類は変えていないか，開封後1カ月以上経過していないかなどを確認する。食に対するこだわりの強いウサギは，時間が経ち，香りの弱まった食餌を拒むことがある。また，湿度が60％近くになると，室温が25℃前後でも食欲に影響を及ぼす。湿度60％・室温25℃という環境では飼い主はエアコンなしで快適に過ごせるが，ウサギにはかなりのストレスとなる。特に，高齢や肥満，長毛種（**写真6-2**）など，熱中症増悪要因をもつ場合ではより気をつける必要がある。

換毛期

発症時に換毛期ではなかったか，グルーミングは過剰ではなかったか，ブラッシングをどの程度の頻度で行っていたか，絨毯やカーペット，壁紙，ダンボールなどの異食癖はないかなどを聴取する。

発症から来院までの時間

治療方針を決定する際や治療期間を想定する場合，発症から来院までの時間は非常に重要な情報となる。発症から24時間以内に治療開始できた場合，全身状態がよければ内科療法によく反応する。ただし，短時間で呼吸促迫に至った症例は消化管閉塞や穿孔など，緊急を要する場合が多い。24時間以上経過している場合，消化管内細菌叢の撹乱および肝リピドーシスの併発を考慮しなければならない。適切な治療を受けずに48時間以上経過している場合，完治に要する日数は経過時間とともに増え，生存率は経過時間とともに低下する。著者は飼い主に「2週間食欲不振だったウサギを治すには4週間以上必要となります」と説明している。

身体検査

一般的に，前述の症状に該当する項目や基礎疾患になりうる問題はないか，視診や聴診，触診などを行って調べる。ただし，呼吸促迫やチアノーゼ，血圧低下，ショック状態が認められた場合は直ちに検査を中断し，救急処置を行う。この状態では，触診のみでも死に至る可能性がある。

視診

診察室を自由に歩かせて，姿勢異常や跛行，斜頸，行動異常などがないか確認する。また，下顎や前肢第一指の涎負け（不正咬合の可能性），眼球の突出，腹部の腫脹，脱毛の有無などを確認する。脱毛部がある場合，大量に毛を誤食している可能性を疑う。頸部から腰部の背側は，ダニなどの皮膚疾患による脱毛の可能性が考えられ

第6章　毛球症 −診断のポイント

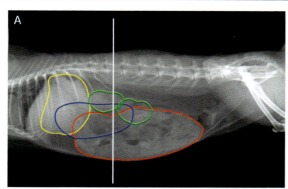
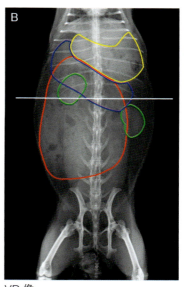

ラテラル 像　　　　　　　　　　　　　　　　　　　　VD 像

写真 6-3　腹部X線の正常像。正常な状態では胃は最後肋骨を越えない。また、小腸にガスはごく少量しか認められず、腹腔内脂肪が少ない場合、判別は難しい。黄囲み：胃。青囲み：小腸領域。赤囲み：盲腸領域。緑囲み：腎臓。白線：最後肋骨

る。また、肉垂や内股付近はストレス時や巣づくり行動時、毛抜き行動がみられる。診療中に診察台に自然脱落する毛の量にも注意する。

触診

触診では、胃や腹囲の膨満がないか確認する。これは感覚的な検査であり、経験を積まないと正常と異常の区別は難しい。しかし、通常の健康診断でもルーチンで触っていれば、硬さや大きさの異常に気づく日は必ず来る。同時に、X線検査を行う場合、イメージした胃の大きさや内容物とX線写真を比較し、感覚を養う。また、同時に、腎臓や膀胱などの臓器に腫大がないかも確認する。水腎症や腎腫瘍、排尿異常などは基礎疾患になりうる。

また、触診では削痩や肥満などの体型異常も確認する。胸部に手を添えただけで最後肋骨までかすかに触れる肉づきを標準とし、押さなければ肋骨が触れないものを肥満、過剰に肋骨が触れるものを削痩とする。著者の動物病院ではBCSを9段階に分け、1を重度削痩、5を標準体型、9を重度肥満として、診療のたびに測定し、カルテに記入している。削痩は疾患が慢性化している、あるいは慢性経過の基礎疾患が潜在している可能性が、肥満は食餌内容の不備が示唆される。

さらに、下顎や頬、耳根についても、腫脹はないか入念に触診する。不正咬合は消化管運動機能低下症の基礎

表 6-2　正常時の腹部X線検査のポイント

- ウサギの場合、24時間絶食しても胃内容物はみられる
- 胃の大きさは最後肋骨を越えない
- 小腸のガスは極少量、あるいは認められない
- 正常でも消化管内に少量のガスは認められるが、1カ所に偏らず、全域に均等に認められる

疾患として、最も多く認められる。

聴診

聴診では、心音や肺音の異常の有無について確認する。また、腹部の聴診ではガスが胃腸内を移動するゴロゴロという音を確認する。症状が進行している場合、聴診器を当てなくともガスの移動音を聴取できることがある。

耳鏡検査

さらに、耳鏡などを用いて口腔内に異常はないか、耳道内に蓄膿はないか、確認する。

X線検査

消化管運動機能低下症の診断において、X線検査の意義は非常に大きい（**写真 6-3 〜 11 および表 6-2, 3**）。

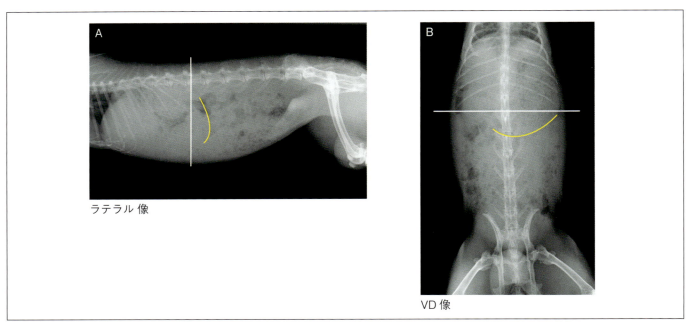

写真6-4 胃（黄線）が拡張し，最後肋骨（白線）を越えている

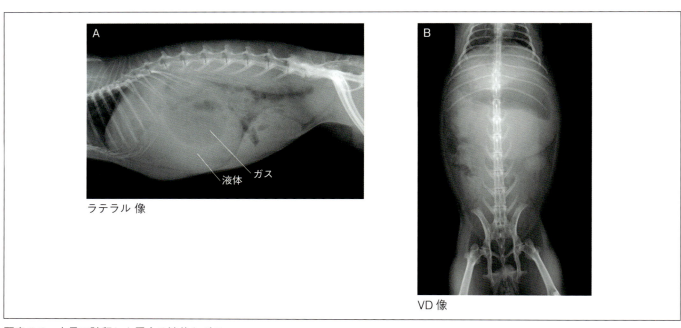

写真6-5 大量に貯留した胃内の液体とガス

適応

呼吸状態が悪い場合やショック時は酸素吸入や点滴，ステロイドの投与など，状態改善を優先する。また，呼吸困難には至っていないものの明らかに元気を失っている場合や触診で消化管の過剰膨満が認められる場合，ラテラル像とVD像の撮影はあきらめ，DV像だけを撮影する。この場合，X線透過性のボックスにウサギを入れ，カセッテの上にウサギをおいてボックス越しに撮影する。重篤な症例は過度のストレスで容易に急変する。

表6-3 腹部X線検査の異常所見

①胃が拡張し，最後肋骨を越えている（写真6-4）
②胃内にガスが大量に貯留している（写真6-5）
③盲腸内にガスが大量に貯留している（写真6-6）
④胃内容物周囲にガスがたまっている（写真6-7）
⑤小腸内にガスが大量に貯留している（写真6-8）

検査はあくまで診断の補助であり，これに固執して生命を危険にさらすようなことを行ってはならない。

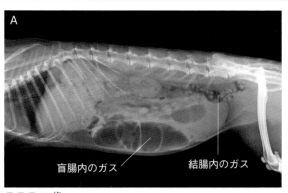
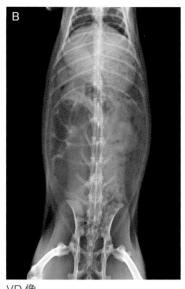

写真6-6　大量に貯留した盲・結腸内のガス

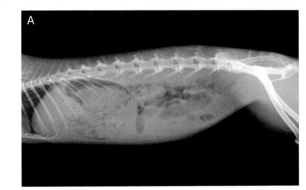
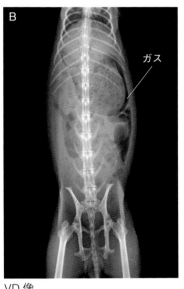

写真6-7　胃内容物周囲にガスがたまり，内容物の硬結が疑われる

　また，消化管造影を実施する際は必ずヨード系造影剤を用いる。バリウムは胃内容物や毛球を硬結させるおそれがあり，万が一，消化管穿孔があった場合には激しい腹膜炎を起こしてしまう。

　著者は，単純X線検査で疾患の進行状況を確認し，消化管造影X線検査で手術の必要性を判断している。

評価

　一般的に，表6-3の①から⑤の順で重篤度は増す。③はすでに症状が長期化している可能性が示唆され，腸内細菌叢の撹乱を意味する。④は胃内容物が硬結しはじめており，胃内容物の摘出手術が必要だという可能性が示唆される。⑤は小腸閉塞の可能性が示唆され，緊急手術が必要になる場合もある。

消化管造影X線検査の実施手順

　本来，ヨード系造影剤5～8mL/頭を投与し，15分後，30分後，1時間後，2時間後，3時間後と経時的に撮影

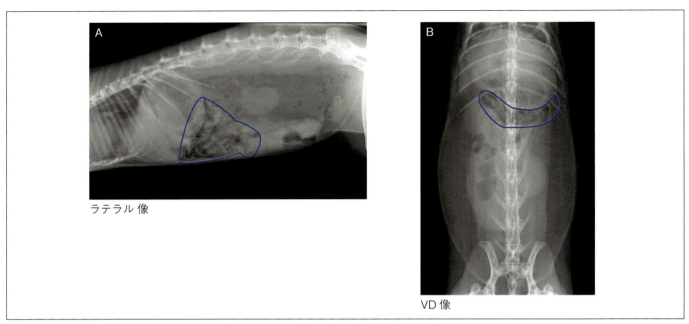

写真6-8 小腸内にガスが貯留している（青囲み）

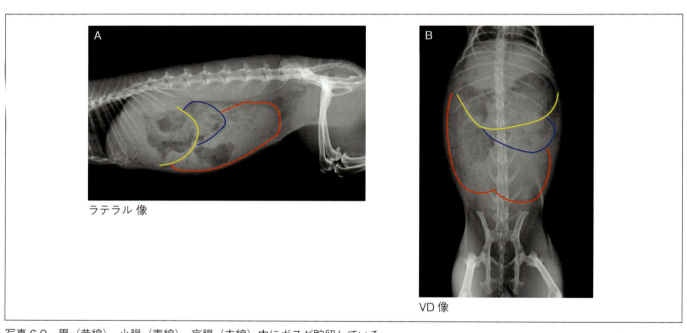

写真6-9 胃（黄線），小腸（青線），盲腸（赤線）内にガスが貯留している。

する。しかし，状態が悪く，造影剤を嚥下できない場合，著者は1～2mL/頭の投与，24時間後の撮影のみとしている。そして，24時間後，盲腸以降にまったく造影剤が確認できなかった場合のみ，手術対象としている（**写真6-10，11**）。

評価および適応

本来，胃から十二指腸に造影剤が通過する時間は短く，閉塞を起こしていない限り，小腸が明瞭に描出されることは少ない。造影剤は，投与30～40分後には盲腸内に流入しはじめるはずであり，24時間後に盲腸や結腸にまったく造影剤が存在しない場合は物理的あるいは機能的に閉塞していると考える。

著者は消化管運動機能低下症が疑われた症例において，10年前は約5％の症例で外科的治療を実施していた。現在は当時よりもはるかに多い症例数をみるが，外科的

第6章 毛球症 －診断のポイント

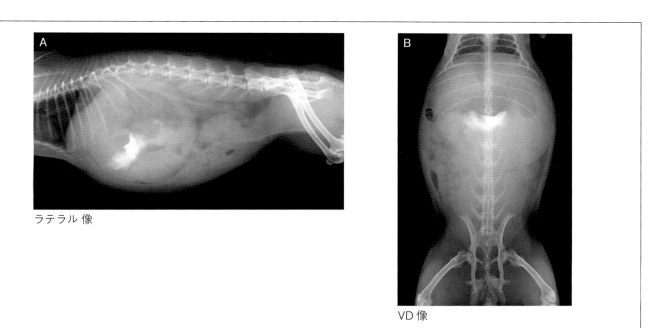

写真6-10　ヨード系造影剤投与24時間後のX線写真。造影剤は胃から排出されておらず，手術を検討する必要がある

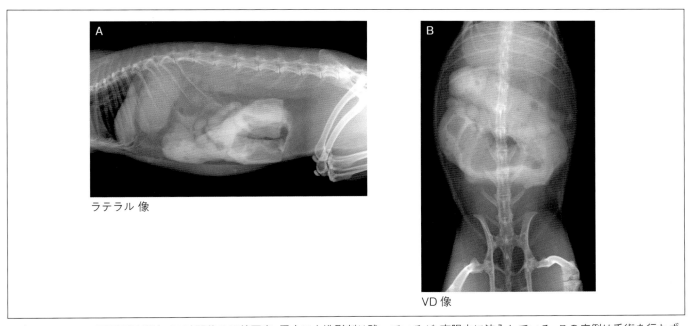

写真6-11　ヨード系造影剤投与24時間後のX線写真。胃内にも造影剤は残っているが，盲腸内に流入している。この症例は手術を行わず，内科療法で治療した

治療の実施は1％にも満たない。早期の外科手術と内科療法の治療成績を比較すると，後者の成績のほうが明らかによいためである。

24時間後の造影剤移動がない場合を手術適応とするという，現在の条件が適切かどうかは明確にできていない。著者は，飼い主の意向で手術せず，72時間胃から造影剤が移動しなかったが，その後内科療法のみで完治した症例を複数例経験している。したがって，最良の手術時期の検討は今後も継続する必要があると考えている。また，内科療法を優先する場合，ストレスを与えないように検査し，患者を長時間動物病院に拘束しないように心がけている。

ただし，単純X線検査所見で小腸内に大量のガスが認められた場合，外科的治療を勧めている。

血液検査

患者が耐えられるようであれば，血液検査を実施する。血液検査では，電解質バランスの異常や低血糖，基礎疾患，高BUN血症，低ALB血症，高脂血症（高トリグリセリド血症）の有無を確認する。

電解質バランスの異常や低血糖は輸液で補正する必要がある。また，脱水により腎機能障害を起こしている症例は珍しくない。BUNが50mg/dLを超えると食欲や元気の低下が認められるために積極的な治療が必要となり，BUNが100mg/dLを超えると死亡率が高くなる。長期間の食欲不振を呈している症例では低ALB血症に至っている場合もあり，輸液量を加減しないと死に至るおそれがある。高脂血症に至っている場合，すでに肝リピドーシスを併発している可能性が高く，強制給餌の必要性が示唆される。

まとめ

食欲不振を主訴に何週間も治療を行ったものの改善がみられず転院してくる飼い主は，口をそろえて「毛球症と診断されたが，いつまで経っても治らない」と話す。この診断はある意味正しく，ある意味間違っている。毛球症ではなくても，少なくても消化管運動機能低下症にはなっているはずであり，これに対する治療法は大きく異ならない。しかし，毛球症を「グルーミングにより飲み込んだ毛が消化管内でとどまることにより発症する疾患」と定義するのであれば，まれな疾患である。少なくとも，毛を原因と特定できる疾患は非常に少ない。いつまでも改善が認められない場合は，何らかの基礎疾患が隠れており，それに対する治療が同時に必要になる。

また，「不正咬合の処置をしたのに，いつまでも食欲が戻らない」と来院する飼い主も多い。この場合は基礎疾患の治療はしたものの消化管運動機能低下症の治療はされず，それに対する治療が必要ということになる。

何らかの不調を訴えてウサギが来院した場合，基礎疾患の診断と消化管運動機能低下症の進行状況把握のどちらも疎かにしてはいけない。どちらか一方のみの診断・治療は十分とはいえない。

第7章
毛球症
―治療のポイント

はじめに

　前章では，毛球症を含めた消化管運動機能低下症の発生機序や診断方法，グレード分類について解説した。消化管運動機能低下症はその発生機序の複雑さから多様な症状を示し，腎不全や肝リピドーシスなどの他臓器の疾患も併発しやすい。そのため，治療法も複雑に考えがちだが，実際は発生機序を理解し，現れている症状の原因を解消すればよい。基本となる治療法をベースとして，症例ごとのグレードと症状に応じて追加の治療を組み合わせていくだけである。

内科治療

　内科治療の目的は，消化管運動機能低下症発生機序の負の連鎖を遮断することである。すなわち，消化管運動亢進や食欲増進，脱水改善，消化管内残留物の排出，繊維質補給，消化管ガスの除去，疼痛管理，消化管細菌叢の正常化が主な治療目的となる。これに先行し，状態によってはショックの解消や呼吸改善，貯留した胃内容物の除去が必要となり，また，内科治療で治療困難な場合は外科治療を実施する。

　不正咬合や腫瘍，骨折などの基礎疾患が存在する場合，当然その治療も並行して行う。

基本治療
輸液による脱水の改善

　消化管運動機能低下症では，脱水の改善を第一に行う。食欲不振症例では通常，飲水量の低下が認められる。ショックに至っていない場合は，皮下輸液で水分を補う。電解質バランスに異常がない場合は乳酸加リンゲル液を用いて，カリウムの低下が認められる場合はそれにカリウムを添加して補正する。食欲不振が長期化し，低血糖が懸念される場合はソルデム3A（テルモ）などのブドウ糖を含む維持液を使用することもある。ただし，この際には後日，皮膚の炎症や壊死などが起こる可能性を飼い主に説明する必要がある（著者はこの副作用を経験したことはない）。本来，糖分を含む輸液は静脈内投与すべきであるが，この場合は入院治療となるため，著者はほとんどの症例で皮下輸液を選択している（**写真7-1**）。

　また，ウサギの脱水状態は皮膚の状態から把握することが難しいため，稟告の飲水量から判断する。一日当たりの最少必要水分量は以下の式を用いて導き出す。

　一日当たりの最少必要水分量（mL）
　　＝体重（kg）×60

　この値から来院するまでの24時間以内に飲水した量と強制給水した量（流動食を含め）を差し引いた量を輸液量とする。したがって，これ以上の量を自主的に飲水している場合は，点滴は行わない。

　症例によっては，食欲不振から3，4日で低ALB血症に至るため，過度の点滴は血液循環に回収されず，皮下浮腫や肺水腫の原因になりうる。食欲が戻っていないにもかかわらず，皮下輸液から24時間経過後に体重が増していた場合は特に注意が必要である。初回の皮下輸液では脱水が改善し，体重の増加が認められるかもしれない。しかし，初回以降，毎日皮下輸液を実施しているにもかかわらず，食欲が戻らない限り，体重は変化しな

いか，微減する。食欲が戻らず体重が急激に増加する場合，低タンパク血症や腎不全などにより循環不全が起きている可能性が高い。この場合は点滴を実施すべきではなく，状態によってはACE阻害薬の経口投与（著者はアラセプリル1mg/kg, SIDを選択することが多い）を実施し，循環の改善を図る必要がある。

初回来院時に飲水量が不明な場合，および低ALB血症に至っている場合は，この式（体重×60）の半量の輸液を実施している。高BUN血症でALBが正常範囲内であれば，最少必要水分量の1.5倍量を輸液している。

輸液は，本来は皮下輸液よりも静脈輸液のほうが効果的であり，ショック時や手術を実施する場合は静脈輸液を実施する。ただし，内科治療に徹する場合，入院はウサギに大きなストレスを与えることとなり，必ずしも最良の治療とはならない。ウサギの性格にもよるが，飼い主が何らかの理由で通院，投薬，強制給餌が実施できない場合以外，著者は皮下輸液を選択し，入院治療は極力行わないようにしている。

写真7-1　ウサギの皮下輸液。頭部をバスタオルで覆い，衣装ケース（あるいはキャリーバッグ）に入れ，頭部の両側に手を入れて動きを制限すると実施しやすい。両手は頭部に添える程度にし，急激に動き出した時だけ押さえる

内服薬治療

著者は，内服薬による治療として，食欲増進薬と消化管運動機能亢進薬，抗菌薬を処方している。

食欲増進薬としては，シプロヘプタジン塩酸塩シロップ1mL（0.4mg）/頭，BID～TIDを用いている。シプロヘプタジン塩酸塩水和物（以下，シプロヘプタジン）は抗コリン作用があり消化管の蠕動運動を低下させるおそれがあるため，過剰投与は避けている。シプロヘプタジンは食欲増進作用もさることながら，ウサギの嗜好性が非常によく，著者はウサギの内服薬はシプロヘプタジン塩酸塩シロップ0.04%に溶解して処方することが多い。ストレスなく投薬ができるということは，飼い主にとっても，ウサギにとっても非常に重要なことである。

消化管運動機能亢進薬としては，メトクロプラミド0.5mg/kg, BID～TIDまたはモサプリドクエン酸塩水和物（以下，モサプリド）0.5mg/kg, BID～TIDを用いている。X線検査で胃の膨満が認められた場合はメトクロプラミドを，盲腸以降にガスの貯留が認められた場合はモサプリドを処方し，両方の所見が認められた場合は併用している。ただし，ヒトや猫ではメトクロプラミドを重度の脱水状態で使用した場合，神経症状や腸重積などの重篤な副作用を発現する可能性があるという報告がある。したがって，輸液による水和を行ってから処方すべきである。

抗菌薬としては，エンロフロキサシン5mg/kg, BIDまたはST合剤30mg/kg, BIDを用いている。ST合剤は下痢や軟便などの消化器症状を伴う際はより効果的だが嗜好性が悪く，これを嫌うウサギは多い。エンロフロキサシン以外のニューキノロン系抗菌薬でも問題はないが，エンロフロキサシン50mg錠はメトクロプラミド5mg錠と同じ錠剤数で調合できるため，計算が容易である（例えば，体重2kgのウサギの8日分の投薬量として，バイトリル50mg錠もメトクロプラミド5mg錠も3錠ずつ処方できる）。

軽度の消化管運動機能低下症はこれらの基本治療だけで改善することも多い。ただし，状態改善後直ちに投薬を中止すると再発することも多い。著者は症状が改善したら，まず抗菌薬を終了し，消化管運動機能亢進薬と食欲増進薬のみ1週間投与，その後，これらの薬剤を半量に薄めたものをさらに1週間投与して治療終了としている。

以上の治療は，消化管運動機能低下症に対する基本治療として，その重症度を問わず実施している。これ以降は症状の重症度やX線検査所見などを考慮し，後述の治療を追加している。

繊維質の補給

消化管運動機能低下症の根本原因は繊維質の摂取不足である．基本治療が功を奏して症状が改善しても，この問題を放置しておけば必ず再発する．再度食欲不振に至り，繊維質の摂取量が減少すれば，状態は悪化の一途をたどる．著者は，24時間以上経過した食欲不振症例について，ヨード系造影剤投与24時間後に盲腸以降に少量でも流入を確認できた場合はすべて流動食を処方している．

流動食

ウサギに使用できる流動食はいくつかのメーカーから発売されているが，著者はHerbicare（OXBOW社）とベジタブルサポートDoctor Plus Exotic（ダブリュ・アイ・システム）を好んで用いている（**写真7-2**）．

Herbicareは繊維質が豊富で，消化管運動機能を非常に亢進させる．ただし，カロリーは270kcal/100gとやや低めであり，ペレットを含めて完全に食餌を摂取しなくなったウサギに対して食餌の代用品として用いるのには限界がある．

ベジタブルサポートDoctor Plus Exoticは，カロリーが379kcal/100gと高く，市販のペレットに比べて遜色ない．また，アミノ酸の摂取によりアミノ酸バランスを整え，肝疾患の栄養療法としても推奨されているため，食欲不振による肝リピドーシスにも有効である．欠点は粗繊維が少ないことであり，消化管運動機能亢進という観点ではやや効果に欠ける．

ペレットを摂取できる症例，あるいは食欲不振になって間もない症例にはHerbicareを，食欲廃絶後48時間以上経過している症例にはベジタブルサポートDoctor Plus Exoticを使用することが多いが，両者を混合して処方してもよい．

また乾草をほとんど食べずに育ったウサギで，これらの流動食を拒む場合，通常食べていたペレットとHerbicareを半量ずつ混合してミキサーにかけたものを与え，徐々にペレットの割合を減らしていくこともできる（**写真7-3**）．

能書通りに水に溶解すると粘稠度が高く，使い勝手が悪いため，著者は1gを水4mLの比率で溶解している．初回から積極的に流動食を摂取してくれるウサギもいるが，急激に胃が拡張し，状態が悪化する場合もある．また，強制給餌に不慣れな飼い主が誤嚥事故を起こす可能性もあるため，少量からスタートする．初日は1mL

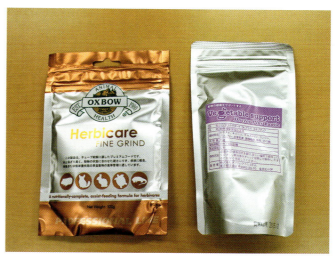

写真7-2　流動食．左：Herbicare，右：ベジタブルサポートDoctor Plus Exotic

を1日5回，3時間以上間隔を開けながら投与してもらい，翌日は2mLを5回，翌々日は3mLを5回と徐々に1回の投与量を増やしてもらう．多くの飼い主は15mL/回まで実施できるが，困難な場合は経鼻食道カテーテルを設置してもよい（**写真7-4**）．4Fr以下の栄養カテーテルを使用する場合，粒子の細かいベジタブルサポートDoctor Plus Exoticを使用している．この場合もベジタブルサポートDoctor Plus Exotic 1gに水4mLの比率で溶解している．

実施上の注意

流動食を与えた次の日は，一日に必要な水分量から流動食を含めた飲水量を差し引いて輸液しなければならない．また，10mL×5回/日以上流動食を投与している場合，これによりペレットなどの通常の食餌を摂食しなくなることがある．15mL×5回/日を1週間継続しても食欲が戻らず，かつ元気や排便に問題がない場合，流動食を14mL×5回/日，13mL×5回/日と1日ずつ減らし，自主的な食餌の摂取が可能か確認する．9mL×5回/日まで減らしても食欲が戻らない場合，自力摂取は困難と判断し，15mL×5回/日を1週間継続してから同じことを繰り返す．自力摂取が可能になるまでに，この処置が1カ月以上必要だった症例も著者は経験している．飼い主に大きな負担をかける治療法ではあるが，慢性化した消化管運動機能低下症には必須の治療法である．

Herbicareとそのウサギがいつも摂食しているペレットを同量ずつ混合する

混合したものをフードプロセッサーで破砕・撹拌する

Herbicareとペレットが均一に混じった粉末ができる

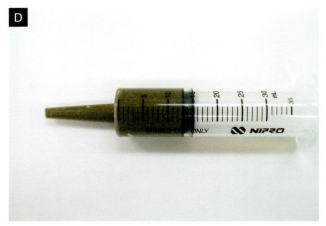
この粉末1gを水4mLに溶解すると使用しやすい

写真7-3　混合流動食

消化管内残留物の排出

　排便量が減少，廃絶した症例，あるいはX線検査において胃内容物が大量に確認された場合，著者はラキサトーン（フジタ製薬）を使用している。

　ラキサトーンなどの流動パラフィンや白色ワセリンなどを主原料とした緩下剤の効果は，賛否の分かれるところである。著者もその効能に疑問をもち，数年前までまったく使用していなかった。しかし，春と秋の換毛期に突然食欲不振になり，何週間にもわたって基本の治療と強制給餌を実施したものの改善が認められなかった症例に対して，試しに使用してみたところ，急速に回復したということを何例も経験し，最近では積極的に使用している。本当に胃腸で停滞している内容物を軟化させているのか，それとも単に緩下剤として物理的に内容物が排出されるのかは不明であるが，著効を示すことがある。現在1mL/kg，BID〜TIDで食欲が戻るまで使用しているが，脂溶性ビタミンの吸収を阻害するために長期間の使用を危惧する文献もある。

消化管ガスの除去

　X線検査において消化管内ガスの貯留が認められた場合，著者は消泡剤としてジメチコンシロップ2% 1mL/kg，TID〜QIDを使用している。根本的な原因は解決しないが，消化管内にガスが過剰に貯留すると，

4Frの栄養カテーテルを経鼻食道カテーテルとして設置する

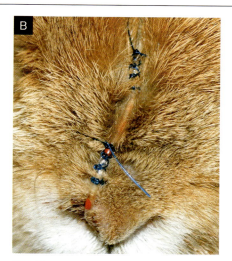
拡大図

写真7-4　経鼻食道カテーテル

症状の進行をとめることは困難となり，これを除去することは重要な意味をもつ。

疼痛管理

胃に重度の膨満が認められた場合や元気消失が認められた場合，鎮痛薬としてNSAIDsを使用している。著者はメロキシカム0.2mg/kg，SCまたはPO，SIDを使用することが多い。ウサギは嘔吐しないため，NSAIDsによる胃潰瘍のリスクがどの程度あるのか不明だが，重度の胃膨満が認められる症例ではすでに胃に損傷を負っている可能性が高いため，ファモチジン0.5mg/kg，SCと併用している。ただし，血液検査でBUN値の上昇が認められた際はメロキシカムを使用していない。

消化管細菌叢の正常化

食欲不振が長期間継続している場合や消化管内に多量のガスの貯留が認められた場合，消化管細菌叢の撹乱が起こっていることが多い。これに対しては基本治療として抗菌薬を使用しているが，盲腸内に大量のガスが貯留している場合は消化管細菌叢の正常化に多大な時間を要する。著者は，これを補助するために生菌製剤を使用している。ウサギ用の生菌製剤としてはpH1〜2の強酸性の胃内でも分解されず，腸まで活性化した菌が届き，この生菌の増殖を促すプレバイオティクスも含まれている製剤が理想である。著者はこの条件を満たす生菌製剤としてプロコリン・プラス（プロバイオテックスインターナショナル）を使用している（写真7-5）。この

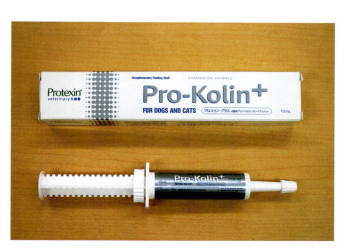

写真7-5　生菌製剤プロコリン・プラス。1回の投与量は約0.1〜0.2mLと少量であるため，2mLシリンジなどに分注して使用する

プロコリン・プラスは犬猫用のプロバイオティクス製剤だが，海外ではウサギ用の製剤も販売されている。その違いは，ウサギ用製剤の生菌数は犬猫用製剤の1/10量であることと，ウサギ用製剤は嗜好性増強剤として非動物性ビーフフレーバーではなくニンジンフレーバーが使われているということだけである。この点を考慮し，ウサギに処方する際はシリンジに分注し，0.1mL/kg，BIDで投与している。同じ条件を満たす生菌製剤としてMitoMax SUPER（共立製薬）も使用可能だが，液体に溶解して処方するとガスを産生し，投薬瓶が膨張するため，1日分ずつ分包して処方する必要がある。

内科治療のまとめ

基本の治療①
- 皮下輸液量（mL）＝一日当たりの最少必要水分量（体重×30 ＋ 70）－ 24 時間飲水量－流動食摂取量

基本の治療②
- シプロヘプタジン塩酸塩シロップ 0.04% 0.5 ～ 1mL（0.4mg）/ 頭，BID ～ TID
- メトクロプラミド 0.5mg/kg，BID ～ TID（またはモサプリド 0.5mg/kg，BID ～ TID）
- エンロフロキサシン 5mg/kg，BID（または ST 合剤 30mg/kg，BID）

食欲不振時：流動食 1 ～ 15mL/ 回，1 日 5 回
排便量減少時：ラキサトーン 1mL/kg，BID ～ TID
消化管内ガス貯留時：ジメチコンシロップ 2% 1mL/kg，TID ～ QID
疼痛を伴う時：メロキシカム 0.2mg/kg，SC または PO，SID
長期食欲不振時：プロコリン・プラス 0.1mL/kg，BID

呼吸状態の改善

来院時，腹囲膨満によりすでに呼吸促迫状態にあるウサギは，いつショック状態に陥ってもおかしくない。そのため，検査よりも呼吸状態の改善とショック状態への移行阻止を優先する。デキサメタゾン 1mg/kg，エンロフロキサシン 10mg/kg，ファモチジン 0.5mg/kg を皮下注射し，酸素濃度 30 ～ 35％の ICU で 30 ～ 60 分間安静に保つ。ICU がない場合は，麻酔用のボックスにウサギを入れ，酸素を流入する。検査や点滴などは呼吸状態の改善を待ってから実施すべきである。

ショック状態の改善

さらに，来院時すでにショック状態に陥っている場合，保温マットの上にのせ，マスクで酸素を吸引させながら処置する。このような状態に陥っているウサギは，犬の胃捻転 - 胃拡張症候群と同じ状態にある。したがって，胃の内容物を除去し，拡張を急激に回避すると，虚血再灌流障害に類似した症状が発現し死亡する可能性がある。そのため，血管確保（または骨髄確保）と静脈輸液（骨髄輸液）を優先し，確保留置後 30mL/kg/ 時で急速静脈輸液を実施し，あわせてデキサメタゾン 1mg/kg，ファモチジン 0.5mg/kg，マルボフロキサシン 5mg/kg を静脈内投与する。次いで，胃カテーテルを挿入し，できる限り胃内容物を吸引除去する。この状態の生存率はきわめて低く，処置中に死亡することも多い。飼い主には，事前にそのリスクを十分に説明しておく必要がある。

外科治療：胃切開術

術前準備

血液検査で少なくても電解質と GLU，BUN を調べ，異常値があった場合は静脈輸液で補正しておく。術前にエンロフロキサシン（10mg/kg，SC）を投与する。

麻酔

詳細な麻酔法は第 5 章に記載した。著者が現在実施している麻酔法を以下に示す。ただし，それぞれの獣医師が最も慣れた方法で実施するのがよい。

メロキシカム（0.2mg/kg, SC），メデトミジン（0.25mg/kg, SC）前投与後，ケタミン（5mg/kg, IM）を投与し，導入麻酔とする。4 ～ 5Fr 栄養カテーテルを鼻孔から気管内に挿管し，酸素流量 1L/ 分，イソフルラン 2.0 ～ 3.0％を吸引させ，維持麻酔とする。急激な覚醒徴候を認めた場合は随時追加ケタミン（5mg/kg，IV）投与を行い，維持する。

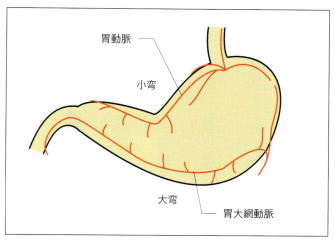

図7-1 胃の模式図

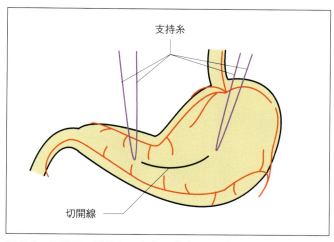

図7-2 切開線。胃体部の大弯と小弯の間（胃動脈と胃大網動脈の間）の血管走行が少ない部分を切開線とし，その延長線上に支持糸を2本設置する

器具および器材

著者は，心電図モニターと手術器具は犬猫用のものを用いている。把針器はできるだけ小さいものを選択し，ピンセットは無鈎のものを使っている。また，消化管縫合に用いた把針器やピンセットは腹壁や皮内縫合に用いるべきではないため，それぞれ2本ずつ準備している。

通常，剣状突起から臍部まで切開しておけば，十分に実施できるが，開腹時の状況に応じて腸管の処置が必要になることもあるため，剃毛は腋窩部から恥骨尾側まで広範囲に行っておく。

胃壁の支持と縫合は丸針付吸収性モノフィラメント縫合糸（丸針付4-0モノディオックス，アルフレッサファーマ）を，腹壁縫合と皮内縫合は角針付吸収性モノフィラメント縫合糸（角針付3-0モノディオックス）を用いている。消化管縫合に用いた縫合糸は腹壁や皮内の縫合には用いない。また，消化管切開を行う場合，術野は汚染されていると考えるべきであり，感染を防ぐためにマルチフィラメント縫合糸は使用しない。

皮膚の縫合はステープラーまたは外科用接着剤を用いている。

手術手順

まず，症例を仰臥位で固定し，頭部が高くなるように手術台を傾ける。前述のように，切開線は剣状突起より臍部までとする。胃切開のみを目的とする場合，切開線はそれよりも短くても十分に実施できるが，小腸閉塞の有無を確認するためにはこの切開範囲が必要となる。

次に，クロルヘキシジン加シャンプー（またはポビドンヨード加シャンプー）によるスクラブを3回行った後，5％クロルヘキシジン溶液（またはポビドンヨード溶液）とアルコール溶液を交互に3回スプレーし，術野の消毒とする（写真7-6A）。有窓布を縫合糸またはステープラーで皮膚に固定し，腹壁を傷つけないように皮膚をメスで切開し，白線を露出する（写真7-6B）。以前は開腹手術の際，メッツェンバウム剪刀で白線を中心として腹壁から皮下組織を分離していたが，現在はすべての開腹手術で行っていない。皮下組織は腹壁に固着した状態で実施している。

白線から1～2cm離れた両側の腹壁をそれぞれ直型モスキート鉗子で支持し，切開時に腹壁と密着している腹腔内臓器を傷つけないように牽引する（写真7-6C）。盲腸鼓脹がX線検査で確認された場合，特に注意する必要がある。メスで白線に小切開を加えて腹腔内に空気を入れ，腹壁に密着していた内臓が離れたら，直型両鈍の剪刀で腹壁を切開する。腹壁の切開範囲は皮膚切開線の頭尾側ともに5mm内側とする（腹壁縫合時の連続縫合結節設置スペースとして5mmの余白を残しておく）。

盲腸内のガスが過剰で開腹時に手術の妨げになる場合，27G針に延長チューブとシリンジを接続し，盲腸内のガスを吸引除去してから手術を実施する。胃の露出に際しては鎌状靱帯に付着している脂肪が邪魔になるため，これを電気メスで切除する。脂肪の腹壁付着部を凝固モードで切開していくと，出血なく切除できる。

胃の膨満が過剰でなければ，切開前に小腸閉塞がないか目視と触診で確認する。また，肝臓や膵臓など，目視可能な他の臓器もすべて観察しておく。胃膨満が著し

A ポビドンヨード加シャンプーによるスクラブ後，ポビドンヨード溶液とアルコール溶液を交互に3回スプレーして術野を消毒する

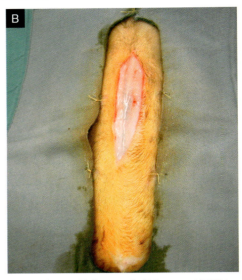
B 剣状突起から臍部まで皮膚をメスで切開し，白線を露出する

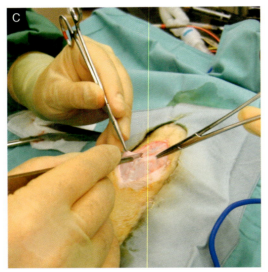
C 直型モスキート鉗子で腹壁を支持牽引し，腹壁と密着している腹腔内臓器を傷つけないようにメスで白線を切開する

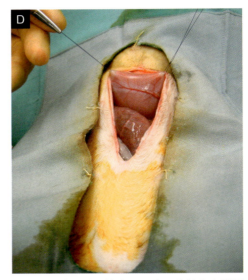
D 切開予定線の延長線上に2本の支持糸を設置する

写真7-6　胃切開術

く，腹腔内の観察が困難な場合は胃切開術を優先する。

　胃体部の大弯と小弯の間（胃動脈と胃大網動脈の間）の血管走行が少ない部分を切開線と想定し，その延長線上に4-0モノフィラメント縫合糸を用いて支持糸を2本設置する（図7-1，2，および写真7-6D）。この時，切開予定線は幽門部にかからないように注意する。その理由は，幽門部まで大きく切開すると縫合によって内反した組織が胃流出障害を引き起こすことがあるためである。支持糸を牽引して胃を腹壁外に露出し，周囲にガーゼを配置して切開時の汚染を防ぐ。

　助手が支持糸を牽引し，胃壁を切開する。この時，メスで一気に全層切開してもよいが，慣れるまでは切開予定線の漿膜-筋層までを切開し，この後にメスの刃を上に向け，粘膜面まで穿刺し，これを始点として剪刀で全層切開を行う。後に二層縫合を実施する場合は粘膜の切開線を，漿膜-筋層の切開線よりも両端5mmほど内側から実施するとよい（図7-3A）。胃内に液体が貯留している場合，剪刀で切開線を広げる前に吸引器で胃内容液をできるだけ吸引除去しておく（写真7-6E）。切開線から激しく出血しても電気メスは使用せず，モスキート鉗

第7章 毛球症 −治療のポイント

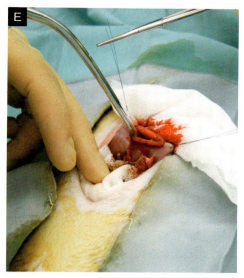

胃内に液体が貯留している場合，吸引器を用いて胃内容液をできるだけ吸引除去しておく

摘出した毛球

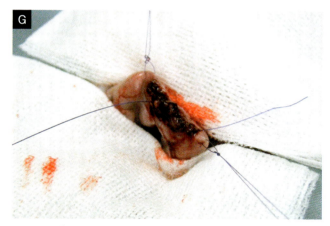

1層目の縫合として粘膜層を単純連続縫合で閉鎖する

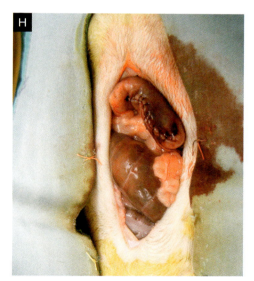

2層目の縫合は漿膜‐筋層をレンベルト縫合など内反縫合で閉鎖する

写真7-6　胃切開術（つづき）

子などで鉗圧止血する。

　鉗子などを用いて胃内容物（**写真7-6F**）を摘出したら，縫合する。その際，著者は4-0吸収性モノフィラメント縫合糸を用い，二重内反縫合で縫合している。

　近年，犬や猫の胃縫合では一層縫合を推奨する文献も多く，ウサギの胃縫合においても同様であるのか，今後検討する必要があると思われる。一層目の縫合は粘膜層を単純連続縫合で行っているが（図7-3B，Cおよび**写真7-6G**），これは全層縫合でもよい。二層目の縫合は漿膜‐筋層をシュミーデン縫合で実施しているが（図7-3D，E），これはレンベルト縫合などの内反縫合でもよい（**写真7-6H**）。要は粘膜と粘膜，漿膜と漿膜が接合し，粘膜が漿膜面の外に突出しなければ，どのような縫合でもよい。著者がシュミーデン縫合を多用しているのは，内反縫合が短時間で実施できるからである。

　胃周囲に配置したガーゼを取り除き，体温と同じ温度に温めておいた滅菌生理食塩水で腹腔内を十分に洗浄する。この腹腔洗浄には，手術中に運動機能が低下した消化管の蠕動機能を再活性化させる目的もある。吸引器（**写真7-7**）は複数孔が開いているものを使用し，洗浄

写真7-7 吸引器の先端部。写真上は一孔で細い。胃内溶液の吸引に使用する。写真下は多孔式で、根部に吸引用のON/OFFレバーがついている。腹腔洗浄液の回収に使用する。複数の穴が開いていることで消化管1カ所に吸引圧がかかることを防いでいる。また、万一、消化管が吸着してもレバーをOFFにすることにより吸引を解除することが手元の操作で可能である

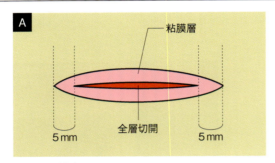

胃切開の模式図

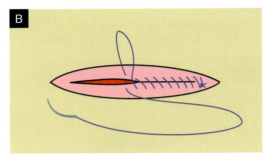

1層目の縫合。粘膜層を単純連続縫合で行う

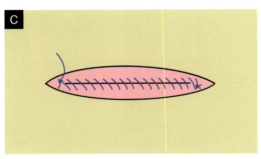

1層目の単純連続縫合の終了部。結紮糸を長めに残しておく

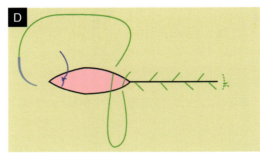

2層目のシュミーデン縫合。始点となる結紮は粘膜層に作成する。針は切開創内側の筋層から外側の漿膜に、次に対側の筋層から外側の漿膜に向けて刺入し、縫合糸を交互に引きしめながら漿膜を折り込んで、内反させる。本来のシュミーデン縫合は筋層からではなく、内腔の粘膜面から漿膜に穿入する

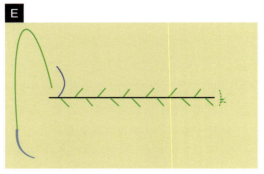

シュミーデン縫合の終末部。終末糸は先に行った粘膜縫合で長く残した単純連続縫合の結紮糸を対側糸として結紮を作成し、結節部を粘膜層にできるだけ埋没させる。癒着を防ぐために、粘膜面だけでなく、縫合糸も漿膜面に露出しないように心がける

図7-3 胃切開・縫合の模式図

液吸引時に消化管にダメージを与えないように注意する。

胃切開や縫合に用いたメスや剪刀，鉗子，把針器などは汚染器具として隔離し，手袋も交換する。

腹壁を3-0吸収性モノフィラメント縫合糸による連続縫合で閉鎖する。消化管内ガスの貯留や，腹腔洗浄により腹壁近くまで腸管が接近しているため，縫合時はこれを傷つけないように注意する。皮下組織は腹壁から分離していなければ，縫合する必要はない。3-0吸収性モノフィラメント縫合糸で埋没皮内縫合を連続で行い，皮膚切開線をあわせる。皮膚は，外科用ステープラーまたは外科用瞬間接着剤で縫合する。麻酔が安定したことを確認してから，経鼻食道カテーテルを設置する。術後，アチパメゾール（0.5～1.25mg/kg，IV）で覚醒を促す。酸素濃度30～35％のICUで覚醒できれば，低酸素症に至るリスクを下げることができる。

術後管理

著者は，術後の絶食は行っていない。食欲がない症例に対しての流動食の強制給餌は，術後24時間経過してから開始している。

食欲や飲水量が通常量に達するまでは，入院管理し，点滴と流動食の強制給餌を徹底する。ただし，ネザーランド・ドワーフ種など入院すると食欲がなくなる品種もいるため，術後3日目以降全身状態がよいにもかかわらず食欲が認められない場合，食欲の有無を確認するために試験的に退院してもらっている。帰宅後，食欲が認められればそのまま通院治療とし，自宅でも食欲が認められない場合は翌日再入院してもらう。

術後の内科治療は，前述の基本治療を中心とした内科治療を実施している。

まとめ

ウサギの特徴的な三大疾病として，不正咬合と子宮疾患，毛球症があげられる。少なくとも，ウサギの病気といわれて，最初に思いつくのはこの3つの疾患である。厳密には，毛球症ではなく消化管運動機能低下症だが，これは非常に多い。

今まで数多くの獣医師がウサギの疾患と戦い，それぞれに得意とする治療法や処方レシピをもっているはずである。なかには外科手術を得意とし，積極的に手術を実施したほうがよいという獣医師もいるかもしれない。

著者は，消化管運動機能低下症に関しては，そのほとんどを内科治療で治療している。もちろん，外科治療が必要な場合もあるが，できる限り内科治療で粘ったほうが結果的に生存率は高い（少なくとも著者の病院では）。また，内科治療の成功率を上げるポイントは，いかに治療によるストレスを減らすかということだと考えている。したがって，徹底検査よりも必要最低限の検査を，入院治療よりも通院治療を優先している。これが消化管運動機能低下症治療のベストの選択であるかどうかは今後検討を重ねる必要があるが，現時点で著者が考えるベストの選択として参考にしていただければ幸いである。

第8章
不正咬合
―診断のポイント

はじめに

「ウサギをみたら不正咬合と思え」はいいすぎかもしれないが，不正咬合はウサギの診療で非常に多く遭遇する疾患であり，また頭を悩ますことが多い。不正咬合由来の食欲不振も多く，また，不正咬合に関連する眼科疾患や上部呼吸器疾患，皮下膿瘍の来院数も多い。

現在，当院で診療しているウサギのうち，不正咬合関連疾患症例は約35％にもなる。また，著者は臼歯処置を全身麻酔下で行うことが多く，2010～2015年に実施した麻酔下処置や麻酔下手術における臼歯処置の割合は約45％にもなった。この割合は，病院によって多少異なるだろうが，ウサギの診療において不正咬合が大きなウエイトを占めるという認識はウサギを診療する獣医師共通のものではないだろうか。

不正咬合を的確に発見し，治療し，維持することは非常に難しい。しかし，これらを適切に実施できれば，ウサギの診療の1/3をクリアできたことになる。本章ではウサギの不正咬合の発生機序や診断方法について説明する。

発生機序

不正咬合を適切に診断する上ではまずどのような原因で不正咬合が発生するのか，あるいはどのような要因で不正咬合が悪化するのか把握しておく必要がある。

ウサギの歯は生涯伸びつづける，いわゆる常生歯である。この歯が適切に摩耗しつづける（不正咬合に至らない）ためには，上下の歯が正しい位置と角度で整列し，すりあわせる運動を永遠に続ける必要がある。したがって，何らかの原因で歯の配列に異常を来した場合，あるいは上下の歯をすりあわせる運動をしなくなった場合，不正咬合に進行する可能性は高い。そして，一度不正咬合になり，歯の形状や配列が乱れると適切なすりあわせ運動は困難となり，さらに症状は進行する。つまり，原因が何であれ一度不正咬合が生じれば，根本的完治は困難であり，継続的なケアが必要になる。

切歯の不正咬合

ウサギの切歯は，上顎に第1切歯（大切歯）とその尾側に第2切歯（小切歯）が，下顎に1対の切歯が存在する。本来，下顎切歯は上顎の第1，第2切歯間と咬合する（**写真 8-1**）。

先天性不正咬合では，上顎短小奇形が多い。つまり，上顎より下顎が長く，下顎切歯が上顎第1切歯と咬合あるいは第1切歯より頭側に位置するものである。この場合，適切な摩耗は得られず，歯は過剰伸長し，口唇や歯肉に接触する（**写真 8-2**）。

これらの先天性不正咬合は，ネザーランド・ドワーフ種など上顎の成長が制限される短頭種での発生が多い。切歯の不正咬合が起こると，その時は不正咬合がみられなくても，その後で臼歯の不正咬合を併発することは多い。先天性や後天性に限らず，切歯の不正咬合が臼歯の不正咬合に，臼歯の不正咬合が切歯の不正咬合に発展するケースは珍しくない。

臼歯の不正咬合

ウサギの場合，臼歯は上下の臼歯が水平方向にすりあ

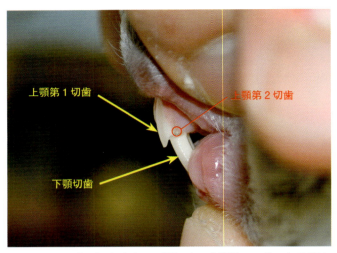

写真 8-1　正常な切歯咬合。下顎切歯は上顎第1，第2切歯間と咬合する

写真 8-2　切歯不正咬合。下顎切歯が上顎第1切歯より頭側にあり，正常な摩耗が行われない

わせるように運動するのが理想である。ヒトのように縦噛み（縦軸方向の運動）で咀嚼する構造にはなっていない。また，ウサギは上下顎の歯列弓の幅が異なる不等顎型であり，上顎の歯列弓は下顎の歯列弓よりも幅が広い。つまり，下顎臼歯は上顎臼歯の真下ではなく内側に位置し，水平方向のすりあわせによって食物をすりつぶしている（図8-1A）。そのため，ヒトのように縦噛みで咀嚼すると，上顎臼歯の外側と下顎臼歯の内側は接触しなくなり，摩耗せずに伸びつづけ，上顎外側の頬や下顎内側の舌に接触する（歯棘形成）。この歯棘が頬や舌に大きな裂傷をつくり，食欲不振の原因となることがある（図8-1B，C）。

また，ウサギの顎骨や根尖は縦方向の噛みあわせに耐えられるほど強くなく，縦噛みが続くとその衝撃により，根尖部の炎症や膿瘍，歯根過長などが起こる。歯根のトラブルはその発症部位ごとにさまざまな問題を起こす（図8-2）。

乾草など高繊維質の食餌を摂食していれば，臼歯は水平方向に動き臼ですりつぶすように咀嚼するため，正しく摩耗する。しかし，ウサギは，ペレットや穀物，種子類などをヒトと同じように縦噛みで咀嚼するため，不正咬合が起こりやすくなる。適切量のペレットであれば問題ないが，過剰量のペレット給餌は乾草の摂取不足につながり，臼歯の不正咬合の発生率をぐんと上げる。

また，それ以外に，高所から落下し顎骨を骨折して歯列が乱れて不正咬合に至る場合や，ケージの金網などの硬すぎるものをかじる癖があり，歯根や顎骨に障害が起きて不正咬合に進行する場合もある。

不正咬合の診断

稟告

飼い主からの稟告聴取は，ウサギに検査ストレスを与えることなく容易に情報を得られるため，非常に重要である。問診において，表8-1に示すキーワードを引き出した場合，不正咬合の可能性を考慮する。

食餌内容

食餌内容の聴取は重要であり，乾草を毎日大量に摂取しているかどうかを確認する。乾草の摂取量を把握している飼い主は実際には少ないため，その他の食餌内容を聴取し，間接的に乾草をたくさん摂取できているかどうかを把握する。

乾草やペレット以外にウサギ用のビスケットや穀物，種子類などの高カロリーのものを与えていないか，与えている場合は具体的にどれだけの量を与えているか確認する。低カロリーの野菜や果物でも量が多ければ，乾草の摂取量は減るため，量を確認する。乾草の摂取量を最も妨げるのはペレットの多給であり，一日当たり何グラム与えているか正確に聴取する。1歳以上のウサギで一日当たり体重の1.5％以上の量のペレットを与えている場合，不正咬合の可能性を念頭におく必要がある。

その他

その症状はいつ頃からみられるのか，以前同じような症状がみられることはなかったか，ケージなどの硬いものをかじる癖はないか，過去に落下事故の経歴はないか

第8章 不正咬合 －診断のポイント

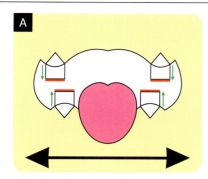 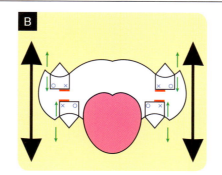 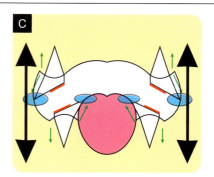

A：乾草を咀嚼する際は上下臼歯を水平にすりあわせるため、適切な摩耗が得られる

B：ペレットを咀嚼する際はヒトと同じように縦噛みを行うため、上下の臼歯がぶつかる部分（×）とぶつからない部分（○）ができる。摩耗部分は臼歯の一部に限られ、歯根の伸長も始まる

C：摩耗されない部分は過剰に伸び、上顎臼歯は外側へ、下顎臼歯は内側へ歯棘を形成する。同時に歯根過長が発生する場合もある

図 8-1　臼歯不正咬合
→：顎の運動方向，━：摩耗部分，→：臼歯の伸長方向

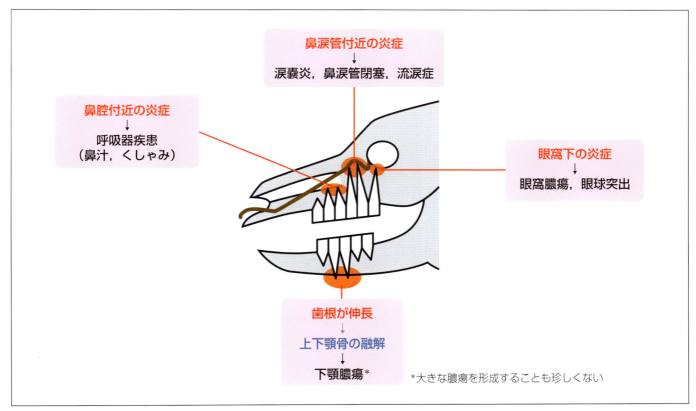

図 8-2　歯根の過長，周辺組織の炎症，膿瘍により発生する諸問題

なども確認する。

稟告聴取には、多くの時間を割くべきである。

一般検査

各部の検査を行う前に、可視粘膜や呼吸音、心拍、胃内うっ滞などを確かめ、生命にかかわる問題がないか把握する。状態によって、ステロイドの投与やICUによる酸素化、輸液、経口胃カテーテルによるガス抜きなど、全身状態の改善を優先する。検査に耐えうる状態と判断できた後、表 8-2 に示す項目をチェックする。いずれか一つでも当てはまる場合、不正咬合の可能性を考慮する。

表 8-1　問診時のポイント

症状	解説
食欲が減った，またはない	歯棘による疼痛やこれを避けようとする行為
食べたそうにしているが食べない	歯棘による疼痛やこれを避けようとする行為
ペレットは食べるが乾草を食べなくなった（あるいは乾草は食べるがペレットを食べなくなった）	歯棘による疼痛やこれを避けようとする行為
水を飲まなくなった	歯棘による疼痛やこれを避けようとする行為
食餌や水をこぼす	歯棘による疼痛やこれを避けようとする行為
歯ぎしりする	歯棘による疼痛やこれを避けようとする行為
口をモゴモゴしている	歯棘による疼痛やこれを避けようとする行為
片側の歯だけで食餌をしている	歯棘による疼痛やこれを避けようとする行為。ウサギは片顎だけでものを噛むことができるため，このようなことをすることがある
口をクチャクチャしている	歯棘による疼痛やこれを避けようとする行為に伴う流涎過剰による
口がくさい	歯棘による疼痛やこれを避けようとする行為に伴う流涎過剰による
顔をよく洗う	歯棘による疼痛やこれを避けようとする行為に伴う流涎過剰による
下顎が汚れてきた，脱毛してきた，赤い	歯棘による疼痛やこれを避けようとする行為に伴う流涎過剰による
涙や眼脂が多い	歯根異常が眼窩周辺に及ぶと起こりうる
くしゃみや鼻汁が出る	歯根異常が鼻腔に及ぶと起こりうる
お腹がゴロゴロ鳴る（消化管内ガス移動音）	食欲不振が24時間以上続くと消化管の運動機能が低下して起こる
便が少ない，小さい，変形している	食欲不振が24時間以上続くと消化管の運動機能が低下して起こる
お腹が張っている	食欲不振が24時間以上続くと消化管の運動機能が低下して起こる
盲腸便が多い，盲腸便を食べ残す（軟便が多い）	食欲不振が24時間以上続くと消化管の運動機能が低下して起こる
元気がない，あまり動かなくなった	疼痛や消化管の運動機能低下による消化管内ガス貯留などによって起こる
やせてきた	疼痛や消化管の運動機能低下による消化管内ガス貯留などが慢性化している

口腔内検査

口腔内検査で観察すべきポイントとして，切歯や臼歯の形状，咬合の異常，過剰流涎，食物残渣の有無などがあげられる。

切歯は口唇をめくることで容易に観察できる。臼歯や流涎は耳鏡や膣鏡で観察する。この場合，耳鏡などを切歯側方からゆっくり挿入し，ウサギが口を静止した瞬間に観察する（**写真 8-3**）。前述のように，歯棘は上顎臼歯が外側に（**写真 8-4**），下顎臼歯が内側に形成されることが多い（**写真 8-5**）が，まれに上顎臼歯が内側に，下顎が臼歯外側に形成されることもあるため，全域をくまなくチェックする。しかし，耳鏡によって確実に観察できるのは前臼歯までであり，後臼歯を観察することは難しい。X線検査などの追加検査や，場合によっては麻酔下で開口検査をしなければみつけられない場合もある。

臼歯の歯棘が確認できない場合でも，過剰な流涎や食物残渣が認められれば，不正咬合の可能性はきわめて高い。

X線検査

X線検査は非常に有用であり，触診や口腔内検査で発見できなかった歯根過長を発見できることもある。

基本的には，ラテラル像とDV像，RC像（吻 - 尾方向像）の3方向を撮影し，場合によっては斜位像も撮影する。ラテラル像では切歯や臼歯の歯根の状況（歯根過長や根尖の開放閉鎖など）が確認でき，DV像では臼歯歯根の状況確認が，RC像では臼歯の歯根，咬合が確認でき，完全なポジショニングで撮影できれば歯棘の有無も明らかにできる（ただし，これは成書での話であり，実際の診療現場では難しいことが多い）。

また，無麻酔かつ被曝せず，完全なポジショニングで撮影することは非常に難しい。防護手袋をしていても多少の被曝を覚悟しなければ，無麻酔での正確なポジショニングを得ることは難しい。したがって，著者はポジショニングのずれが多少あったとしても読影可能なラテラル像と斜位像で歯根の状態を確認するだけであり，DV像とRC像を撮影することはほとんどない。耳鏡で確認できない歯棘では，コストを気にしない飼い主ではCT検査を，コストを気にする飼い主では麻酔下での口

表8-2 不正咬合に関連する症状

症状	解説
顎骨に不正隆起がある	歯根過長による顎骨の変形であり，特に下顎の変形は触知しやすい
内眼角の周辺皮膚に涙跡や眼脂跡がある（写真8-6）	非常に重要な症状であり，眼や鼻からの滲出物があるウサギの75％に歯牙疾患が認められたという報告がある
結膜炎や角膜炎，ぶどう膜炎などの眼科疾患がある	非常に重要な症状であり，眼や鼻からの滲出物があるウサギの75％に歯牙疾患が認められたという報告がある
鼻汁跡がある	非常に重要な症状であり，眼や鼻からの滲出物があるウサギの75％に歯牙疾患が認められたという報告がある
眼球突出がある	歯根膿瘍による症状
上顎と下顎のいずれかに腫脹（膿瘍）がある（写真8-7）	歯根膿瘍による症状
顔を触られることを嫌う	疼痛による症状
口唇から下顎にかけて涎跡がある（写真8-8）	歯棘による流涎過剰による症状
前肢の第一指に涎跡がある（写真8-9）	歯棘による流涎過剰による症状。著者は第一指の確認を特に重要視している。下顎が汚れていなくても，前肢第一指の被毛のみが流涎で固まっている場合は多い
削痩している	慢性的な栄養失調の現れ。ペレットは完食しているものの，乾草の摂取量は減っていることに飼い主が気づいていない場合も多い。また，摂取量は維持されていても，歯棘による裂傷や歯根膿瘍により栄養のロスが恒常的に起こっている場合もある
被毛粗剛である	慢性的な栄養失調の現れ。ペレットは完食しているものの，乾草の摂取量は減っていることに飼い主が気づいていない場合も多い。また，摂取量は維持されていても，歯棘による裂傷や歯根膿瘍により栄養のロスが恒常的に起こっている場合もある
ガスや食塊，毛球などにより，消化管が鼓脹している	疼痛ストレスや食欲不振による消化管の運動機能低下や軟便に由来し，この症状があることで毛球症と診断されて来院する場合も多い。不正咬合に限らず，食欲不振に至る疾患はすべて，最終的には消化管運動機能低下症（毛球症）を併発すると考えるべきである。本文で説明したケアはもちろん必要であるが，胃の大きさだけにとらわれていると本当の姿を見誤るおそれがある
肛門周囲が汚れている	疼痛ストレスや食欲不振による消化管の運動機能低下や軟便に由来し，この症状があることで毛球症と診断されて来院する場合も多い。不正咬合に限らず，食欲不振に至る疾患はすべて，最終的には消化管運動機能低下症（毛球症）を併発すると考えるべきである

稟告時，給餌量を聴取するためのペレットサンプル

- 著者は体重1kg，1.5kg，2kgのウサギの1食分のペレットとして，ハードタイプとソフトタイプのペレットをそれぞれ8g，12g，16gに分包したものを用意している（一日2回ペレットを与えるとして，体重の0.75％分のペレット）。
- 診療の際，個々のウサギに見合った量のペレットを飼い主にみせ，ペレットを過剰に与えていないか確認する

上段：ハードタイプペレット，下段：ソフトタイプペレット。左より8g，12g，16g。密度が異なるため，ハードタイプとソフトタイプの体積差は大きい

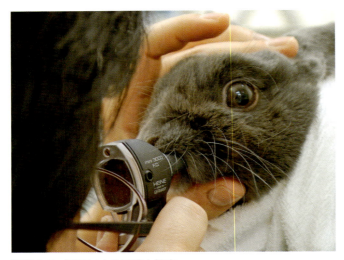

写真 8-3　耳鏡による口腔内検査

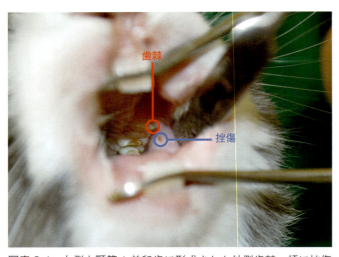

写真 8-4　左側上顎第 1 前臼歯に形成された外側歯棘。頬に挫傷が認められる

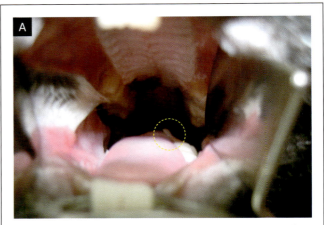

左側下顎第 1 前臼歯に形成された内側歯棘。かなりの大きさまで伸展しているが，この時点では舌に乗り上げる形状であり，食欲不振などの症状はなかった

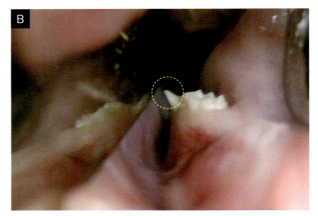

左側下顎第 1 前臼歯に形成された内側歯棘。小さいが，舌に当たるため，食欲が低下していた

写真 8-5　下顎臼歯内側に形成された歯棘

腔内検査を行っている。X線検査で歯棘を確認するために麻酔をかけるのであれば，開口してそのまま処置を実施したほうが麻酔時間ははるかに短くてすむ。術後に飼い主に歯棘処置に関するインフォームドコンセントを行う場合も，RC像よりデジタル写真のほうが理解を得られやすい。

著者がラテラル像や斜位像で重要視している点を，表 8-3 に示した。無麻酔撮影での多少ずれたポジショニングでも，これらについては容易に確認できる（**写真 8-10**）。ウサギの性格がおとなしく，ラテラル像や斜位像以外の像も撮影できるのが理想だが，ネザーランド・ドワーフ種など神経質な品種では医原性骨折のリスクを考慮し，無理すべきではない。

X 線 CT 検査

前述のように，後臼歯に形成された歯棘は耳鏡で確認できないことが多い。特に，流涎が多い場合，口腔内が明瞭に観察できないこともまれではなく，症状から不正咬合が疑われるものの確証が得られない場合も多い。この場合，まず麻酔下での口腔内検査を飼い主に勧めているが，麻酔リスクから同意が得られないことも多々ある。飼い主は「ある」とはっきりわかっている疾患のために麻酔をかけることは拒まないが，あるかどうかを確認するための検査や試験的開腹を嫌う。そこで，著者は鎮静下でのX線CT検査をよく実施している。麻酔よりも安全性が高い鎮静下でX線CT検査し，歯棘が確認されたら麻酔をかけて処置をする。まわりくどいように思えるが，飼い主にとっては重要なプロセスのようで，コストが高くなるにもかかわらずこれを拒む飼い主はほとんどいない。

第8章　不正咬合－診断のポイント

写真 8-6　内眼角周辺の被毛に流涙や眼脂が付着している

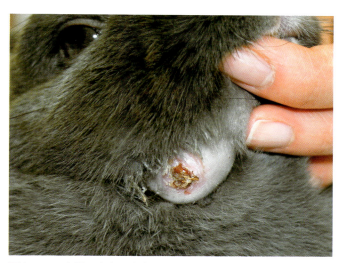

写真 8-7　歯根の炎症に由来する下顎膿瘍

写真 8-8　流涎による口周辺の被毛の汚れ

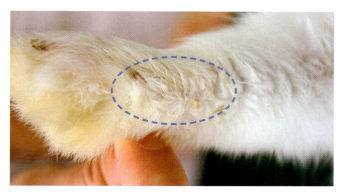

写真 8-9　過剰な流涎を処理するため，前肢第一指に涎が付着する。

　X線CT検査時は，メデトミジン0.25mg/kg，SCで鎮静し，10分後にタオルでウサギを包んで麻酔ボックスに入れ，ボックスごとX線CT撮影している。近年のX線CT機器は画像処理能力が高く，正常なポジショニングでなくとも，MPR（多断面再構成法）により左右対称の画像に再構成することができる。MIP（最大値投影法：奥行き方向に重ねたボクセルのなかで最もCT値の高いボクセルを取り出して表示する方法，本来は血管造影などで使用する）処理により1mm前後の細い歯棘でも明瞭に検出できる。また，X線CT像では，X線像とは異なり，左右どちらの臼歯に形成されたのかも容易に判別できる（**写真8-11**）。歯根膿瘍における抜歯においても，術前にX線CT検査を行うことで，原因歯を特定したり，顎骨の損傷具合を評価することができ，綿密な手術計画を立てることができるようになった。

　著者は犬や猫の診断を主目的としてX線CTを導入したが，ウサギの撮影件数も非常に多い。犬や猫のX線CTはかなり研究されているが，エキゾチックアニマルにおいても今後さまざまな利用方法が開拓されていくのだろう。

まとめ

　著者は，爪切りなどの日常ケアで連れてこられたウサギについても口腔内は必ず確認している。これは不正咬合の早期発見を主目的としているが，不正咬合の重要性を飼い主に知らしめる啓蒙活動としての意味や，ウサギの診療に真摯に取り組んでいるというアピールの意味もある。地道な処置の繰り返しであるが，麻酔下での検査や治療などが必要になった場合，このような繰り返しが飼い主から同意を得る大きな力になる。

　最近は，インターネットや雑誌の影響もあり，不正咬

表8-3 X線検査時のラテラル像および斜位像の確認ポイント

確認ポイント	解説
切歯や臼歯の根尖は開放しているか	根尖開放（X線透過性）が閉鎖（X線不透過性）に変化している場合，その歯の成長はとまっており，抜歯も比較的容易に行える
下顎切歯は上顎第1，第2切歯間と咬合しているか	切歯の不正咬合をみつけるポイントとなる
上顎切歯の歯根が上顎口蓋に接触・突出していないか	切歯の不正咬合をみつけるポイントとなる。特に上顎切歯の歯根に異常を来すと鼻涙管閉塞の原因になりやすいため，注意する必要がある
下顎切歯の歯根は第1前臼歯前縁より後方に位置していないか	切歯の不正咬合をみつけるポイントとなる
上顎臼歯は第3前臼歯を頂点とした山なりに整列しているか	臼歯の不正咬合をみつけるポイントとなる
下顎臼歯は第1後臼歯を頂点とした山なりに整列しているか	臼歯の不正咬合をみつけるポイントとなる
下顎臼歯の歯根は下顎骨腹側縁に接触・突出していないか	下顎臼歯の歯根の異常が著しい場合，抜歯時に下顎骨骨折が起こるおそれがある

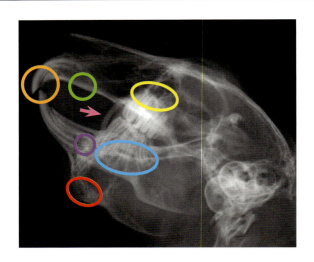

- 切歯，臼歯の根尖は開放している（正常：〇〇〇〇）
- 下顎切歯は上顎第1，第2切歯間と咬合している（正常：〇）
- 上顎切歯歯根は上顎口蓋に接触，突出していない（正常：〇）
- 下顎切歯歯根は第1前臼歯前縁より後方に位置しない（正常：〇）
- 右側上顎臼歯は第3前臼歯を頂点とした山なりに整列しているが（正常：〇），左側第1前臼歯の走行がずれ過剰に伸展している（異常：➡）
- 右側下顎臼歯は第1後臼歯を頂点とした山なりに整列しているが（正常：〇），左側下顎臼歯は第1前臼歯以外脱落している（異常：〇）
- 下顎臼歯歯根は下顎骨腹側縁に接触，突出していない（正常：〇）

写真8-10 落下事故による左側下顎骨折症例（無麻酔での斜位像）

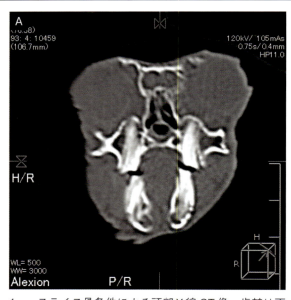

1mmスライス骨条件による頭部X線CT像。歯棘は不明瞭

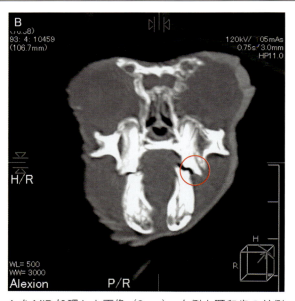

AをMIP処理した画像（3mm）。左側上顎臼歯の外側歯棘が明瞭に観察できる

写真8-11 頭部X線CT像

合についての知識を豊富にもった飼い主が多数来院してくる。そして，ウサギの不正咬合が知られすぎたことにより，「不正咬合の診断や治療ができる動物病院＝ウサギの診療が得意な動物病院」という基準が飼い主のなかにできつつある。いずれにせよ，不正咬合は発生率の高さからみても，飼い主の期待度からみても，ウサギの診療を一分野として掲げる動物病院にとっては避けて通れない大きな疾患である。逆に，この疾患を適切に診断・治療できれば，飼い主のお墨付きを得たようなものである。本稿で説明したX線検査やX線CT検査は必ずしも容易な検査ではないが，それ以外の検査だけでも，多くの症例について「不正咬合の可能性が高い」ということは診断できる。「ウサギは苦手」と敬遠せず，ぜひ耳鏡を口腔中に挿入してみていただきたい。

第9章
不正咬合
—治療のポイント

はじめに

ウサギの不正咬合は，実施者の技量によってさまざまな処置法が選択できる。切歯の処置として，切歯カッターで切断する方法とマイクロエンジンなどの切削機で切断する方法があげられる。臼歯の処置を無麻酔で実施する獣医師もいれば，麻酔下で実施する獣医師もいる。マイクロエンジンで切断すれば歯根にかかる負荷を軽減でき，無麻酔で処置できればそれに越したことはない。しかし，それは不正咬合の処置に精通している獣医師の場合であり，これからウサギの診療に取り組む獣医師にはハードルが高い。また，個体によっては無麻酔下での不動化が難しく，簡便な手法を選択せざるを得ない場合もある。

本章では，これからウサギの診療に取り組む獣医師でも実施可能な方法を中心に不正咬合の治療法を紹介する。

切歯の不正咬合の処置

切歯カッターによる切歯の切断

切歯の最も簡単な処置法は，切歯カッターによる過長部分の切断である。切断という目的だけであれば，工具用ニッパーや爪切りでもよいが，それでは切断時に歯に過剰な圧がかかってしまう。この圧により根尖組織にダメージが加わり，それ以降，不正咬合が悪化しやすくなり，切歯が縦割れする危険性も高くなる。したがって，切歯カッターまたはマイクロエンジンで処置する必要がある。

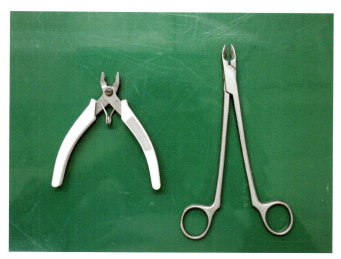

写真9-1 清水式歯科用カッター。左：切歯用，右：臼歯用

著者は，切歯カッターとして清水式切歯カッターを愛用している。清水式歯科用カッター（**写真9-1**）には切歯用と臼歯用があり，刃の部分に溝がついていることで滑りにくく，数カ所で刃が食い込む。これにより歯が砕けにくく，少ない力で切断できる。この構造は後述の清水式臼歯カッターも同様である。

処置の際は，タオルでの保定または仰向けでの保定で不動化する。ウサギの取り扱いに慣れている場合，仰向けに保定し，1人で処置できるが，慣れるまでは助手に保定をしてもらい，確実に実施する。不正咬合の処置の際は，眼の保護を目的として眼軟膏を点眼しておく（**写真9-2**）。マイクロエンジンや歯科用超音波治療器を使用する際は，眼の保護は必須である。

ウサギの場合，切歯の不正咬合のほとんどは上顎短小による切歯過長であり，まず下顎切歯を処置し，視界を

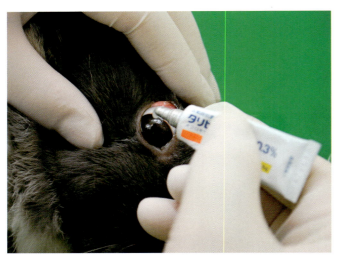

写真 9-2　不正咬合の処置前には眼軟膏を点眼する

写真 9-3　切歯カッターによる切歯の切断

確保した後，上顎切歯を処置する。

　切歯カッターで切断する場合，1本ずつ切断していく。下顎口唇をめくり，切歯カッターを切開予定線に当てる。この瞬間，ウサギは口を上下させるが，慌てて切断せず，歯に切歯カッターを噛ませたまま力を加えずこの行動を観察する。この動きには一定のリズムがあるため，下顎切歯が上がる（下顎口唇から遠ざかる）タイミングにあわせて，切歯を切断する。もちろん，短時間で実施できるようになればよいが，慌てて切断して軟部組織に損傷を与えたり，切歯の縦割れを起こしたりしないよう，慣れるまではじっくりと力を入れて切断する（写真 9-3）。下顎切歯を切断すると，上顎切歯が明瞭に観察できる。上顎口唇をめくり，下顎切歯と同じように切断する。

　ウサギの切歯の場合，このような処置をしても2～4週間後には同じ長さに伸びてくるため，生涯この処置を繰り返す必要がある。処置が刺激となって伸びる速度が速まり，歯髄が伸展してくることもある。本来は歯肉レベルあるいはその周辺に存在するはずの歯髄が切歯処置時に露出した場合，歯髄伸展が起こっていると考えたほうがよい。

　切断時に歯髄が露出した場合，本来は断髄処置を行うべきであるが，断髄処置は麻酔を必要とする。したがって，切歯処置時に歯髄を確認した場合，著者は今後もこの処置が続き，しかも次第に悪化していく可能性が高いことを飼い主に説明し，根本的解決として抜歯を勧めている。

写真 9-4　歯科用バー。左より，直径 8mm と 10mm のダイヤモンドディスク，1mm，2mm，3mm のラウンドバー

マイクロエンジンによる切歯の切断

　切歯カッターによる処置に慣れてきたら，おとなしいウサギを対象にマイクロエンジンによる切歯の切断にチャレンジするとよい。マイクロエンジンによる切断は，切歯に対する損傷や負荷が切歯カッターよりも少なく，切断面の形状も調節できる。

　歯科用バーはダイヤモンドディスクやダイヤモンドフィッシャーバーが使用しやすい（写真 9-4）。ダイヤモンドディスクを使用する場合，ディスクが大きすぎると周囲の軟部組織に当たりやすく，小さすぎると太い切歯は切断しきれない。著者は主に直径 10mm のディスクを用いている。軟部組織を傷害しないよう，舌圧子やヘラなどを切歯の奥に入れてから処置してもよい。ただし，舌圧子を挿入することに抵抗し，舌の動きが活発になるウサギもいるため，状況に応じて実施しやすい方法を選択する。

　歯にバーを当ててから徐々に回転数を上げると，歯面をバーが滑り軟部組織を損傷する危険性がある。した

第9章　不正咬合 －治療のポイント

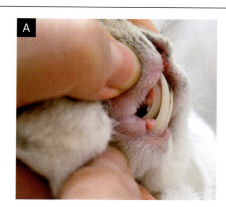
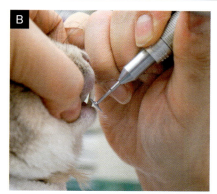
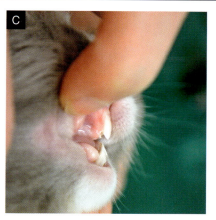

切歯の不正咬合の処置前　　マイクロエンジンによる切歯の切断　　切歯の切断処置後

写真 9-5　切歯の切断

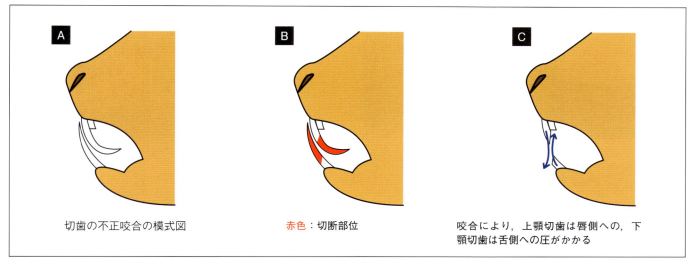

切歯の不正咬合の模式図　　赤色：切断部位　　咬合により，上顎切歯は唇側への，下顎切歯は舌側への圧がかかる

図 9-1　切歯切断のポイント

がって，最初から高速回転させて一気に切断する必要がある。慣れるまでは，全身状態がよいウサギを選び，麻酔下で実施するとよい（**写真 9-5**）。

マイクロエンジンによる切断を行う際，下顎切歯は唇側よりも舌側を長く，上顎切歯は唇側よりも口蓋側を短くする。これは咬合時，下顎切歯に舌側への圧を加え，上顎短小による唇側への下顎切歯の過長を抑制するためである（**図 9-1**）。4カ月齢前後の若齢ウサギでは，この切断を週1〜2回の頻度で繰り返すことにより，正常な咬合に矯正できるケースもある。

切歯の抜歯

ウサギの場合，切歯がなくても口唇や舌で食餌を捕らえ，臼歯で咀嚼することができる。したがって，切歯の抜歯は根本的解決といえるが，最初からこの処置を望む飼い主は少ない。また，軽度の不正咬合の場合，前述した矯正切断により改善が期待できることもあり，切歯切断から開始することが多い。

切断の際には，将来歯髄が伸長した場合は抜歯すべきであると説明しておく。当初は抜歯に否定的な飼い主も事前に抜歯基準を示され，2〜3週間ごとに通院・処置を繰り返していると抜歯の必要性を十分に理解してくれる。また，抜歯時期が遅れれば根尖部の変形や石灰化などが進み，決断したとしても抜歯できないことがある。処置前に頭部X線検査を実施し，これらの問題が起きていないか確認する。同時に切歯のカーブの形状を確認し，これにあわせて23〜18G針を湾曲させ，オリジナルのエレベーターを作製する（**写真 9-6**）。

79

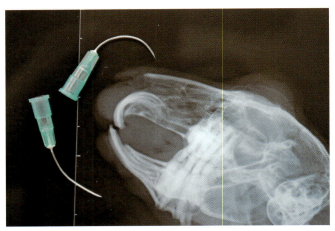

写真 9-6 オリジナルのエレベーターの作製。切歯の形状にあわせて，23G の針を湾曲させたもの

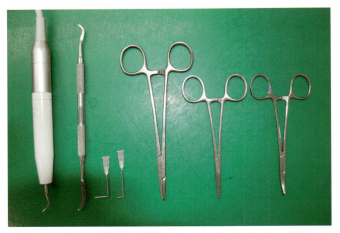

写真 9-7 抜歯に使用する器具。左より多目的超音波治療器，ラクスエーター，屈曲させた 18G 針，把針器，モスキート鉗子（直，曲）

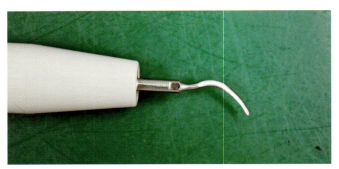

写真 9-8 ソード型チップ ST70（オサダメディカル）

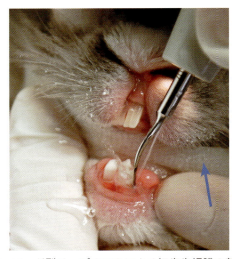

写真 9-9 ソード型チップ ST70 による切歯歯根膜の離断。矢印は誤嚥防止のガーゼ

抜歯処理の概要

処置前には（暴れる場合には術中に），皮下補液を行う。メデトミジン（0.1〜0.25mg/kg，SC）の前投与，ケタミン（5〜10mg/kg，IM）の導入維持麻酔，処置後はアチパメゾール（0.5〜1.25mg/kg，IV）により覚醒を促す。状態が安定するまで酸素濃度 30〜35％のICU で覚醒を促すとなお安全である。全身麻酔をかけたら，まず臼歯に問題がないか確認し，必要であれば臼歯の処置をする。

抜歯処置は下顎切歯から行う。これは下顎切歯を抜歯してからでなければ，上顎切歯の抜歯が難しいためである。また，万が一，麻酔が不安定で全切歯を抜歯できない場合でも，下顎切歯を抜歯できていれば症状の軽減が期待できる。下顎切歯の伸長速度は上顎切歯よりも速く，下顎切歯がなくなれば切歯切断の間隔を広げることができる。この場合，後日状態が安定してから上顎切歯の抜歯を再度試みる。

抜歯処理の手順・方法

まず歯肉付着部をメス刃で切断する。ラクスエーター（写真 9-7）やオリジナルのラクスエーターを歯根膜付着部に挿入し，丁寧に歯根膜を離断する。ラクスエーターは切歯側面に，オリジナルのエレベーターは上顎切歯唇側や口蓋側，下顎切歯唇側，舌側に有用である。最も頑強な歯根膜付着部は舌側と口蓋側であり，この部分はより丁寧な作業が求められる。これらの作業は慣れるまでかなりの時間を要するが，ソード型チップを使用することにより非常に容易に実施できるようになる。著者は多目的超音波治療器にソード型チップ ST70（写真 9-8）を接続し使用している。犬や猫の歯科処置用器具として購入した器材であるが非常に有用で，メス刃による切開もいらず，出血もきわめて少ない。ウサギの抜歯に不慣れでも短時間で抜歯できる。ただし，作業中ソードチップに水が排泄されるので，誤嚥防止として脱脂綿やガーゼを口腔内に詰めてから実施する必要がある（写真 9-9）。

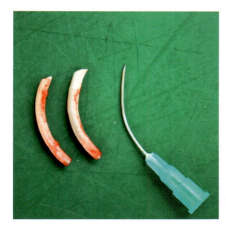

写真 9-10　抜歯した下顎切歯と，これに使用したオリジナルのエレベーター

歯根膜を十分に離断した後，抜歯を試みる。鉗子で唇側や舌側をつかむと破折する危険性があるため，側面をつかむ。歯根膜が十分離断されていれば左右切歯の間に隙間はできているが，それでも通常の抜歯鉗子ではつかみにくいため，著者は把針器を用いて抜歯している。切歯のカーブに沿うように牽引し，細かく左右に捻りながら引き抜く。この時，強く捻転すると歯が折れてしまうため，注意する。抜歯しにくい時はただ引くだけでなく，軽く歯槽に押し込んでから再度牽引してみてもよい。それでも抜歯できない場合は無理せず，容易に抜けるようになるまで歯根膜の剥離作業を繰り返す。

抜歯後，歯槽内にオリジナルのエレベーター（写真9-10）を挿入し，胚組織の破壊を試みる。著者は抜歯後の歯肉縫合は行っていないが，出血がとまらない場合は実施してもよい。

根尖組織が傷つけられずに抜歯された場合，あるいは抜歯途中で破折して歯根が残った場合，再度切歯が生えてくることがある。このことは処置前に飼い主に説明しておく必要がある。この場合，抜歯可能なレベルまで伸長するのを待ち，抜歯を試みる。

臼歯の不正咬合の処置

著者は，臼歯の処置は基本的に麻酔下で行っている。麻酔下で行ったほうが時間をかけられるため，初心者でも安全かつ，広い視界を確保し，歯根への負荷をかけずに実施できる。ただし，それと引き換えに麻酔というリスクを負うため，麻酔下での処置が必ずしもベストとは限らない。経験を積み，無麻酔下でも安全・正確に実施できるようになれば，選択の幅は広がる。

臼歯の切削
臼歯の切削の手順と方法

切歯の抜歯と同じ方法で全身麻酔をかける。安全な操作のため，口腔内の視界を確保し，軟部組織を保護する器具を必要とする（写真9-11）。開口器や頬拡張器を用いて大きく口を開く（写真9-12）。臼歯の処置に際しては，舌や頬が視界を妨げないように，また処置時に舌や頬を傷つけないように舌圧子を用いる。下顎臼歯の舌側歯棘を処置する際は舌を，上顎臼歯の頬側歯棘を処置する際は頬を，それぞれ舌圧子で保護する（写真9-13）。市販の舌圧子も利用可能であるが，著者はコーキングヘラなど工具用のヘラを用いている。ホームセンターにはさまざまなサイズの工具用ヘラが販売されており，好みのサイズのものを安価で入手できる。著者は幅7mm，長さ50mmのステンレス製ヘラを用いているが，これは非常に汎用性が高い。

下顎臼歯において，まれに頬側への歯棘形成を認めることがあり，この時は切手用ピンセットを用いている（写真9-14）。切手用ピンセットは両側の先端がヘラ状で，大きさ・圧ともにウサギの処置に適している。著者は，麻酔の効きが悪く，舌の動きが活発な時の上顎臼歯の処置にも使用している。

臼歯の切削は，切歯の削除と同じようにマイクロエンジンで行うのが歯根への影響が少なく，理想である。しかし，全身状態がきわめて悪く，少しでも早く処置を終えなければいけない場合，臼歯カッターによる歯棘の切断も選択肢の一つとなる（写真9-15）。

ウサギの全身麻酔では，容態が急変し麻酔処置を中断しなければならない状況を常に想定しておく必要がある。したがって，臼歯を1本ずつ丁寧に処置していくのではなく，すべての臼歯を対象に均等に作業を進めていく。その手順を図9-2に示した。

不正咬合による食欲不振が続き全身麻酔のリスクが高い場合は歯棘の切削のみ実施し（写真9-16），食欲や全身状態が改善するのを待ってからもう一度処置する場合もある。

臼歯の処置の目的は，より短く歯冠を削ることではなく，より正常な形状に近づけることである。正常な下顎臼歯の咬合面は下顎骨や歯肉に平行ではなく，遠心側（尾側）に向かって腹側へゆるやかに傾斜しており，それをイメージしながら歯冠を削る必要がある。歯冠を削りすぎると上下の臼歯の接触不足が起き，術後に食欲不振が起こるおそれがある。歯冠が伸びてくれば食欲不振

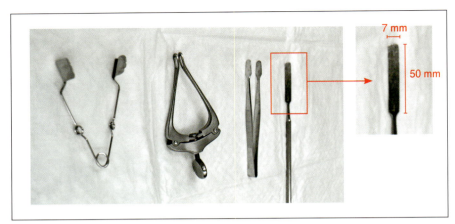

写真 9-11　左から頬拡張器，開口器，切手用ピンセット，
および工具用ヘラ（舌圧子として使用）

写真 9-12　開口器や頬拡張器を使用し，口腔内視界を確保する

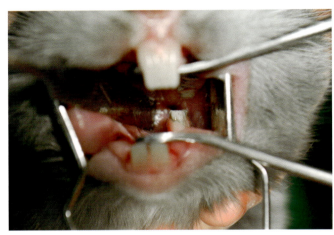

写真 9-13　舌圧子による舌の保護

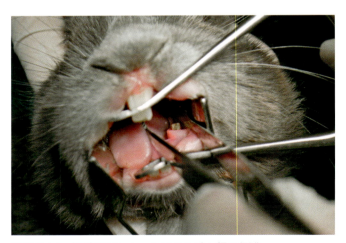

写真 9-14　切手用ピンセットによる舌と頬の保護

写真 9-15　臼歯カッターによる歯棘切断

は解消されるが，この間は流動食や輸液などで状態を維持する必要があり，歯冠の削りすぎはできる限り避ける必要がある。慣れるまでは歯棘の除去後，X 線ラテラル像を撮影し，どの程度歯冠を削るか検討してから切削してもよい。全身状態が悪く X 線検査を実施する余裕がない場合，後臼歯を歯肉レベルまで切削し，これに向かってゆるやかな傾斜ができるよう近心側（頭側）臼歯の歯冠を長く残して処置を終える（後臼歯歯冠と第 1 前臼歯の高低差を 1 〜 2mm とする）。

マイクロエンジンで切削する場合，ラウンドバーやフィッシャーバーを使用する。形状上フィッシャーバーが適しているが，使い慣れた手もちのバーでも問題な

第9章 不正咬合 －治療のポイント

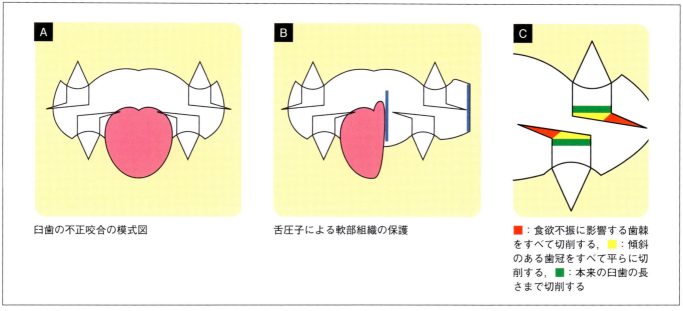

図9-2 臼歯の切削

A 臼歯の不正咬合の模式図
B 舌圧子による軟部組織の保護
C ■：食欲不振に影響する歯棘をすべて切削する，■：傾斜のある歯冠をすべて平らに切削する，■：本来の臼歯の長さまで切削する

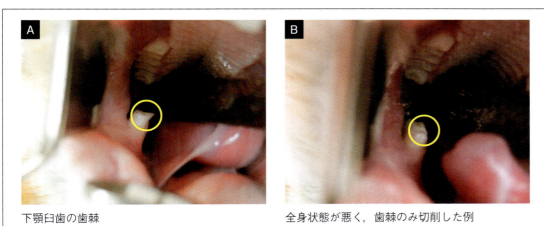

A 下顎臼歯の歯棘
B 全身状態が悪く，歯棘のみ切削した例

写真9-16 歯棘の切削

い。著者は2mm径のラウンドバーを愛用している。バーをマイクロエンジンに装着する時は根元まで挿入せず，使用に支障のない範囲で長めにバーを出して装着する（**写真9-17A，B**）。このようにすることによりマイクロバーを口腔内に深く入れなくてもよくなり，視界を妨げられることなく，スムーズに後臼歯を切削できるようになる（**写真9-17C**）。

臼歯の抜歯

切歯の抜歯と異なり，著者は臼歯の抜歯はできるだけ行わないようにしている。

ウサギの場合，1本の臼歯は2本の対合歯をもつ。つまり，臼歯を1本抜歯すると，対合歯2本に影響が及ぶ。これらの対合歯は定期的に切削しなければならなくなり，この2本の歯と対合する歯も影響を受ける。また，抜歯した隣の歯も傾いていくという報告もある。どのラインで抜歯を決断するかは非常に難しい問題であり，著者は処置以前に動揺している臼歯と歯根部に膿瘍を形成している臼歯のみを抜歯対象としている（**写真9-18**）。

臼歯の抜歯の手順と方法

まず全身麻酔下で全臼歯の歯棘の切削を行う。

最初にラクスエーターや屈曲させた18～23G針を用いて，鉗子周囲の歯根膜を離断する（**写真9-19A**）。この処置は，前述のソード型チップST70を装着した超音波多目的治療器を用いることにより，非常に短時間で行える。ただし，口腔内での処置であるため，水の誤嚥には十分に注意しなければならない。脱脂綿を口腔内に詰

83

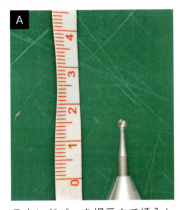

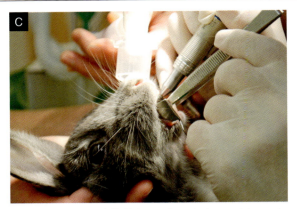

ラウンドバーを根元まで挿入した場合 | ラウンドバーを長めに残して固定した場合 | ラウンドバーを長く装着することにより，マイクロエンジンを深く挿入しなくても処置できる

写真 9-17　バーの装着位置。Bのように装着したほうが臼歯処置には勝手がよい

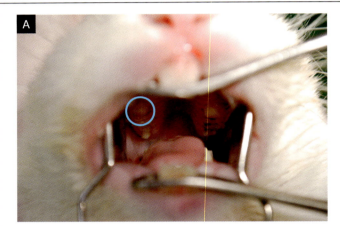

画像診断により膿瘍の原因と判明した右側第1前臼歯 | 原因歯の右側第1前臼歯のみ抜歯し，他の臼歯は切削処置のみとした

写真 9-18　右側眼窩膿瘍

め，ある程度水分を吸収したら，これを交換しながら処置を進める。

　歯根膜が十分離断し，患歯が動揺しはじめたら，曲のモスキート鉗子や把針器を用いて臼歯を正常な成長方向に牽引する（**写真 9-19B**）。容易に抜歯できない場合は無理をせず，歯根膜の離断と鉗子による牽引を繰り返す。

　抜歯後の歯槽内の洗浄は，18G ノンベベル針を90度に屈曲させたものを用いると実施しやすい。この際，誤嚥しないよう新しい脱脂綿を口腔内に詰めるか，吸引機で排液を吸引しながら洗浄する必要がある（**写真 9-19C**）。

　切歯でも臼歯でも，抜歯など疼痛を伴う処置を実施した際はメロキシカム（0.2mg/kg，PO，SID）を，出血を伴う処置を実施した際はエンロフロキサシン（5〜10mg/kg，PO，BID）を，全身麻酔を実施した際はメトクロプラミド（0.5mg/kg，PO，BID）を，シプロヘプタジン塩酸塩シロップ 0.04% に溶解して7日分処方している（場合によっては，そのすべてを混和して処方している）。術後に食欲の低下がみられた場合は，すぐに来院するように飼い主に十分伝えておく。

不正咬合の予防

　切歯の抜歯を除き，不正咬合の処置は1回で終わることはほとんどなく，多くの場合で生涯にわたる処置を必要とする。そのため，臼歯の処置を麻酔下で実施する場合，いかに処置間隔を開けられるかが重要となる。

　不正咬合の進行を遅らせるいちばんの方法は，臼歯を水平方向にすりあわせる適切な咀嚼行動の推進，すなわち乾草中心の食生活である。乾草をまったく食べずに毎

第9章　不正咬合 －治療のポイント

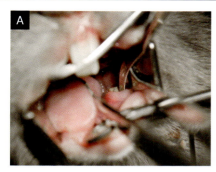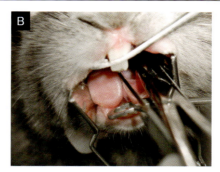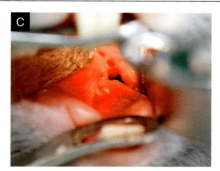

A ラクスエーターによる臼歯歯根膜の離断　　B 把針器による臼歯の抜歯　　C 抜歯後，洗浄した状態。縫合はしない

写真9-19　臼歯の抜歯

月臼歯の処置を必要としていたウサギにおいて，乾草中心の食生活に切り替えることにより処置間隔を大幅に広げられたという例は多い。なかには，処置を必要としなくなった例もある。ただし，食餌の切り替えは難しく，ウサギは食に対するこだわりが強いため，食餌の急激な変更はリスクを伴う。

飼い主への指導

処置後，低下した体力の回復を意図して，従来の食欲を取り戻すまでいままで通りの食生活を再現してもらう。食欲が戻ったら，ペレットと乾草以外のおやつはすべて中止してもらう。おやつは市販のおやつだけでなく，野菜や穀物，果物などはすべて中止してもらう。これを1週間行ってもらう。おやつを中止した後，ペレットの一日当たりの給餌量を理想体重の1.25～1.5％になるまで1カ月かけて漸減する。多くのウサギは，ペレット給餌量が理想体重の2.5％を下まわったあたりで乾草を食べはじめる。ペレットの給餌量が理想体重の2％を下まわっても乾草を食べない場合，それ以上ペレットを減らさず，アルファルファや生牧草など嗜好性の高い乾草もケージに入れてもらう。体重が減りはじめたらペレット量を2.5％まで増量し，根気よくウサギが食べてくれる乾草を探す。同じ種類の乾草でも産地や収穫時期によって嗜好性は異なる。乾草を食べはじめるのに1年以上かかる場合もある。

ウサギの不正咬合予防としてかじり木が販売されているが，かじり木の効果はほとんどない。なぜなら，ウサギは，かじり木をペレットと同じように縦噛みで噛むからである。唯一，ケージなどの金網をかじる癖があるウサギでかじり木を噛むことにより金網をかじる癖が減るのであれば，多少の意味はあるのかもしれない。不

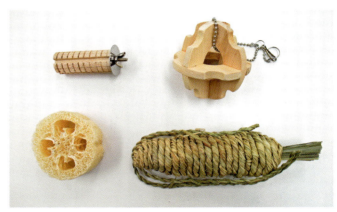

写真9-20　不正咬合予防用のおもちゃ。上段のかじり木の不正咬合予防効果は低い。下段左のヘチマ，下段右の乾草を編んだおもちゃは不正咬合の予防効果を期待できる

正咬合予防のために用いるのであれば，ヘチマや乾草で編んだおもちゃのほうがよい（**写真9-20**）。これらを咀嚼する場合，乾草と同じように臼歯を水平方向にすりあわせるからである。

まとめ

はじめからベストの処置を行うのが理想ではあるが，ハードルを上げてしまうといつまでたってもウサギの不正咬合に立ち向かえる獣医師の裾野は広がらない。本章では初心者向けに簡便な方法を記載したが，著者は不器用で未だにマイクロエンジンで切歯の処置を行う際は保定者を必要とし，麻酔下でなければ臼歯の処置を安全に行える自信がない。現在熟練の技術をもつウサギの獣医師も，はじめは試行錯誤して簡単な方法から実施し，現在の境地に達したはずである。

乱暴な表現かもしれないが，要は伸びすぎた歯を切って，摂食できれるようにすればいいのである。

第10章
皮膚疾患
ー診断・治療のポイント

はじめに

皮膚疾患を主訴として来院するウサギは非常に多い。その理由として，飼い主自身が発見しやすく，看過しがたい疾患であることがあげられる。

ウサギの皮膚疾患は，飼育環境や食餌内容，体型などに由来するものもあれば，不正咬合や泌尿器疾患，神経疾患など他の疾患と関連するものもある。また，外部寄生虫や細菌，真菌感染などが併発して複雑化していることも珍しくない。したがって，ウサギの皮膚疾患を一つの病名だけで説明することは難しい。また，ウサギに使用可能かつ効果的な薬剤には限りがあり，治療方法を中心に考えれば，ウサギの皮膚疾患は非常にシンプルな疾患といえる。

本章の前半部では著者がウサギの皮膚疾患に頻繁に使用している薬剤をあげ，症状に応じてどのように活用しているか解説した。また，後半部では，症状別の診断と治療法を解説した。

皮膚疾患に使用する薬剤

以下，内用外用に限らず，著者がウサギの皮膚疾患に使用する頻度の高い薬剤（薬剤ではないものもあるが）をその順に取り上げた。

エンロフロキサシン

5〜10mg/kg，BID，PO，SC。

ウサギに対し，著者が最も頻繁に使用している抗菌薬はエンロフロキサシンである。エンロフロキサシンは皮膚だけではなく，ほとんどの組織に有効に作用する。また，注射薬があり，内服への移行もスムーズに行える。しかし，他のニューキノロン系抗菌薬でも問題はなく，また後述のクロラムフェニコールも使用できる。

ウサギにおいて，細菌がかかわる皮膚疾患があった場合，他の臓器に別の疾患が隠れていることがよくある。その一例として，不正咬合や泌尿器疾患，消化器疾患から二次的に発症する湿性皮膚炎があげられる。また，その基礎疾患が初診時に特定できないことも多い。したがって，他の臓器に広範囲に作用する抗菌薬という条件は非常に重要となる。

ウサギの内服薬について，著者はすべて粉末にしてペリアクチンシロップ0.04％（シプロヘプタジン塩酸塩）に溶解し，処方している。バイトリル錠（バイエル薬品）はこれに溶解すると嗜好性がよく，容易に投薬できる。一方，ジェネリック薬品のエンロクリア（共立製薬）は安価で，粉末にしやすく，調合は容易であるが，ウサギや齧歯類に対する嗜好性はよくない。

クロラムフェニコール

55mg/kg，BID，PO。

エンロフロキサシン同様，皮膚以外の臓器に対する効果も期待できるが，ウサギに対する嗜好性は非常に悪い。トレポネーマ症に対しては第一選択薬となるため，これが強く疑われる場合，あるいは眼瞼や外鼻孔，口唇，陰部周囲の皮膚疾患でエンロフロキサシンの効果が認められない場合に使用する。上記の投与量では軟便などの消化器症状を呈する場合がまれにあるため，注意する必要がある。

写真 10-1　中性電解水生成機器 Meau DS-1

写真 10-2　自宅での消毒用に小分けにした中性電解水のスプレー容器

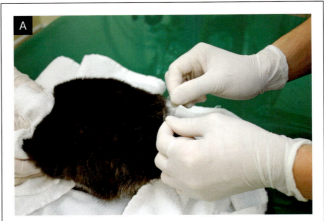

セロハンテープを被毛に押しつけ，被毛や被毛付着物を採取する

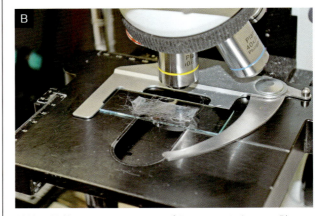

検体が付着したセロハンテープをスライドガラスに貼りつけ鏡検する

写真 10-3　セロハンテープ法

中性電解水

中性電解水は，食塩水を電気分解することによって得られ，除菌主成分は次亜塩素酸である。抗菌スペクトルが広く，細菌からウイルス，真菌，芽胞に至るまで効果が期待できる。残留性はポビドンヨードのほうが優れているが，口腔や眼，陰部，肛門などの粘膜に対しても希釈することなく安全に使用することができ（ただし，大量に経口投与すると腸内細菌叢の撹乱が起こりうる），無色透明で被毛や皮膚に着色することもないため，使い勝手が非常によい。

著者の病院では Meau DS-1（日本アクア販売，**写真 10-1**）という機械を導入し，中性電解水を生成している。これは幅 25cm に満たない大きさで，水道に接続して使用する。水道水と食塩水，電気のみで中性電解水を生成可能であるため，ランニングコストは低く，導入も容易であった。この中性電解水を，著者の病院ではウサギだけではなく，犬や猫の洗浄・消毒，院内の清掃や消毒に幅広く用いている。それだけではなく，スプレーに小分けにして（**写真 10-2**），飼い主に渡し，飼い主の自宅での患部洗浄・消毒に使用してもらっている。

使用上の注意として，有効成分維持期間が 3 カ月であること，および有機物と接触すると分解・失活することがあげられる。したがって，汚物などを極力除去してから使用すべきであり，患部がしっかり濡れる程度に噴霧（あるいは塗布）する必要がある。著者は，排膿などがある場合の洗浄も中性電解水で行っている。噴霧 30 秒で十分な消毒効果が期待でき（芽胞など 10 分程度時間

表 10-1　不適切な飼育方法および症状から考えられる疾患

	湿性皮膚炎	皮膚糸状菌症	足底皮膚炎	ハエウジ症	毛抜き行動	ツメダニ	ズツキダニ	ノミ	疥癬	トレポネーマ症	注射反応性皮膚炎	換毛	腫瘍	膿瘍
ケージサイズの不備	○	○	○	○	○									
床材不備	○	○	○	○	○									
清掃間隔の不備	○	○	○	○										
給水方法の不備	○	○	○	○										
食餌内容の不備	○	○	○	○	○									
運動性低下	○	○	○											
多飲多尿	○	○												
自舐，自傷行為	○	○	○	○	○	○	△	○	○					
排尿障害	○	○	○	○						○				
軟便，下痢	○	○	○	○						○				
食欲不振	○	○												
皮下注射治療歴											○			
姿勢異常	○	○	○	○										
不正咬合	○	○		○	○									
削痩	○	○	○	○	○									
鼻孔周囲病変								○	○				○	○
眼瞼周囲病変	○								○	○			○	○
口唇周囲病変	○	○							○	○			○	○
下顎病変	○	○			○								○	○
背部病変		○				○	○	○				○	○	○
陰部周囲病変	○	○		○						○			○	○
皮膚腫瘤										○			○	○
掻痒	○					○	△	○	○					
脱毛	○	○	○		○	○	△	○	○					
発赤	○		○	○	△	○	△	○	○	○	○			

を要するものもあるが)，外用を嫌い自舐する場合は使用 30 秒後に拭き取るように指示している。

　ウサギの皮膚疾患について，この中性電解水を著者は主に細菌や真菌が関与する疾患，外傷に用いている。

セラメクチン

　6～18mg/kg，月1回，頸部から肩甲骨前方の背面部皮膚に滴下（肩甲骨間ではウサギの口が届く場合がある）。

　レボリューション 6% 0.25mL ピペット（ゾエティス・ジャパン）を使用する場合，840g～2.5kgのウサギでは全量滴下する。

　ウサギで期待できる効果はノミやツメダニ，ズツキダニ，耳ダニ，シラミの駆虫であり，ニキビダニとウジ，マダニ以外のほぼすべての外部寄生虫の駆虫に活用可能である。また，安全性は非常に高く，著者はこれらの疾患が疑われる時にはセロハンテープ法（**写真10-3**）などで虫体や虫卵を発見できなくても，飼い主の同意を得て試験的に使用することが多い。

　他の滴下型駆虫薬であるフィプロニル製剤はウサギに対する毒性が強く，食欲不振や元気消失などの症状がみられ，場合によっては死に至ることもある。まったく無症状の場合もあるが，セラメクチンが安全かつ効果的に使用できるため，ウサギに使用するべきではないと考えている。

イベルメクチン

　400μg/kg，1週間ごと3～4回，PO，SC。

　セラメクチン同様，ノミやツメダニ，ズツキダニ，疥癬，耳ダニ，シラミに対する駆虫効果をもつが，4カ月

齢以下のウサギには使用できない。また，著者は皮下注射後に痙攣症状を示した2歳のウサギを経験したことがあり（投与量は不明），セラメクチン発売以降はこれらの疾患に使用していない。ただし，ハエウジ症にはセラメクチンの効果はほとんど認められないため，イベルメクチンを使用している。

イトラコナゾール
5～10mg，SID，PO。

皮膚糸状菌症の治療に用いる。ただし，多くの皮膚糸状菌症は，飼育環境の問題や外部寄生虫疾患，細菌性皮膚疾患に併発して起こっており，これらに対する治療と中性電解水の使用により，ほとんどの症例がイトラコナゾールを使用するまでもなく治癒する。

症状別の診断・治療ポイント

診断に際し，皮膚自体の観察や検査はもちろん重要であるが，飼い主からの稟告聴取と全身状態，発症部位の確認も非常に重要である。特に確認すべき症状について表10-1に示した。

稟告聴取
稟告聴取すべき内容について，表10-2に示した。

全身状態
確認すべき全身状態について，表10-3に示した。

外鼻孔周囲の皮膚疾患
可能性の高い疾患
トレポネーマ症，疥癬。

トレポネーマ症
トレポネーマ症は*Treponema paraluiscuniculi*により発症し，外鼻孔周囲に発赤や丘疹，浮腫，鱗屑，痂疲，糜爛，潰瘍がみられるようになる（写真10-4）。口唇や眼瞼，陰部，肛門にみられることもあり，痒みがない点が疥癬との鑑別点となる。ヒトには感染しないが，交尾感染や母子感染により他のウサギに感染する。ただし，保菌していても発症しない場合も多い。外鼻孔に発症した場合，同時にくしゃみが認められる場合もあり，その場合は上部呼吸器感染症との鑑別が必要となる。このくしゃみはトレポネーマ症を治療することによって消失

表10-2　皮膚疾患時に稟告聴取すべき内容

飼育環境
- ケージサイズ：普段過ごすスペースとは別に排尿排便のスペースはあるか。
- 床材：金網は敷いているか。乾草は頻繁に交換しているか。スノコの形状は適切か（スノコの隙間から肢が出ることはないか，隙間が少なく尿がスノコの上に残らないか）。
- 清掃間隔：トイレや床材は毎日清掃しているか。スノコを使用している場合は乾燥させてから使用しているか。
- 給水方法：飲水時に給水用食器内に肉垂が接触しないか。給水ボトルから過剰な水が溢れ出ないか。給水ボトルの位置が高すぎて背部などが濡れていないか。
- 食餌内容：乾草は十分摂取しているか。繊維質の少ないペレットやおやつを与えていないか。ペレット＋おやつの摂取量が15g/kg/日を超えていないか。
  → これができていない場合，不正咬合や軟便，食欲不振（消化管運動機能低下症），あるいはこれらによる疼痛ストレス，肥満が考えられる。

行動
- 運動性：ケージ内で活発に動いているか。トイレにスムーズに出入りできているか。
  → これができていない場合，疼痛や肥満，脳神経疾患，整形外科疾患，消化器疾患，泌尿器疾患，内分泌疾患，腫瘍が考えられる。
- 多飲多尿：室温の上昇や湿度の過度の上昇・低下，脱水症状，腎不全，糖尿病，給水ボトルの故障はないか。
  → 口や下顎周辺皮膚，床材の過剰水分。
- 自舐，自傷行動：ストレスや疼痛，搔痒を伴う疾患はないか。

その他
- 排尿障害（頻尿，血尿など）：泌尿器疾患や生殖器疾患はないか。
- 軟便，下痢：食餌中の繊維質不足，消化器疾患，腎不全，生殖器疾患，腫瘍などはないか。
- 食欲不振：疼痛，脳神経疾患，消化器疾患，泌尿器疾患，生殖器疾患，内分泌疾患，腫瘍はないか。
- 治療歴：過去2カ月以内の皮下注射，輸液，筋肉内注射はないか。

表10-3　確認すべき全身状態
- 姿勢異常（斜頸，開張症など），歩様異常：脳神経疾患や整形外科疾患，腎不全，肝不全，低血糖はないか。
- 不正咬合はないか。
- 削痩：不正咬合や脳神経疾患，消化器疾患，泌尿器疾患，生殖器疾患，内分泌疾患，腫瘍はないか。

する。

トレポネーマ症はクロラムフェニコールの内服で治療する。症状は1～2週間で消失するが，完全に症状が消えてから，さらに2週間投薬を継続する必要がある。診断にヒト用RPRテストキットを用いることもできるが，陽性でも無症状のウサギが多く，確定診断に至らない。したがって，著者はトレポネーマ症が疑われる際は，

写真10-4　外鼻孔周囲に発生したトレポネーマ症

写真10-5　鼻涙管閉塞により内眼角を中心に発症した湿性皮膚炎

抗菌薬としてクロラムフェニコールを第一選択薬とし，治療に対する改善反応をもって診断を確定している。

疥癬

疥癬の原因として，イヌセンコウヒゼンダニ *Sarcoptes scabiei*，ネコショウセンコウヒゼンダニ *Notoedres cati*，ミミヒゼンダニ（耳ダニ）*Otodectes cynotis* の感染があげられる。また，皮膚病変として痒みを伴う脱毛，丘疹，鱗屑，痂疲が認められる。症状は外鼻孔や口唇から始まり，徐々に眼周辺や頭部，四肢に広がっていく。接触感染により伝播する。

疥癬はセラメクチンの月1回，3～4カ月間投与で治療する。イベルメクチンも使用可能であるが，著者はセラメクチンで治癒できなかった症例を経験したことはない。診断は皮膚掻把試験により行うが，著者は外鼻孔や口唇付近にこれらの症状が認められ，痛みを伴う場合はたとえ陰性であっても飼い主の同意を得た上でセラメクチンを使用している。

眼周囲の皮膚疾患

可能性の高い疾患

湿性皮膚炎，トレポネーマ症，疥癬。

湿性皮膚炎

眼周囲における湿性皮膚炎は眼脂や流涙によるものであり，内眼角を中心に発症する（**写真10-5**）。

皮膚炎自体は中性電解水による消毒，エンロフロキサシン内服，クロラムフェニコール点眼薬の点眼で，治療する。ただし，基礎疾患である眼脂や流涙を治療しなければ改善は期待できず，この原因を特定し，治療しなけ

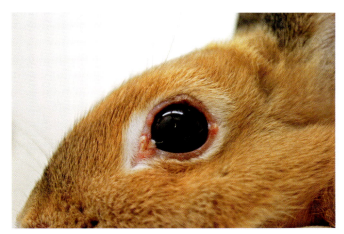

写真10-6　眼瞼周囲に発生したトレポネーマ症

ればならない。

原因として最も多く認められるのは不正咬合による鼻涙管狭窄および閉塞であり，これを確認するために口腔内検査を（場合によってはX線検査も）必要とする。また，診断的治療として，鼻涙管洗浄を実施し，白濁した洗浄液が外鼻孔より排出された場合はこの疾患を強く疑う。切歯由来の鼻涙管狭窄であれば，抜歯も選択肢の一つになるが，臼歯由来の鼻涙管狭窄が完治することはほとんどない。この場合，1回洗浄しただけでは鼻涙管閉塞が再発するため，皮膚症状の改善後もクロラムフェニコールの点眼と定期的な鼻涙管洗浄を継続する。鼻涙管洗浄は，治療開始時は週1～2回実施し，湿性皮膚炎の消失とともに2週間に1回，3週間に1回と徐々に間隔を広げていき，湿性皮膚炎が発生しない処置間隔を模索する。ただし，完全閉塞に至っている場合はこの処置に意味はなく，抗菌薬の内服投与と中性電解水による消毒を生涯やめられない場合がある。

写真 10-7　臼歯の不正咬合により流涎が増加し，口唇から下顎にかけて発生した湿性皮膚炎

写真 10-8　糸状菌検出試験紙

また，湿性皮膚炎の原因として，不正咬合以外に角膜潰瘍やぶどう膜炎，緑内障などの眼科疾患があげられる。そのため，フルオレセイン試験やスリットランプ検査，眼圧測定，倒像鏡検査などもあわせて実施する。これらの眼科疾患が認められた場合，それぞれの眼科疾患に対する治療を行う。具体的には，角膜潰瘍には角膜保護薬（ヒアルロン酸ナトリウム点眼液など）の，ブドウ膜炎には抗炎症点眼薬（ジクロフェナクナトリウム点眼液など）の，緑内障には眼圧降下薬（ドルゾラミド塩酸塩点眼液など）の併用などがあげられる（第24章）。

トレポネーマ症

トレポネーマ症によって，眼瞼に発赤，丘疹，浮腫，鱗屑，痂疲，糜爛，潰瘍が認められることがある（写真10-6）。この場合も他のトレポネーマ症と同じように痒みを伴わない。治療法は前述の通り。

疥癬

疥癬によって，眼瞼およびその周囲の皮膚に痒みを伴う脱毛，丘疹，鱗屑，痂疲が認められることがある。治療は前述の通り。

口唇周囲の皮膚疾患

可能性の高い疾患

湿性皮膚炎，皮膚糸状菌症，トレポネーマ症，疥癬。

湿性皮膚炎

口唇周囲の湿性皮膚炎はそのほとんどが不正咬合由来の流涎によるが（写真10-7），まれに給水ボトルの異常によって起こる場合がある。いずれにせよ常時皮膚が濡れていることによって起こる皮膚炎であり，その原因を突きとめる必要がある。皮膚炎自体は，中性電解水による消毒と抗菌薬の内服を中心として治療する。

原因を突きとめるため，給水ボトルから異常排水していないか（給水ボトルの下の床が過剰に濡れていないか，水の減りが速すぎないか，給水ボトル先端を圧迫した際に水が出すぎないかなど）飼い主に確認してもらう。口腔内検査では，切歯や臼歯の不正咬合や口腔内の過剰な涎を確認する。また，口腔内に異常がなくても，前肢の第一指に涎付着による被毛汚れが確認された場合は不正咬合の可能性を否定すべきではない。不正咬合が認められた場合，過長切歯や棘化臼歯の処置が必要となる。不正咬合はほぼすべての症例で再発するため（早い場合は3週間），観察・治療を継続しなければ，湿性皮膚炎も再発する。

皮膚糸状菌症

また，湿性皮膚炎発症部位に皮膚糸状菌症が併発している場合がある。この場合，内服薬を投薬しなくても，湿性皮膚炎を治療することで自然に治癒することが多い。これが中性電解水による消毒効果によるものか，そもそも湿性皮膚炎に伴って二次的に増殖しただけで病変とは無関係なのかは不明である。

著者の病院では，糸状菌検査は2013年まで糸状菌検出試験紙（JNC）（写真10-8）を使用して行っていた。この検査キットはウサギの糸状菌症で最も多く認めら

病変部の被毛や鱗屑を採取する

採取した材料を培地に埋め込むように置く

培地が黄色のままであれば陰性，赤色に変化した場合は陽性と判定される

写真10-9　培養検査

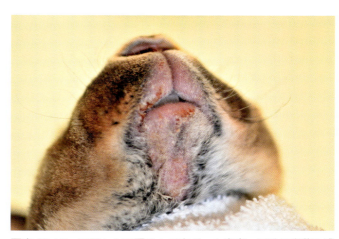

写真10-10　口唇から下顎にまで広がった疥癬。同時に真菌の感染も確認された

れる *Trichophyton mentagrophytes* とまれに認められる *Microsporum* の両方が検出可能で，約15分という非常に短い検査時間で結果がわかった。現在，医療用認可申請中で一次販売が停止しており，そのため，糸状菌鑑別用培地ダーマキット（共立製薬）による培養検査で代用しているが（写真10-9），糸状菌検出試験紙の利便性は特筆すべきものがあり，再販が待たれる。ちなみに *T.mentagrophytes* はウッド灯検査陰性である。

トレポネーマ症および疥癬

　口腔内検査に異常を認めず，かつ口唇周辺に涎の付着が認められない場合，トレポネーマ症や疥癬が疑われる（写真10-10）。治療は前述の通りであるが，治療開始して2週間たってもまったく改善が認められない場合，再度不正咬合の可能性を検討する。

下顎の皮膚疾患

可能性の高い疾患

　毛抜き行動，湿性皮膚炎，皮膚糸状菌症。

毛抜き行動

　毛抜き行動は自身で被毛を引き抜く行動であり，下顎（雌の場合は肉垂付近）や陰部周辺の被毛を抜くことが多い。脱毛のみで，発赤などは認められない場合が多い。しかし，自咬跡が認められる場合もある。時に，この引き抜いた毛を大量に摂食し，疑似的な毛球症になり，食欲不振に陥ることもある。

　また，毛抜き行動は雌に多いが，雄で認められることもある。妊娠中の雌が巣づくり行動の一環として行う場合は正常な行動であるが，妊娠していない雌や雄が行う場合は何らかのストレスに対する発散行為であることが多い。具体的ストレス要因として，環境ストレス（環境温や環境湿度の上昇など）や精神的ストレス（テリト

写真 10-11　正常な換毛

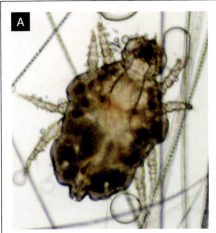

ツメダニ（成虫）

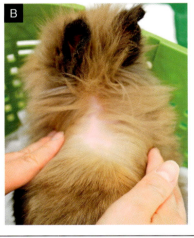

ツメダニの寄生により，頸背部から胸背部を中心に発症した脱毛

写真 10-12　ツメダニ

リー内への他の動物の侵入など），疼痛ストレス（不正咬合や消化器疾患，泌尿器疾患，足底皮膚炎など）などがあげられる。したがって，毛抜き行動と食欲不振が同時に認められた場合，食欲不振による毛抜き行動か毛の摂食による食欲不振かの鑑別は難しい。

　真菌検査やセロハンテープ法，皮膚掻把試験で異常が認められない場合，仮診断として毛抜き行動を疑い，治療を開始する。しかし，1回の検査だけで外部寄生虫が発見できるとは限らないため，治療と並行して再診の都度，セロハンテープ法と皮膚掻把試験を実施する。また，疼痛ストレスの可能性を検討するため，口腔内検査や触診，血液検査，X線検査など，幅広い検査が必要となる。

　治療として，飼育環境や食餌内容などの飼育指導を行い，不正咬合などが発見できた場合はその治療も実施する。食欲が低下している場合，著者は原因となる基礎疾患の特定と並行して，ラキサトーン（フジタ製薬）1mL/kg，BID〜TIDの投与を含めた毛球症の治療を実施している（詳しくは第7章参照）。これは毛球症による毛抜き行動の可能性と毛抜き行動による毛球症発生の可能性をともに除外するための治療である。

湿性皮膚炎および皮膚糸状菌症

　下顎の湿性皮膚炎や皮膚糸状菌症は口唇周囲の湿性皮膚炎が広がったものである（**写真 10-7**）。毛抜き行動が口唇周囲に及ぶことはないため，毛抜き行動とは容易に鑑別できる。

背部の皮膚疾患
可能性の高い疾患

　換毛，ツメダニ，ズツキダニおよびノミの寄生，注射反応性皮膚炎，皮膚糸状菌症。

換毛

　換毛は疾患ではないが，エアコンなどの温度管理が行き届いた室内飼育では，通常春と秋に起こる換毛（**写真 10-11**）が通年起こる可能性があり，それを飼い主が皮膚疾患と勘違いして来院することがある。セロハンテープ法などを実施し，疾患ではないことを確認しておく必要はあるが，治療の必要はない。ただし，過剰な換毛は毛球症につながることがあるため，まめなブラッシングと繊維質の多い食生活を指導しておく。

ツメダニ

　ツメダニ *Cheyletiella* 属（**写真 10-12A**）の寄生によって，頸背部から胸背部を中心に発赤や落屑，脱毛などの

第10章　皮膚疾患 －診断・治療のポイント

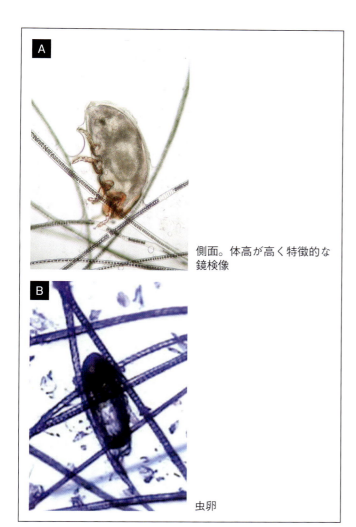

A　側面。体高が高く特徴的な鏡検像
B　虫卵

写真 10-13　ズツキダニ

皮膚症状が認められることがある（**写真 10-12B**）。また，この症状が頭背部や腰背部に現れることもある。基本的に痒みを伴うが，なかには痒みを訴えないウサギもいる。

診断は，セロハンテープ法によるダニの成体あるいは虫卵の検出で行う。治療法として，セラメクチンの3〜4カ月間使用があげられる。ウサギだけではなく，ヒトや犬，猫などの他の動物にも接触感染するため，飼い主には注意を促す。中〜高齢になってから発症するケースもあるため，潜伏寄生の場合もあり，ツメダニが確認されたウサギと接触した動物は同時に駆虫する。

ズツキダニ

ズツキダニ *Leporacarus gibbus*（**写真 10-13**）は体幹背部に寄生し，脱毛や掻痒が認められることもまれにあるが，ほとんどが無症状である。飼い主が背部被毛のダニや卵を「フケ」と勘違いしてもってくることで発見されることが多い。セロハンテープ法でダニの成体または卵を検出して，診断する。治療として，セラメクチンを3〜4カ月間使用する。

ノミ

ノミ（多くはネコノミ *Ctenocephalides felis* あるいはイヌノミ *Ctenocephalides canis*）の寄生により，体幹背部から腰部，尾根部にかけて掻痒，丘疹，紅斑，鱗屑，落屑，脱毛などが認められる。

ノミあるいはノミ糞を確認して，診断する。治療法としてセラメクチンの投与があげられるが，同居動物がいる場合には同時に駆虫する必要がある。室内でノミの生活環が成立している場合，長期間（場合によっては1年以上）の投薬が必要になることもある。

注射反応性皮膚炎

注射反応性皮膚炎はエンロフロキサシンの皮下注射後に発生する場合が多いが，他のニューキノロン系抗菌薬でも同じような報告がある。これはウサギにおいてニューキノロン系抗菌薬が選択される機会が多いためと思われるが，エンロフロキサシンに関しては免疫力の低下した犬や猫でも同様の症状が現れることがあるため，著者は念のため生理食塩液で2〜3倍に希釈したものを皮下注射に用いている。発症部位は皮下注射が実施されることの多い胸部背側に多く，潰瘍や痂疲，壊死，膿瘍などが認められる。

診断上，過去の治療歴や稟告が重要であり，これらと症状を総合的に判断する。ほとんどの症例は病変部の剃毛と中性電解水による消毒で治癒するが（消毒を必要としない場合も多い），膿瘍を形成している場合は摘出が必要となることもある。

皮膚糸状菌症

また，まれではあるが，背部に皮膚糸状菌症が認められることがある。この場合，給水ボトルの故障（水漏れ），あるいは設置位置の不具合（ウサギの歩行時に頭部や背部と吸水ボトル先端が接触する）に由来することが多い。稟告により，この可能性が否定された場合，外部寄生虫疾患に併発している可能性が高いため，セロハンテープ法や皮膚掻把試験を繰り返し実施する。

治療は中性電解水による消毒であり，症状が認められなくなってから1カ月間継続する。ただし，3週間行っても症状が改善しない場合，著者は検査で外部寄生虫がみつからなくても試験的にセラメクチンを投与してい

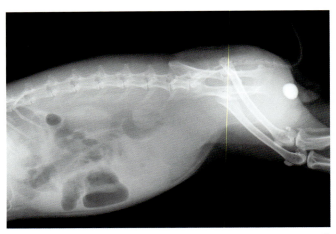
写真10-14　尿道結石により湿性皮膚炎を発症した症例のX線写真（ラテラル像）

写真10-15　直腸の腫瘍によって軟便が継続し、それに伴い湿性皮膚炎が発生した例

る。セラメクチン投与から2週間経過しても症状が改善せず、しかも真菌検査が陽性のままであれば、イトラコナゾールの投与を検討している。

陰部周囲の皮膚疾患

可能性の高い疾患
　湿性皮膚炎、皮膚糸状菌症、トレポネーマ症、ハエウジ症。

湿性皮膚炎および皮膚糸状菌症
　陰部周囲の湿性皮膚炎や皮膚糸状菌症は、尿や糞便の慢性的な汚染に由来する。したがって、他の湿性皮膚炎と同じく、消毒や抗菌薬投与と並行して原因の究明と対策が必要となる。原因として、肥満、飼育環境不備（環境温過剰、湿度過剰、清掃不足、給水ボトルの不具合）、腎泌尿器疾患（腎不全、尿路結石症、泌尿器系炎症）（**写真10-14**）、生殖器疾患（子宮疾患、精巣腫瘍、トレポネーマ症）、姿勢異常（脳神経疾患、整形外科疾患、足底皮膚炎）、消化器疾患（消化管運動機能低下症、内部寄生虫、肝疾患、抗菌薬由来腸性毒血症、腫瘍）（**写真10-15**）などがあげられるが、運動性低下に至るすべての疾患で発症しうるので、不正咬合を含めてあらゆる疾患を想定する必要がある。また、その治療は基礎疾患が完治できるか否かに依存しており、場合によっては生涯ケアを続け、完治ではなく維持を目指さなければいけない場合もある。

　肥満が原因で起こる皮膚疾患は、肥満により陰部周囲にヒダ状のしわが形成され、これが排尿を妨げて湿性皮膚炎に至る。肥満のウサギは、ケージから出して運動させる時間を増やすとともに、ペレット量を13g/kg/日にまで漸減する（イネ科乾草は無制限に与える）。また、果物やおやつなどを与えないように飼育指導する。さらに、一度形成されたヒダはやせても残ることがあり、この場合はヒダの外科的切除が必要になる場合もある。

　飼育環境不備として、床材の不衛生、湿潤が最も大きな問題であり、トイレだけでなく床材も一日1回（可能であれば2回）交換・清掃する。スノコを使用する場合は常に乾いたものと交換する必要があるため、木のスノコを使用する場合は複数枚用意しておき、洗浄後完全に乾燥したものと交換する。

トレポネーマ症
　陰部におけるトレポネーマ症では、初期症状として陰部や肛門に特徴的な発赤、丘疹、浮腫、鱗屑、痂疲、糜爛、潰瘍が認められるため、容易に診断できる。しかし、症状が進行すると、トレポネーマ症による排尿異常がきっかけとなり、湿性皮膚炎に発展することが多いため、注意を要する。判断が困難である場合、湿性皮膚炎の治療を含め、初期の抗菌薬投与にエンロフロキサシンではなく、クロラムフェニコールを選択する。

ハエウジ症
　ハエウジ症は前述の陰部周囲の湿性皮膚炎が悪化した際に起こることが多いため（**写真10-16**）、基礎疾患はそれと同じくする。

　治療は、病変部周囲の剃毛、中性電解水による消毒、できる限りのウジ虫体除去、クロラムフェニコール内服、イベルメクチン投与を基本とする。ただし、イベル

写真10-16 湿性皮膚炎を原因として発症したハエウジ症

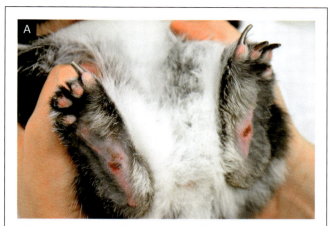

軽度の足底皮膚炎。脱毛と足底部に潰瘍が認められる

重度の足底皮膚炎。炎症は骨髄まで達していた

写真10-17 足底皮膚炎

メクチン投与により虫体が死滅すると中毒性ショックを惹起するおそれがあるため，イベルメクチン投与30分前にプレドニゾロン1mg/kg，SCを実施する。また，湿性皮膚炎同様に基礎疾患の究明と治療が重要であり，食欲不振に陥っているものは輸液や流動食の強制給餌など体力を維持するための治療も必要となる。

足底皮膚炎（ソアホック）

足底皮膚炎は後肢足部に炎症が起こり，脱毛，紅斑，糜爛，潰瘍，膿瘍，骨髄炎，敗血症の順に進行していく（**写真 10-17**）。

治療法として，抗菌薬の内服および中性電解水による飼い主宅の消毒があげられる。疼痛により後肢負重を嫌う場合，メロキシカムなどのNSAIDs内服薬を投薬する。また，外用薬を気にしないウサギではキチンクリーム（キトサンコーワ）などのキチン・キトサン配合軟膏の塗布を併用してもよい。できるだけ通院してもらい，中性電解水による洗浄消毒後，デブリードマンを行う。壊死組織の減少が認められたら，アロンアルファA（第一三共）（**写真10-18**）などの外科用接着剤により創傷部位をコーティングする。ヘリウムネオンレーザーや半導体レーザーの照射も治癒促進や疼痛緩和に有用とされている。

また，前述の湿性皮膚炎と同じように，足底皮膚炎も肥満や飼育環境の不備，運動性低下に至る疾患に由来して発症するため，これらの問題を解決することが重要となる。肥満や飼育環境の不備がない場合，運動性低下に至る疾患が潜在している可能性が高い。各種検査により基礎疾患を特定し，治療する。

皮膚腫瘍

可能性の高い疾患

注射反応性皮膚炎，腫瘍，膿瘍。

注射反応性皮膚炎

過去2カ月以内に皮下注射，輸液，筋肉内注射の治療歴がなければ，注射反応性皮膚炎の可能性は否定される。

腫瘍および膿瘍

腫瘍および膿瘍の判別は細針吸引生検により行う。23G注射針を5mLシリンジに装着し，腫瘤部を消毒した後，穿刺する。吸引しながら何回か穿刺方向を変え，吸引解除後，腫瘤から針を引き抜く。注射針を空気で満たしたシリンジにつなぎ，採材した材料をスライドガラスに吹きつけ，塗抹標本を作製し，染色後鏡検する。腫

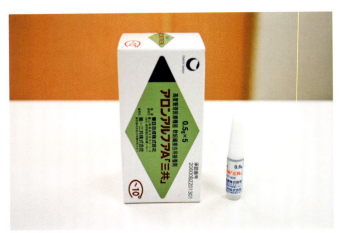

写真 10-18　足底皮膚炎を保護するため，著者が使用している外科用接着剤

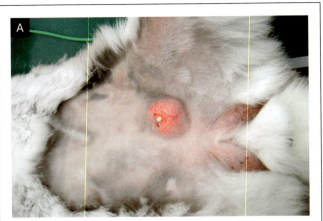

腫瘤表面より排膿していた基底細胞腫

膿瘍も腫瘍も摘出した

写真 10-19　腫瘍および膿瘍

瘍の表層部分に膿瘍が形成されている場合もあるため，腫瘤表面より排膿（**写真 10-19A**）しているからといって，膿瘍と決めつけず，細針吸引生検を実施する。

　腫瘍も膿瘍も摘出手術によって，治療する（詳細は第11章参照．**写真 10-19B**）。

まとめ

　ウサギに限らず，病気の動物を診療する場合，本来ははっきりと診断できるまで検査を繰り返し，それから治療に取り組むべきである。ただし，診断が確定しないからと手をこまねいていたり，ウサギの皮膚疾患は原因が複雑だからといって治療を敬遠していてはより大きな不利益を患者に与えてしまう。症状をなくすこと，軽くすることを中心に考え，多くの皮膚疾患を経験すれば，その経験はフィードバックされ，自ずと診断能力の向上につながっていく。初めての治療法に取り組む時には，その治療法で動物に害を与えないようにする知識だけは確実に身につけ，臆することなく立ち向かってみることが重要なのかもしれない。

第11章
皮膚疾患
―体表腫瘤摘出術，ほか

はじめに

　腫瘍を主訴として来院するウサギは，著者の病院の場合，膿瘍，乳腺腫瘍，体表腫瘍，トレポネーマ症の順に多い。このうち，トレポネーマ症はクロラムフェニコールなどの抗菌薬による内科療法で治療できるが，それ以外は外科処置を必要とする。この処置として選択されるのは主に摘出術であり，四肢に腫瘍などがあり，これが不可能な場合は時に断脚術が必要となる。

　ウサギの腫瘍摘出の手術手技において，犬や猫のそれと大きく異なる点はないが，疼痛緩和には細心の注意を払う必要がある。もちろん，犬や猫の手術でも疼痛緩和は不可欠ではあるが，術後はエリザベスカラーで保護できる。しかし，ウサギの場合，エリザベスカラーを装着することで食欲を失うことがあり，エリザベスカラーなしで抜糸まで維持しなければならないことも多々ある。食欲不振の原因が疼痛であっても，エリザベスカラーによるストレスであっても，24時間以上の食欲不振はウサギでは生命にかかわる。そのため，ウサギの腫瘍摘出術においては，完治を目指すだけではなく，無痛手術を目指さなければならない。

　本章では，体表腫瘤摘出術，乳腺腫瘍摘出術，膿瘍摘出術の術式および注意点，ポイントについて，解説する。

体表腫瘤摘出術

　ウサギの体表腫瘤摘出術は，著者の病院では毛芽腫，毛包上皮腫，乳頭腫の順に多く，この3疾患で体表腫瘤摘出術の約50％を占める。悪性腫瘍として，リンパ腫や扁平上皮癌が認められ，これが約30％を占める。良性腫瘍が多いが，ウサギでは良性腫瘍の自壊率と悪性腫瘍の自壊率は変わらない。したがって，全身状態がよい場合，良性腫瘍であっても手術適用としている。

術前準備

全身状態の確認

　聴診や触診などで一般状態を確認し，以降の検査や処置に耐えられる状態か判断する。

腫瘤の触診

　腫瘤の形状や大きさを記録し，波動感や可動性の有無を確認する。

X線検査および血液検査

　他の疾患および転移の有無を確認する。血液検査が困難な場合でも，胸部X線検査は実施する。ウサギの性質上，無麻酔での検査が難しい時は術前の鎮静下で実施し，肺野への転移や膿瘍などの異常が認められた場合は手術を中止する。

バイオプシーの実施

　コアニードルバイオプシーが理想であるが，局所麻酔下での実施が困難な場合は針吸引バイオプシーを実施する。少なくとも，膿瘍か腫瘍かは判断しなければならない。

麻酔

　著者が現在実施している麻酔法を次頁に示す。ただ

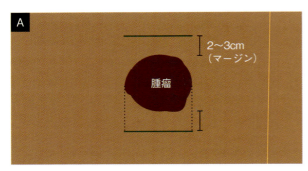
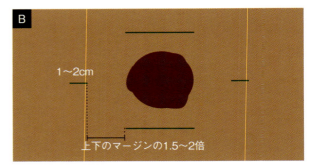
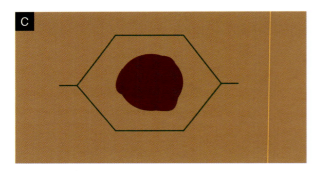
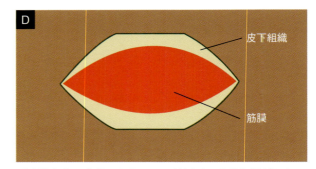

図11-1　体表腫瘍摘出術（平面図）

し，それぞれの獣医師が最も慣れた方法で実施するのがよい。

メロキシカム（0.2mg/kg, SC），メデトミジン（0.25mg/kg, SC）前投与後，ケタミン（5mg/kg, IM）を投与し，導入麻酔とする。4～5Fr栄養カテーテルを鼻孔から気管内に挿管し，酸素流量1L/分，イソフルラン2.0～3.0％を吸引させ，維持麻酔とする。急激な覚醒徴候を認めた場合は随時追加ケタミン（5mg/kg, IV）投与を行い，維持する。

器具および器材

著者の病院では，心電図モニター，手術器具，電気メスは犬や猫用のものを用いている。把針器はできるだけ小さいものを選択し，ドレーピングには有窓布または4枚のサージカルドレープを使用している。筋膜や皮下組織の縫合には丸針付4-0バイクリル（ジョンソン・エンド・ジョンソン）などのマルチフィラメント縫合糸を用いている。これは，腫瘍摘出後の皮膚欠損が大きく，創にかかる張力が強くても，結紮時にゆるみにくいためである。皮内縫合は，ウサギの硬い皮膚でも容易にできるため，1/2円形逆角針付4-0モノディオックス（アルフレッサファーマ）を使用している。皮膚の縫合はステープラーまたは外科用接着剤を用いている。

手術手順

術前にエンロフロキサシン（10mg/kg, SC），メトクロプラミド（0.5mg/kg, SC）を投与する。術中の静脈点滴には乳酸加リンゲル液を用いている。著者の病院では，血液検査の結果によって，カリウム補正を実施している。

腫瘍を上にして体を固定し，広範囲に剃毛する（**写真11-1**）。特に，大きな腫瘍を摘出する場合は摘出後の皮膚縫合でかなり遠位の皮膚でも術野側に牽引されるため，この時に剃毛していない部分が露出しないように十分に注意して，剃毛する。クロルヘキシジン加シャンプーによるスクラブを3回繰り返したあと，5％クロルヘキシジン溶液とアルコール溶液を3回繰り返してスプレーし，術野の消毒とする。

術野以外の部分を有窓布または4枚のサージカルドレープで覆い，皮膚に縫合固定する（**写真11-2**）。摘出

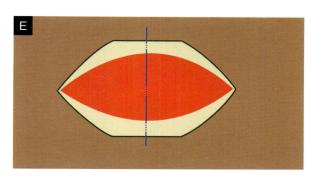
左右両方の切開端の中央部（紡錘形短軸上）の皮下組織-筋膜-皮下組織に吸収性縫合糸を通す

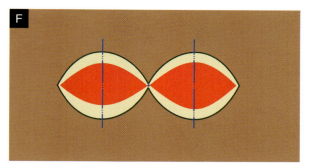
中央の縫合糸を結紮後，この結紮部と両方の切開端の中間部に同様に縫合糸を通す

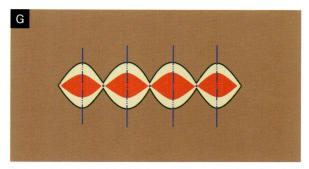
さらに両方の切開端と結紮部，あるいは結紮部同士の中央に縫合糸を通す

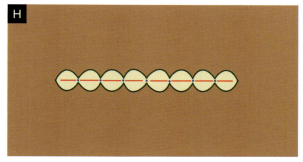
この作業を繰り返すことにより，最少の結紮で均一に皮下組織縫合を実施できる

図11-1　体表腫瘤摘出術（平面図）（つづき）

　範囲が狭い場合，タオル鉗子とステープラーで皮膚に固定すると手術時間を短縮できる．ただし，摘出範囲が広い場合，皮膚を強く牽引するとステープラーでは外れるおそれがあるため，絹糸などで縫合したほうがよい．
　マージンは最低でも2cm，可能であれば3cm確保し，紡錘形に皮膚を切開する．手術に慣れている場合は一筆書きのように一気に切開してもよいが，慣れるまではアタリをつけてから切開するとよい．この場合，紡錘形の長軸を横と見立てて，腫瘤からマージンをとり，上下に横切開を入れる．この時，横切開の長さは腫瘤の直径にあわせる．次に，1.5〜2倍のマージンをとって左右に1〜2cmの横切開を入れる（**写真11-3**）．最後に，この4本の横切開をつないで紡錘形に切開する（**写真11-4**および**図11-1のA〜C**）．
　腫瘤を牽引しながら，皮下組織をメッツェンバウム剪刀やモスキート鉗子で分離し，電気メスで止血・切開し，深部にも十分なマージンを得る（**写真11-5〜8**および**図11-2のA，B**）．この時，腫瘤を傷つけて内容物を撒き散らさないように注意する．腫瘤の境界部に位置する偽被膜は単なる殻ではなく，増殖可能な腫瘍細胞の塊と認識しておく必要がある．事前のバイオプシーで悪性腫瘍であることが判明している場合，あるいは筋膜に近接した腫瘍である場合，手術時間を延長しても近接の筋膜を1枚摘出する．筋膜から腫瘤を剥ぎとっただけで満足してはいけない．腫瘍細胞の汚染を防ぐためにマージンを含めた腫瘤塊を摘出し，滅菌生理食塩液で創傷全体を洗浄する．麻酔が安定していれば，縫合前に手袋を交換する．0.5％ブピバカイン注射薬1mLを創傷全体に滴下し，局所麻酔による疼痛緩和を試みる．
　筋膜を摘出した場合，4-0バイクリルで単純結節縫合する．創が大きい場合はマットレス縫合を実施する．皮膚縫合の際，強い張力がはたらかないように，皮膚切開線周囲の皮下組織を筋膜から2〜3cm，メッツェンバウム剪刀で剥離しておくと牽引しやすい（**図11-2C**）．
　皮下組織は，まず一方の皮下組織に糸を貫通させてから両側の皮膚断端中央（長軸上）の筋膜を貫通させ，次に対側の皮下組織を貫通させて縫合する（**写真11-9**および**図11-2D**）．この時，糸が皮膚表面に露出しないようにしなければならない．それから，この糸を牽引し，単純結節縫合で固定する．その際，術後刺激とならない

写真11-1 術前のバイオプシーで毛芽腫と診断された症例。術野を大きくとれるように広範囲に剃毛した

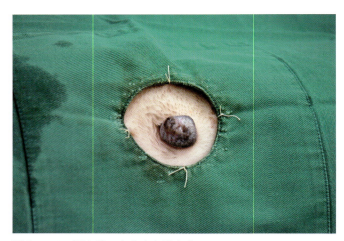

写真11-2 消毒後，有窓布を固定する

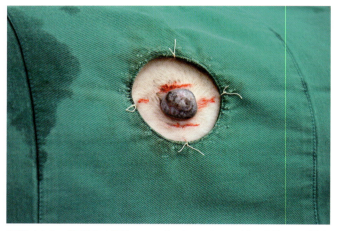

写真11-3 腫瘤の上下について，2cmのマージンを取り，腫瘤の直径と同じ長さだけ切開した。その後，腫瘤の左右を3cmのマージンを取り1cm切開した

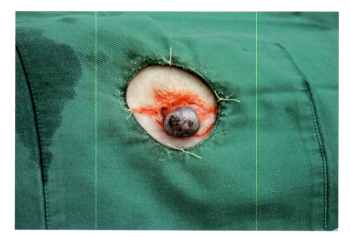

写真11-4 4本の切開線を結ぶように切開する

ように結紮はできるだけ小さく，かつ組織を締めつけすぎないようにする。具体的には，外科結びではなく男結びにして，多少ゆるみをもたせておくとよい。

組織を強く締めつけると，血行不良による炎症や壊死が起こり，その疼痛から自傷を起こす。両断端を密着させることに専念するのではなく，組織のダメージを最小限にすることを心がける。ただし，結紮がゆるいと結び目が大きくなり，これも刺激となるため，男結びはしっかり3回結び，結び目はできるだけ小さくする。また，無駄に多く結紮することも結び目が大きくなる原因となる。助手が皮膚の両方の断端をピンセットで支持し，結紮部まで牽引・保持するとよい。組織を寄せる糸にわずかにゆるみをもたせ，しかも結紮は小さく締めるという作業は慣れるまで多少手間取るが，自傷行為を防止するために非常に重要な処置となる（図11-2E）。

皮下組織縫合は，長軸に沿って両側の皮膚断端が接近するように複数カ所実施する。この時，1カ所に張力が集中しないように均等な間隔で行う。一方の端からスタートし，均等な間隔で対側まで実施するとよい。簡便法として紡錘形切開の中央（短軸上）を最初に結紮し，次にこの結紮と両方の切開端の中央で，さらに切開端と結紮部，結紮部と結紮部の中央でというように徐々に間隙を埋めるように結紮する方法がある。この方法は，非常に容易に縫合でき，また均一かつ最も少ない結紮数で皮膚を寄せることができる（図11-1D〜H）。

摘出による皮膚欠損が大きく，皮膚の牽引縫合時に大きな張力がかかる場合，皮膚断端を縫合する前にWalking sutureで張力の分散と死腔減少を図る。その方法は，以下の通り。

牽引縫合する皮膚の皮下組織をメッツェンバウム剪刀で筋膜から剥離し，皮膚弁とする。皮膚弁の長さは紡錘形短軸半径を目標とする。皮膚縫合予定線（長軸上）

第 11 章　皮膚疾患 －体表腫瘤摘出術，ほか

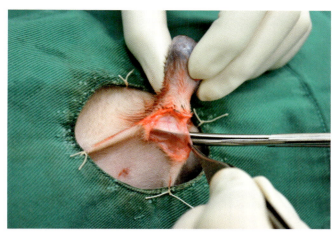

写真 11-5　メッツェンバウム剪刀で皮下組織を分離する

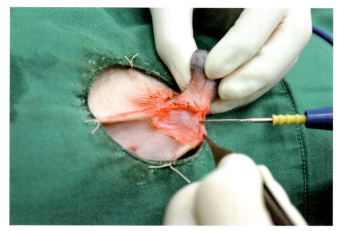

写真 11-6　細かな血管は電気メスで凝固，切開する

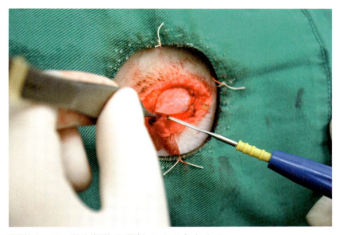

写真 11-7　出血部位を電気メスで止血する

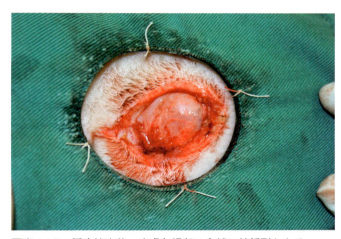

写真 11-8　腫瘤摘出後，皮膚欠損部は自然に紡錘形となる

と皮膚弁断端の中間付近の筋膜に縫合糸を通し，これを皮膚断端と皮膚弁根部の中間付近の皮下組織に縫合する。皮下組織に縫合糸を通す時は皮膚表面に露出しないように注意し，可能であれば真皮を同時に通す。この皮下組織-筋膜縫合を両方の皮膚弁に対し複数カ所実施し，皮膚断端を接近させる（**図 11-3**）。この Walking suture は多数実施すれば張力は緩和されるが，その分皮膚の血行不良を起こす可能性が高まる。ある程度，両方の皮膚断端が接近すれば十分であり，過剰に行う必要はない。この後は前述の皮下組織縫合を実施し，両側の皮膚断端をさらに接近させる。

最後に，4-0 モノディオックスで埋没皮内縫合を実施する（**写真 11-10 〜 12**）。外科用ステープラーまたは接着剤で皮膚を縫合する（**写真 11-13**）。術後，アチパメゾール（0.5 〜 1.25mg/kg，IV）で覚醒を促す。26 〜 28℃，酸素濃度 30 〜 35％ の ICU での覚醒が行えれば，低酸素症に至るリスクを下げることができる。

術後管理

術後，エンロフロキサシン（5mg/kg，PO，BID），メトクロプラミド（0.5mg/kg，PO，BID），メロキシカム（0.5mg/kg/ 日，PO），およびシプロヘプタジン塩酸塩シロップ 0.04％（1mL/ 頭，PO，BID）を混和したものを 10 日間投与し，その後，抜糸する。退院まで自傷行為を行っていないか丁寧に観察し，退院後も定期的に観察するように飼い主に指示する。万一，自傷行為を始めた時に備え，エリザベスカラーを渡しておく。やむを得ずエリザベスカラーを使用する時は摂食できるか，便が小さくなっていたり，少なくなっていないか注意深く観察してもらう。

摘出した腫瘤は必ず病理検査を実施し，悪性度やマージン，脈管侵襲の有無などを評価する。

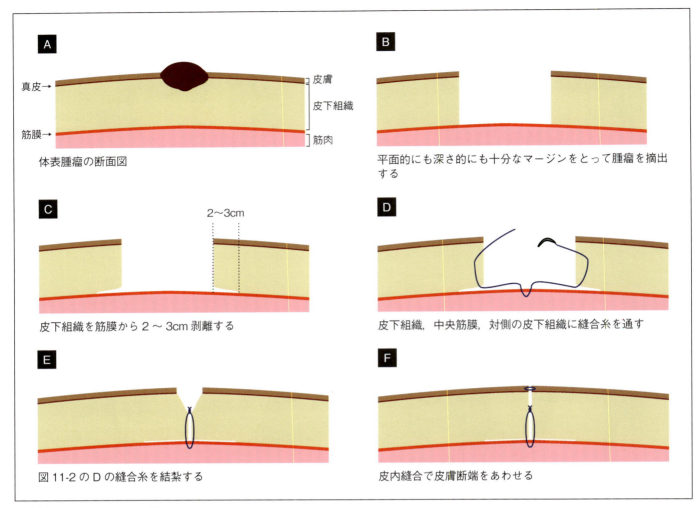

図 11-2　体表腫瘤摘出術（断面図）

乳腺腫瘍摘出術

乳腺腫瘍摘出術は，体表腫瘍摘出術とほぼ同じ手技で実施できる。以下に，体表腫瘍摘出術と異なる点および予後について記す。

注意点

4歳以上の雌ウサギでは子宮疾患や卵巣疾患を有している場合が多く，また，乳腺炎や偽妊娠による乳腺の発達なども珍しくない。そのため，手術前にはこれらとの鑑別を確実に行っておく必要がある。乳腺炎との鑑別は，抗菌薬の投与に反応があるかどうかを一つの指標とする。偽妊娠による乳腺の発達については，明確な腫瘤があればバイオプシーを実施する必要がある。境界不明瞭な乳腺の腫脹の場合，腹部X線検査や超音波検査で子宮の異常を確認する。しかし，避妊手術を実施してみないと明確に鑑別できないこともある。

著者が経験した乳腺腫瘍の多くは，何らかの子宮疾患を併発していた。これが乳腺腫瘍と関連しているのか，ウサギの子宮疾患の多さから起こる偶然であるかはわからない。しかし，少なくとも術前のX線検査において，子宮の拡大があるかどうかを確認する必要がある。また，尿に血が混じるなどの異常が過去になかったか，飼い主に聴取しておく。子宮に何らかの異常が認められた場合，卵巣子宮全摘出術を実施する必要がある。

麻酔が不安定で長時間の手術が困難な場合，乳腺腫瘍摘出術を優先し，後日，状態が安定してから卵巣子宮全摘出術を実施する。なぜなら，ウサギの場合，子宮腺癌よりも乳腺腫瘍のほうが転移や再発する率が高く，急を要するからである。麻酔が安定している場合は卵巣子宮全摘出術を先に実施し，その後，乳腺腫瘍摘出術を行う。2つの手術を同時に行う場合，より「クリーン」なほうを先に実施する。

第11章 皮膚疾患 －体表腫瘤摘出術，ほか

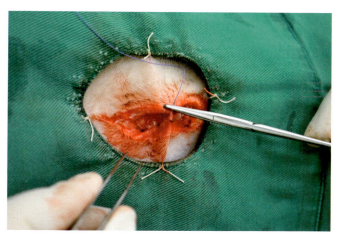

写真 11-9　皮下組織 - 中央筋膜 - 皮下組織を縫合する

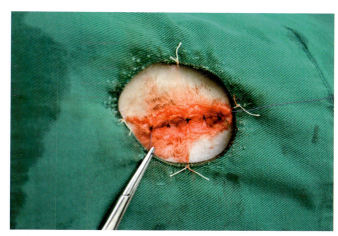

写真 11-10　均一に皮下組織を縫合した後，埋没皮内縫合を実施する

写真 11-11　右側より左側に向かって皮内縫合を実施しているところ．皮下組織縫合の結節が露出しないように注意する

写真 11-12　皮内縫合が対側の切開端まで到達したところ．この後，最後の連続縫合結節が露出しないように，針を創間隙より挿入し，切開創遠位の皮膚から出し根本で切断する

手術手順

　仰臥位に固定し，できるだけ広い範囲を剃毛する．第一乳腺摘出の場合は前肢の固定を，尾側乳腺摘出の場合は後肢の固定をゆるめにする．これにより皮膚縫合の際，前肢あるいは後肢を内側に寄せて皮膚に余裕をもたせることができる．マージンは本来 2cm 以上とりたいところだが，腫瘍の大きさや部位によっては難しい場合もある．それでも，1cm はとる必要がある．また，その腫瘍を含む乳腺は正常にみえても残さず摘出する．

　尾側乳腺の摘出を行う場合，浅後腹壁動静脈の結紮を優先的に行う．皮下組織に血管が入ってないことを確認しながら電気メスで少しずつ分離していく．ウサギの場合，浅後腹壁動静脈以外の血管はほぼ電気メスで凝固止血できる．しかし，腫瘍が大きく成長している場合，太い血管が形成されている場合もある．その場合，4-0 バイクリルで結紮してから切断する．浅後腹壁動静脈を発

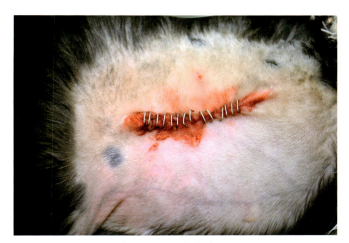

写真 11-13　ステープラーによる皮膚縫合

見した場合，周囲の脂肪をできる限り剥離し，腹側近位で2カ所結紮する．浅後腹壁動静脈遠位側でも結紮し，先の近位結紮部との中間で切断する．浅後腹壁動静脈結

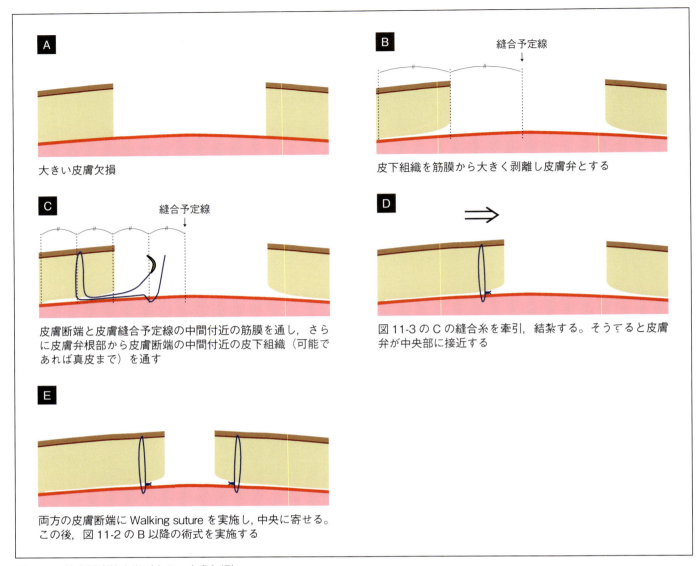

図11-3 体表腫瘤摘出術（大きい皮膚欠損）

紮後は大量に出血する部位がないため，安心して乳腺を剥離できる（**写真11-14～16**）。

予後

　ウサギの乳腺に腫瘍がみられた場合，90％以上が乳腺癌である。また，著者の病院での手術成績において2cm未満で発見・摘出できた場合には再発していないが，2cm以上の場合は1年以内に30％が，2年以内に80％が再発あるいは転移した。もちろん，手技による差異はあると思うが，これらのことからウサギの乳腺腫瘍の動向は猫のそれによく似ていると考えられる。そうすると，ウサギの乳腺腫瘍は本来，猫と同じように全摘出術を選択すべきなのかもしれない。手術時間を延長してまで全摘出術を行うメリットがあるか否かは，今後調査・検討していく必要がある。

膿瘍摘出術

　犬や猫の場合，抗菌薬の投与や切開，ドレナージなどにより，膿瘍を治療する。しかし，ウサギの場合，チーズ様の濃厚な膿瘍であり，ドレーンを設置しても自然には排液されない。また，膿瘍の周囲を厚い被膜が覆い，抗菌薬が膿瘍内部まで浸透しない。したがって，ウサギの膿瘍は体表腫瘍摘出術のように被膜ごと完全摘出する必要がある。

　膿瘍摘出術の術式は，体表腫瘍摘出術とほぼ同じである。マージンは腫瘍ほどとる必要はなく，1cm程度確保すればよい。ただし，被膜を破って内容物が排出されないように細心の注意を払う必要がある。著者の病院では膿瘍摘出後の術創の洗浄を中性電解水で実施している。中性電解水は殺菌能力が高く，組織侵襲性が低く，

第11章 皮膚疾患 ー体表腫瘤摘出術，ほか

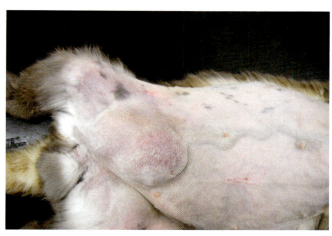

写真11-14　尾側乳腺に形成された乳腺腫瘍

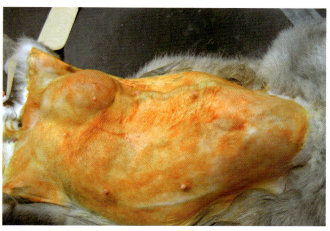

写真11-15　消毒後の状態。右側後肢は皮膚縫合時の牽引に備え，粘着テープでゆるく固定してある

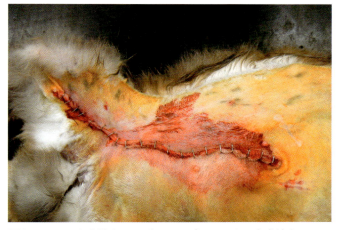

写真11-16　皮内縫合およびステープラーによる皮膚縫合

非常に有効である。すでに皮膚表面で自壊している場合，剃毛後ラテックス手袋から手のひら部分を切り取り，マージン部分に連続縫合で固定し，その後，スクラブと消毒を実施する。麻酔が不安定で，この作業を実施するゆとりがなければ，消毒後に切開用ドレープのアイオバン（スリーエムヘルスケア販売）を貼ってから実施してもよい。

咬傷などの外傷由来で形成された膿瘍は，摘出術の予後はよい（**写真11-17，18**）。しかし，歯根膿瘍や耳道膿瘍などでは膿瘍の由来となる歯や鼓室胞がある限り，完治は難しい。このため，不正咬合や鼓室胞の処置の検討を重ねていく必要がある。

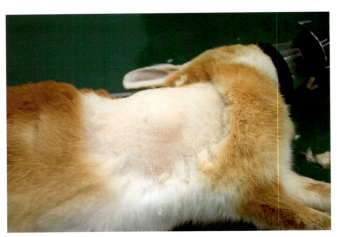

写真11-17 胸部右側に形成された膿瘍。同居ウサギとのケンカが原因と思われる

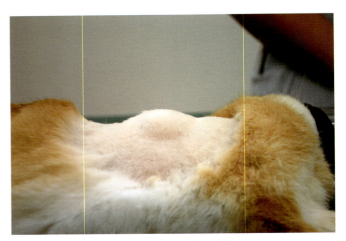

写真11-18 体表腫瘍と同じように手術準備する

まとめ

　前述のように，摘出術の手法は犬や猫のそれと大差ない。ウサギにおいては，いかに自傷行為を防ぐかということが重要となる。ネザーランド・ドワーフ種は非常にデリケートで，エリザベスカラーを極端に嫌うウサギが多く，設置によりパニックを起こす場合や食欲不振に陥る場合もある。

　修業時代のこと，著者が実施した犬の避妊手術において，術後，飼い主がエリザベスカラーを外し，その結果，術創を自傷したことがあった。なぜ勝手にエリザベスカラーを外したのかと不満に思ったものだが，外科の師に「舐めたくなるような縫い方をするほうが悪い」と諭された。師の域に達するにはまだまだ時間がかかりそうだが，術野への局所麻酔，NSAIDsなどの抗炎症薬の投与，埋没結節の大きさ，皮下組織縫合時の組織締めつけ，Walking sutureの実施など地道な努力の積み重ねが重要と思われる。

第12章
避妊・去勢手術
―卵巣子宮全摘出術

はじめに

　著者の病院において，麻酔を要するウサギの処置として最も多いのは不正咬合の処置であり，以下，卵巣子宮全摘出術，体表腫瘍摘出術，整形外科，睾丸摘出術，外傷処置の順に多い．不正咬合を無麻酔下で行っている病院もあり，病院によってこの順位は変動するが，卵巣子宮全摘出術がそれぞれの病院で上位に食い込むことは間違いないだろう．

　これはウサギの子宮疾患の発生率の高さに由来する．ウサギには，子宮腺癌，子宮蓄膿症，子宮内膜過形成，子宮水腫などさまざまな子宮疾患が発生し，種によっては4歳以上の雌の50～80％が子宮腺癌になるという報告もある．したがって，スプレーや乗駕行動などの問題行動の予防を目的とした避妊手術はまれであり，子宮疾患予防としての避妊手術や子宮疾患治療としての卵巣子宮全摘出術が主となる．

　手術時期としては全身麻酔に十分耐えられるようになる6カ月齢から子宮間膜への脂肪沈着が増加する12カ月齢までに行うべきという報告が多く，著者もこれを推奨している．しかし，実際は犬や猫よりも麻酔リスクの高いウサギの予防的避妊手術に同意する飼い主は限られており，現時点では子宮疾患発症後に卵巣子宮全摘出術を行うケースが多い．

　多くの書に掲載され，多数の獣医師により実施されてきた犬や猫の避妊手術はその術式が成熟し，それぞれの獣医師の技法に大きな差はない．しかし，ウサギの避妊手術は歴史が浅く，限られた獣医師が模索しながら行っている状態である．したがって，今後不必要な手技が省かれ，あるいは小さな手間で大きな効果が得られる手技が追加され，より安全，より効率よく行えるように進化していくと思われる．

　今回は，避妊手術として現在著者の病院で行っている卵巣子宮全摘出術を取り上げたが，これはすでに発表されている術式を基礎として，不器用な著者でも行えるようにアレンジを加えた発展途上の手法である．

　雌性生殖器の解剖，診断，避妊手術の意義などは既出の良書に任せ，本章では初めてウサギの避妊手術に取り組む獣医師のために手術テクニックの詳細に重点をおいて解説した．

卵巣子宮全摘出術

麻酔

　著者が現在実施している麻酔法を以下に示す．ただし，それぞれの獣医師が最も慣れた方法で実施するのがよい．

　メロキシカム（0.2mg/kg, SC），メデトミジン（0.25mg/kg, SC）前投与後，ケタミン（5mg/kg, IM）を投与し，導入麻酔とする．4～5Fr栄養カテーテルを鼻孔から気管内に挿管し，酸素流量1L/分，イソフルラン2.0～3.0％を吸引させ，維持麻酔とする．急激な覚醒徴候を認めた場合は随時追加ケタミン（5mg/kg, IV）投与を行い，維持する．

器具および器材

　心電図モニターや手術器具は，犬猫用のものを用いている．把針器はできるだけ小さいものを選択し，ピン

セットは無鉤のものを使用している。

有窓布はできるだけ窓部の径が大きいものを選び（著者はウサギの開腹手術では窓部20×6cmの有窓布を多用している），術中でも胸部の動きから呼吸状態を常に把握できるようにしている。ただし，皮膚が裂けやすいウサギの剃毛は非常に時間がかかるため，剃毛範囲は手術にかかわる部分のみとしている。消毒後に剃毛していない部分が術野を汚染しないように，透明な切開用ドレープ ステリ・ドレープ2（スリーエムヘルスケア販売）を全身にかけ，有窓布をこれに重ねる。有窓布を固定する際は剃毛・消毒した皮膚のみを有窓布に縫合・固定している。

腹腔内結紮や腹壁縫合は，丸針付3-0吸収性縫合糸を用いている。健康なウサギの避妊手術では，脂肪が厚い子宮間膜でもゆるみにくいため，バイクリル（ジョンソン・エンド・ジョンソン）などのマルチフィラメント縫合糸を用いている。子宮内膜炎や子宮蓄膿症などの可能性がある手術では，モノディオックス（アルフレッサファーマ）などのモノフィラメント縫合糸を用いている。皮内縫合は1kg前後の小型種では4-0モノディオックス角針を，中～大型種で3-0モノディオックス角針を用いている。しかし，丸針でも実施可能である。皮膚の縫合はステープラーを用いている。

手術手順
術前処理
著者は，術前にエンロフロキサシン（10mg/kg, SC），メトクロプラミド（0.5mg/kg, SC）を投与し，術中の静脈点滴には乳酸加リンゲル液を用いている。

症例を仰臥位に固定し，頭部が高くなるように手術台を傾ける。これにより腹腔内臓器による横隔膜の頭方圧迫を軽減し，呼吸状態の安定を図る。

切開線は臍部と恥骨前縁の中央点から，頭側へ向かい臍部までの2/3の距離（写真12-1）を目安とする。中央よりやや頭側気味で切開するのは非常に脆く裂けやすい卵巣間膜を安全に創外に引き出すためのものであり，子宮を牽引すれば子宮頸部や膣部は容易に創外に引き出せる。慣れるまでは，尾側に切開を広げると子宮を取り出しやすい。

クロルヘキシジン加シャンプー（またはポビドンヨード加シャンプー）によるスクラブを3回繰り返した後，クロルヘキシジン溶液（またはポビドンヨード溶液）とアルコール溶液を交互に3回スプレーして術野を消毒する。ポビドンヨードよりもクロルヘキシジンのほうが皮膚の細菌を減少させ，単回使用後の残存効果も優れているという報告があるほか，ポビドンヨードはアルコールが乾燥するまで使用できないため，クロルヘキシジンのほうが利便性はよい。

透明切開用ドレープ，有窓布の順にかけ，ステープラーまたは絹糸で皮膚に固定する。この時，有窓布の中央に切開創を配するのではなく，胸部の動きがよくみえるようにやや頭側寄りに固定する。

術中
ウサギの腹壁は非常に薄いため，注意しながら皮膚をメスで切開し，メッツェンバウム剪刀で白線を中心として腹壁から皮下組織を分離する。また，ウサギの場合，腹壁と皮下組織の結合は弱いため，正中切開しても直下に白線はなく，左右にずれた位置に移動していることが多い。したがって，白線の位置を十分に確認してから分離する必要がある。皮下組織の分離は，腹壁切開想定線（皮膚切開と同じ位置）よりも頭尾側それぞれ1cmずつ長く行う。これは後述する腹壁閉鎖の連続縫合の始点終点の結紮場所を確保するためである。ちなみに，皮下組織の分離は必ずしも必要ではなく，皮膚切開時に白線がすぐに露出すれば，省略してもかまわない。

腹壁を切開する際，白線の両側1～2cm離れた腹壁をそれぞれ直型モスキート鉗子で支持し，切開時に腹壁と密着している腹腔内臓器を傷つけないようにする。著者はメスで小切開を入れ（写真12-2），腹腔内に空気が入り密着していた臓器が離れたことを確認してから直型両鈍の剪刀で皮膚の切開線と同じ範囲を切開している（写真12-3）。

切開部直下には巨大な盲腸があり，これを頭側に避けると，膀胱頭側に子宮が認められる。ウサギの子宮間膜は脂肪貯蔵組織であり，1歳以下の若齢ウサギでも容易にみつけることができる。

子宮角と卵巣を腹壁から創外に引き出し，カーマルト鉗子または腸鉗子で卵巣間膜（図12-1の①）を支持する（写真12-4）。この時，卵巣間膜は非常に脆い上，一見脂肪組織にみえるものの血管を多く含むため，丁寧に取り扱う必要がある。また，盲腸などが邪魔になる場合は5cm角に切ったガーゼを生理食塩液を浸してから腹腔内に入れ，卵巣子宮以外の臓器が創外に出ないようにする。子宮の牽引作業は疼痛を伴うため，開腹時からカーマルト鉗子による卵巣間膜支持の間，一時的にイソ

第12章 避妊・去勢手術 −卵巣子宮全摘出術

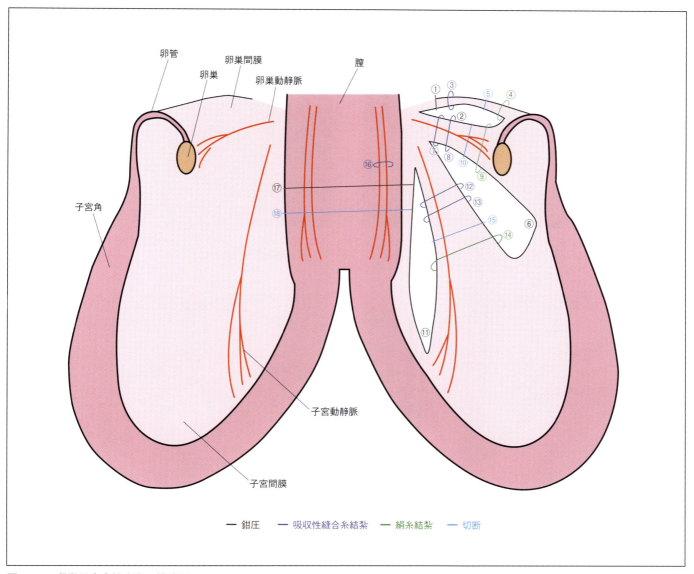

図12-1 卵巣子宮全摘出術の模式図

フルラン濃度を1％上げるが，ケタミン（5mg/kg，IV）を追加投与するとよい。

　卵巣動静脈近位の血管が少ない卵巣間膜にモスキート鉗子で穴を開け，モスキート鉗子を卵巣動静脈と平行に動かして穴を広げる（図12-1の②）。

　この穴に吸収性縫合糸を通し，カーマルト鉗子の近位卵巣間膜（図12-1の③）を外科結びで結紮し，さらに男結びを2回行って補強する。血管が細い場合，外科結びよりも男結びのほうが確実だが，ウサギの卵巣子宮全摘出術に際しては大量の脂肪ごと結紮する必要があり，ゆるみにくい外科結びのほうが確実に行える。

　続いて，絹糸を穴に通し，卵巣近位卵巣間膜（図12-1の④）を男結びで結紮する。この結紮は絹糸でなく吸収性縫合糸で行ってもよいが，著者は臓器とともに摘出する結紮はコスト削減および確実な結紮を目的として絹糸を用いている。また，外科結びでも問題はないが，手術時間の短縮を目的として男結びで行っている。

　両結紮の中間（図12-1の⑤）で卵巣間膜を切断することで，卵巣子宮はさらに引き出しやすくなり，卵巣動静脈の結紮が容易となる。過去には手術時間の短縮のために卵巣間膜ごと卵巣動静脈を結紮していた時もあるが，創外に引き出しにくく，卵巣近位での結紮・切断となってしまい，卵巣遺残に注意しながらの手術となる。現在，卵巣間膜の結紮・切除は安全のための一手間として実施している。

　卵巣動静脈近位の子宮間膜にモスキート鉗子で穴を開け，これを広げる（図12-1の⑥）。この穴に吸収性縫合糸を通し，卵巣のできるだけ遠位で，外科結びを1回，

111

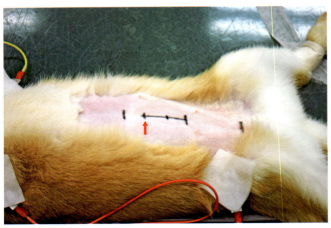

写真12-1 左端の線は臍部、右端の線は恥骨前縁。中央部から臍部に向かって2/3の位置（矢印）に切開線を引く

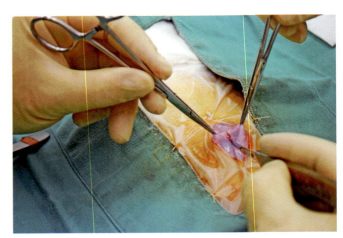

写真12-2 モスキート鉗子を用いて腹壁を持ち上げ、細心の注意をもって白線を切開する

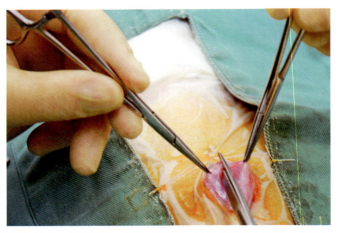

写真12-3 白線に穴が開き、腹腔内臓器が腹壁より離れたことを確認してから剪刀で切開する

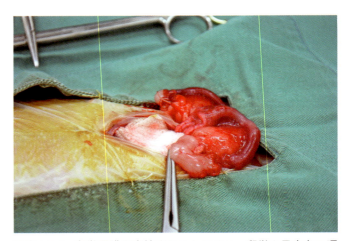

写真12-4 卵巣間膜を支持することにより、卵巣や子宮角の環納を防ぐ

男結びを3回行って卵巣動静脈を結紮する（図12-1の⑦）。同様の結紮をもう一回行い、卵巣動静脈の結紮は二重結紮とする（図12-1の⑧）。

卵巣近位の卵巣動静脈は、絹糸で男結びを行って簡易止血する（図12-1の⑨、写真12-5）。吸収性縫合糸による二重結紮と絹糸による結紮の中間点を切断する（図12-1の⑩）。

子宮動静脈と膣の間の子宮間膜にモスキート鉗子で穴を開け、これを広げる（図12-1の⑪）。ウサギの場合、子宮動脈は子宮や膣から離れた子宮間膜内に存在し（写真12-6）、子宮とともに結紮するよりも子宮間膜とともに結紮するほうが実施しやすい。子宮近位の子宮間膜は脂肪が厚く、血管はみえにくい。しかし、膣近位の子宮間膜には脂肪が薄く、透かして対側がみえる部分があるため、その部位を狙ってモスキート鉗子で穴を開け、拡張する。このようにすると出血しない。ただし、この後

の結紮を子宮間膜深部で行った場合、尿管を巻き込む危険性があるため、できるだけ子宮角近位まで大きく穴を広げておく。モスキート鉗子で子宮に沿うように裂いていけば、太い血管を傷つけることはない。

太い子宮動脈を含む子宮間膜を子宮角遠位から順に結紮していく。この時は卵巣動静脈の結紮と同様に、吸収性縫合糸で外科結び1回・男結び3回で結紮する。膣と子宮角の境界付近で結紮を行えば、尿管を巻き込むことはない（図12-1の⑫）。同様に結紮し、子宮間膜の結紮を二重結紮とする（図12-1の⑬）。子宮角近位の子宮間膜に対し、絹糸で男結びを行って簡易止血する（図12-1の⑭）。吸収性縫合糸による二重結紮と絹糸による結紮の中間点を切断する（図12-1の⑮）。

ただし、肥満のウサギなど子宮間膜の脂肪が過剰な症例では、子宮動静脈の両側に穴を開け、子宮間膜や子宮動静脈をそれぞれ結紮し、切断したほうが安全である。

第12章 避妊・去勢手術 －卵巣子宮全摘出術

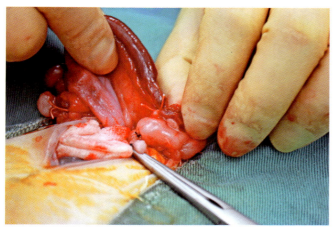

写真12-5 吸収性縫合糸で卵巣動静脈を二重結紮する。また，絹糸で卵巣近位卵巣動静脈を結紮する

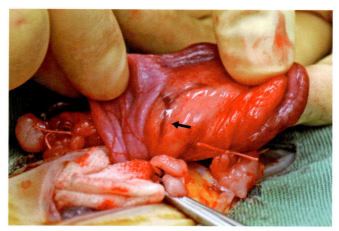

写真12-6 子宮から離れた位置に太い子宮動脈（矢印）が認められる

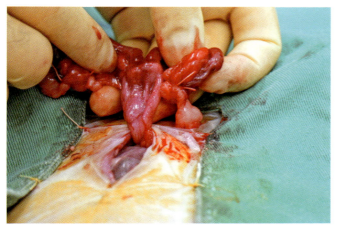

写真12-7 両側の子宮間膜まで切断し，子宮と膣がフリーになった状態

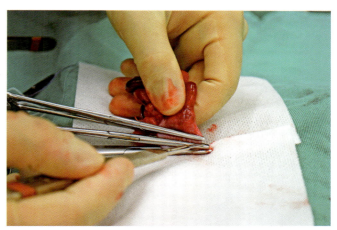

写真12-8 連続して鉗圧したペアン鉗子の間をメスで切断する

　この時点で卵巣間膜，卵巣動静脈，子宮間膜の切断部から出血がないことを確認し，カーマルト鉗子で支持していた卵巣間膜を開放する。
　同様の作業を対側の子宮角にも行う（写真12-7）。
　膣を走行する血管が発達している場合，吸収性縫合糸を用いて男結び3回で結紮する（図12-1の⑯）。この時，膣内腔まで達しないように針を浅く刺す必要がある。また，すべての血管を結紮してしまうと，後に残す膣切断面への血行不良が起き，後日壊死する危険性があるため，あくまで太い血管のみを対象とする。
　この結紮部の子宮角側をカーマルト鉗子で支持する（図12-1の⑰）。この時，膣の頭側と尾側にそれぞれガーゼを1枚ずつ配置し，ガーゼごと鉗圧することにより膣切開時に貯留液があった場合に腹腔内が汚染してしまうことを防ぐ。カーマルト鉗子からさらに子宮角側に直型ペアン鉗子を2列連続で鉗圧し，その間をメスで切断

する（図12-1の⑱，写真12-8）。これにより膣や子宮内に液状物が残留しても，術野が汚染される心配はなくなる。子宮内膜炎，水腫，蓄膿症などの疾患時だけでなく，健常な症例でも膀胱を圧迫した時など子宮膣境界部まで尿が逆流することがある。したがって，ペアン鉗子による鉗圧または絹糸結紮による子宮膣内容物の汚染には細心の注意を払う必要がある。
　切断後，カーマルト鉗子に隣接したペアン鉗子も開放し，膣の両側を直型モスキート鉗子で支持する。一方のモスキート鉗子から少し中央寄りに吸収性縫合糸の針を穿刺し，鉗子を反転してこの根部を結紮し，これを連続縫合の始点とする（写真12-9）。結紮後，このモスキート鉗子で連続縫合始点の吸収性縫合糸断端を支持しておく。連続縫合では膣粘膜面が反転露出しないように注意し，尿の逆流などにより膣断端部から尿が漏出しないように連続縫合の間隔は狭くする（写真12-10）。先に

113

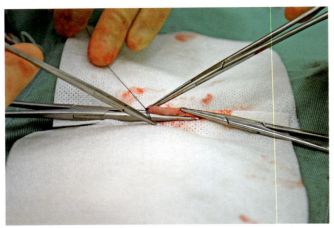

写真 12-9　膣閉鎖連続縫合の始点となる結紮

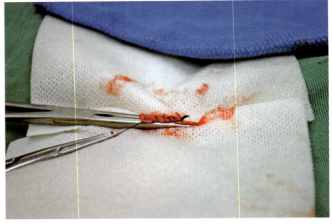

写真 12-10　膣の連続縫合を終えたところ。モスキート鉗子で連続縫合の始点となる縫合糸断端を支持している

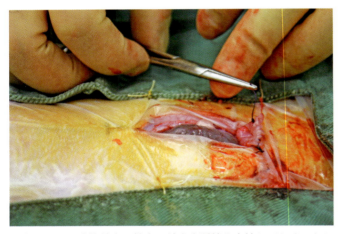

写真 12-11　連続縫合の始点の縫合糸断端を支持しておくことにより，膣が腹腔内に戻る前に出血の有無を確認できる

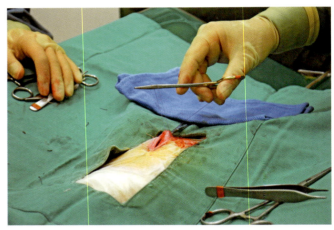

写真 12-12　白線をまたぐ縫合糸間に把針器を入れ，それにより腹壁を牽引しながら腹腔内臓器と接触しないように縫合する

　開放したペアン鉗子の厚みが膣縫合時の縫い代となり，カーマルト鉗子の上を滑るように縫合していけば正確かつ素早い連続縫合が可能となる。以前は膣中央部に針を刺し，その両側で貫通結紮のみ行って，閉鎖していた。しかし，後日，膀胱結石手術時に結紮部遠位が壊死し，膀胱と癒着している症例を認めたため，以降は時間のロスとなるが，連続縫合で閉鎖している。

　始点のモスキート鉗子は支持したまま，カーマルト鉗子を開放し，膣が腹腔内に戻る前に結紮部位などの出血がないかを確認する（**写真 12-11**）。この後，支持していた吸収性縫合糸の余剰分を切断して，膣を腹腔内に還納する。

　術前術後のガーゼの枚数が一致することを確認してから，腹壁を吸収性縫合糸による連続縫合で閉鎖する。始点終点の結紮は男結び5回とし，血管結紮と同じように締めつけすぎて腹壁に損傷を加えないように心がける。連続縫合時は糸に上向きのテンションをかけながら，腹壁が腹腔内臓器から持ち上がるように糸を引き締めていく（**写真 12-12**）。これは，腹壁に通す糸の摩擦によって腹腔内臓器が損傷しないようにするための処置である。連続縫合は短時間で腹壁が閉鎖でき，縫合間隔に多少のむらがあっても医原性ヘルニアが起こる可能性は低い（**写真 12-13**）。ただし，1カ所でも縫合糸が切れてしまうと，すべてがゆるんでしまうため，ピンセットや針で縫合糸を傷つけないように気をつけなければならない。

　次いで，皮下組織を吸収性縫合糸による単純結節縫合で閉鎖する。その際，死腔ができないように両側の皮下組織だけでなく腹壁も縫合するが，この時，腹壁の連続縫合糸を傷つけないように注意する。結紮は男結び3回までとし，締めつけすぎないようにする。また，糸は極力短く切断する。これは結節が大きすぎた場合，あるい

第12章 避妊・去勢手術 －卵巣子宮全摘出術

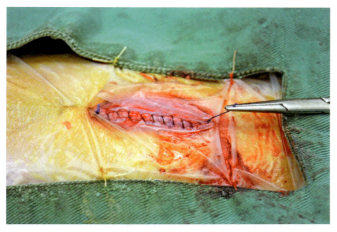

写真12-13 腹壁の連続縫合を終えたところ。右端のモスキート鉗子は始点の縫合糸断端を支持している

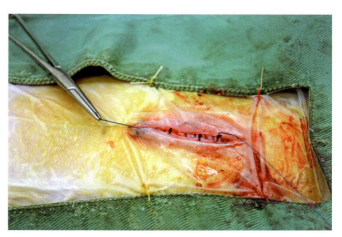

写真12-14 左端の皮下組織単純結節縫合は糸を長く残しておき，モスキート鉗子で支持しておく。右端の皮下組織単純結節縫合はそのまま糸を切らず，連続皮内縫合の始点とする

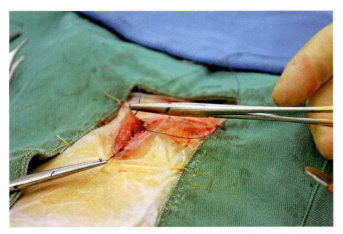

写真12-15 連続皮内縫合。ウサギにかじられないように皮膚と皮下組織の境界線から逸脱しないように注意する

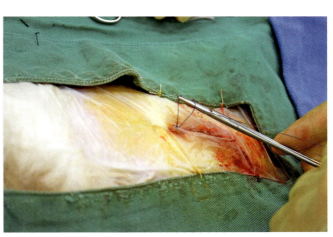

写真12-16 連続皮内縫合を左端まで終え，写真12-14に示したモスキート鉗子で支持しておいた皮下組織単純結節縫合糸と男結びで結紮する

は組織を締めつけすぎた場合，それが刺激となって自傷行為の原因となるからである。

　ウサギの皮膚縫合について，著者は今までナイロン糸やワイヤーによる単純結節縫合，外科用接着剤，ステープラーなど，さまざまな手法を試してみたが，結論からいえば外すウサギはどのようなことをしても外してしまう。したがって，皮膚縫合の保険として埋没連続皮内縫合が重要となってくる。著者の感覚では埋没連続皮内縫合が本命であり，皮膚縫合は補助あるいはウサギの注意を逸らすダミーである。しかし，ただでさえ薄く，なおかつ硬いウサギの埋没連続皮内縫合は意外と難しく，特に始点終点の結節を埋没させることは犬や猫に比べ難しい。そこで不器用な著者が現在行っている苦肉の策が，先の皮下組織単純結節縫合の際に切開創の端につくった単純結節の糸を長めに残して，もう一方の端につくった単純結節を埋没縫合の始点結節として用いる方法である（写真12-14）。

　具体的には，著者は右利きなので，切開創右端に行った皮下組織単純結節を切断せずにそのまま連続皮内縫合し（写真12-15），左端まで縫合したら，長めに残しておいた皮下組織単純結節の糸と男結びで結紮する（写真12-16）。また，長く残していた皮下組織単純結節の断端糸のみ切断し，針が付いた糸は切断しない。この針付糸はいったん切開創から皮下組織に針を刺入し，切開創より1cmほど離れた皮膚より出す（これにより結節は皮下組織内に埋没する）。この糸を強く牽引しながら，皮膚との境界面で切断すると（写真12-17），切断された糸（埋没縫合の最終結節断端）は皮下組織内に戻っていき，容易に埋没縫合を行うことができる（写真12-18）。

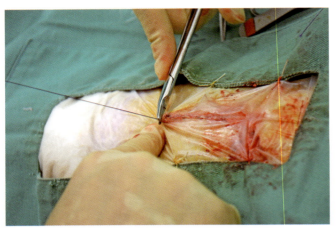

写真12-17　いったん皮下組織から針を刺入し，創より1cm離れた皮膚に貫通させる。これを牽引しながら皮膚境界面で縫合糸を切断する

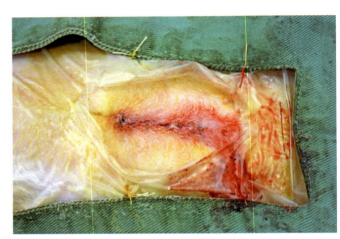

写真12-18　埋没連続皮内縫合終了時点

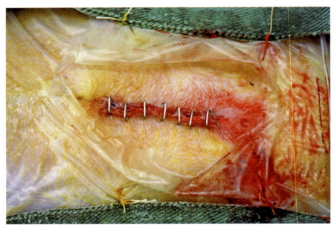

写真12-19　ステープラーで皮膚を縫合する

現在，皮膚の縫合は外科用ステープラーを用いることが多い（**写真12-19**）。これは単にスピード重視の選択であり，外科用接着剤やワイヤー縫合でも問題はない。

術後

術後，アチパメゾール（0.5～1.25mg/kg，IV）で，覚醒を促す。酸素濃度30～35％のICUでの覚醒が行えれば，低酸素症に至るおそれを少なくすることができる。

覚醒後はできるだけ早く食餌を摂取させたい。そのため，事前に，飼い主から通常食べているペレットや乾草を預かっておくとよい。

エンロフロキサシン（5mg/kg，PO，BID），塩酸メトクロプラミド（0.5mg/kg，PO，BID），シプロヘプタジン塩酸塩シロップ0.04％（1mL/頭，PO，BID）を混和したものを術後5日間飼い主宅で投与してもらい，この時点で創がきれいな場合は投薬をやめ，術後10日目に抜糸を行う。食欲がないウサギには皮下点滴や流動食の強制給餌を行う。また，創を自傷するウサギには必ずエリザベスカラーを装着する。

まとめ

卵巣子宮全摘出術には軟部外科手術において必要な切開，分離，臓器の牽引，支持，結紮，縫合などの技法すべてが含まれている。したがって，勤務医を育成する上で著者が最も重点をおいている手術であり，これが完璧にできるようになればあらゆる軟部外科ができるとやや大げさな指導をしている。避妊手術から軟部外科を学びはじめた勤務医は消化管手術や泌尿器手術，腫瘍摘出手術などでさらに技術を伸ばしていくが，その技術の伸びは再び避妊手術の技術に還る。

第13章
避妊・去勢手術
－ソノサージを用いた卵巣子宮全摘出術

はじめに

著者の病院が数年前に取り入れたソノサージ（オリンパス光学工業，**写真13-1**）は，非常に有用な超音波手術システムであり，当院の手術を大きく変えた。そこで，ソノサージを用いた手術の一例として，ソノサージを用いた卵巣子宮全摘出術を以下に解説する。

ソノサージは本来内視鏡下手術機器であるが，通常の軟部外科手術にも用いることができ，超音波凝固・切開，超音波吸引，超音波トロッカーという3つの機能をもつ（機能の切り替えはコネクターの変更による）。著者が主に使用しているのは超音波凝固・切開機能であり，ウサギに限らず，犬や猫の手術にも用いて，手術時間を大きく短縮させている。超音波凝固・切開機能とは，超音波振動により軟化した組織を溶着し，さらに摩擦熱により凝固，切開する機能である。径が3mm前後の血管であれば，この機能のみでシーリングと切断が同時にでき，縫合糸による結紮止血を必要としない。大型犬の脾臓全摘出術も非常に短時間に終えることができ，脾臓摘出のみでいえば10分間も要しない。ただし，ソノサージにも他の機器と同じように，用いる際に注意すべき事項がいくつかある（**表13-1**）。

大幅な手術時間の短縮はウサギにとって非常に大きなメリットであり，現在，著者はウサギの卵巣子宮全摘出術はすべてソノサージで行っている。

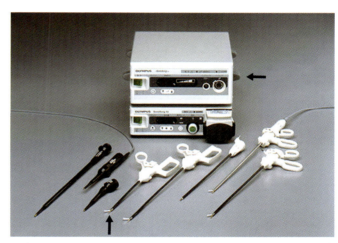

写真13-1 ソノサージ。凝固・止血には矢印で示した2つの機器を用いる

表13-1 ソノサージを用いる際の注意事項

- 凝固・止血する血管や組織に垂直に当てる（把持部ではさんだ組織はねじらない）
- 凝固・止血を行う血管周囲は脂肪を残しておく（脂肪組織が一切ないとシーリング効果が弱い）
- 組織周囲に熱損傷を与えることがあるため，尿管などの他の臓器を巻き込まないように注意する
- 組織切断後，超音波振動を与えつづけない（組織を把持しない状態で使用しない）

手術手順

開腹までの手技は通常の卵巣子宮全摘出術と同様である。また，縫合糸による結紮がソノサージによる凝固・切断に変わるだけであり，手技上の注意点，組織の取り扱い，手術手順などは第12章を参照していただきたい。

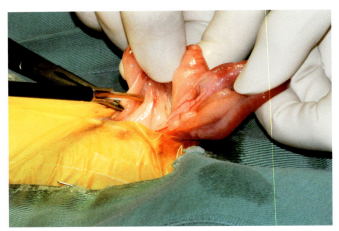

写真 13-2　卵巣間膜を凝固・切断する

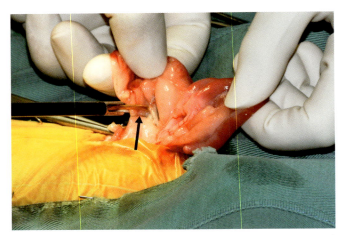

写真 13-3　卵巣動静脈を凝固・切断する。近位部でシーリングのみ実施している（矢印）

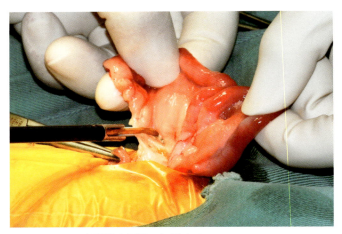

写真 13-4　子宮間膜を凝固・切断する

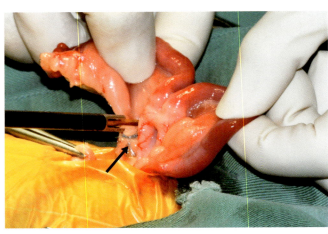

写真 13-5　子宮動静脈を凝固・切断する。近位部はシーリングのみ実施している（矢印）

　まず子宮角と卵巣を腹壁から創外へ引き出し，カーマルト鉗子または腸鉗子で卵巣間膜を支持する。ソノサージによりこの卵巣間膜を凝固・切断する（**写真 13-2**）。さらに，卵巣動静脈をソノサージで凝固・切断する。通常，ウサギの卵巣子宮に走行する血管で径が 3mm を超えるものはないが，念のために近位の動静脈をシーリングし（切断はしない），その後で遠位の動静脈を凝固・切断する（**写真 13-3**）。

　次に，子宮動静脈を残し，子宮間膜を凝固・切断する（**写真 13-4**）。さらに，子宮動静脈を卵巣動静脈と同じように近位はシーリングのみ，遠位は凝固・切断する（**写真 13-5**）。この時，熱による損傷を尿管に与えないように十分な距離をとる。以上の処置を対側の子宮角に対しても実施する（**写真 13-6**）。

　子宮に異常が認められなければ，3-0 吸収性縫合糸で切断予定線よりも近位の膣を全周結紮する。子宮蓄膿症や水腫，腫瘍などが認められる場合，通常の卵巣子宮全摘出術と同じように膣を結紮し，縫合する。全周結紮した部分より遠位をカーマルト鉗子または腸鉗子で鉗圧し，子宮膣境界部を直型ペアン鉗子で鉗圧する。この中間部をソノサージで凝固・切断する（**写真 13-7**）。

　念のため，切断部に対し 1 針のみマットレス縫合を行う。縫合糸を切断する前に鉗圧している鉗子を取り除き，出血がないことを確認した後，縫合糸を切断し，膣を腹腔内に還納する。最後に，定法通り閉腹する。

まとめ

　ソノサージは動物病院開業時，あるいは日常診療で必要不可欠な医療機器かと問われると，そうではない。縫

第 13 章　避妊・去勢手術 －ソノサージを用いた卵巣子宮全摘出術

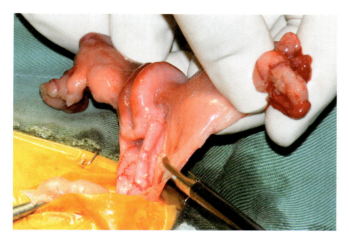

写真 13-6　対側の子宮動静脈もシーリングする

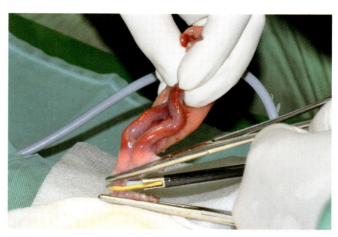

写真 13-7　膣を凝固・切断する

合糸で地道に結紮すれば，ソノサージがなくても手術は行える。ソノサージのメリットは，手術時間が劇的に短くなるということだけである。しかし，手術時間を短くできるということは長時間麻酔が非常に大きなリスクであるウサギにとっては非常に重要なことであり，高い安全性が得られれば，状態の悪い症例や高齢の症例の手術でも前向きに検討できる。安全性の向上は手術成功率の上昇を意味し，病院の信頼性向上とともに手術スタッフのストレス軽減につながる。

著者の病院では現在，去勢手術を除いた軟部外科のほとんどにソノサージを使用しており，ソノサージを使用しない日は一日としてない（したがって，シザース部分のみ複数準備し，一日に何回も使用できるようにしている）。購入するまではこのような医療器具は必要だろうかと首を傾げていたが，今はなくてはならない存在となっている。

第14章
避妊・去勢手術
―精巣摘出術

はじめに

　ウサギは子宮疾患が多く，避妊手術を実施することが多い。それに対し，ウサギで去勢手術を行うことはあまりない。しかし，問題行動を抑制するためには去勢手術が重要となる。なぜなら，ウサギは群れのなかで順位を決定して生活する動物であり，そのため，スプレー，複数飼育におけるケンカ，飼い主に対する攻撃，乗駕行為などの問題行動がよく起こるからである。特にスプレーは，去勢手術によって90％以上が消失するという報告がある。また，精巣腫瘍，陰嚢ヘルニア，腹腔陰睾，精巣炎，精巣上体炎などの生殖器疾患で去勢手術が必要となることもある。

　ウサギの去勢手術の手技は犬や猫の去勢手術の延長であり，難しくない。麻酔の安定を心がけ，手順さえ理解していれば誰でも実施できる。

　本章を執筆するにあたり，過去の資料をあたってみたが，避妊手術に比べて非常に少なく，また詳細に記述されたものはほとんどなかった。これは雌性生殖器疾患に比べて雄性生殖器疾患の発現度が低いことや手技が容易であることによると思われるが，だからこそ他の獣医師には聞きにくい。

　本章では，去勢手術の手技と生殖器疾患への応用方法を初歩的なことも含めてわかりやすく解説した。

精巣摘出術

手術時期

　理論上，睾丸が陰嚢内に収まる4カ月齢になれば，手術できる。ただし，成長をほぼ終え，十分な体力が備わる6カ月齢以上で行ったほうが麻酔も安定するため，手術しやすい。低年齢での去勢は尿道の成長異常をもたらし，将来排尿障害を起こす可能性が高くなるため，5カ月齢以下では手術すべきではないという報告もある。逆に，1歳以上での去勢手術は年齢とともに内臓脂肪の増加や他疾患が潜伏している可能性があるなど，手術リスクが高くなると考えたほうがよい。ただし，精巣腫瘍などは高齢になってから起こることがほとんどであり，手術しなければならないことも多い。その際は，手術のリスクを飼い主に十分説明してから実施する必要がある。

麻酔

　去勢手術は，剃毛や消毒を含めても約15分で実施できる。そのため，著者はケタミン導入維持麻酔ではなく，イソフルランの吸入麻酔を行っている。おとなしいウサギで麻酔をかける前に血管確保が行える場合，血管確保を留置したほうがより安全である。一方，無麻酔で留置できないウサギでは，留置に要する時間ですら麻酔時間の延長要因になることを覚えておきたい。

　メロシキカム（0.2mg/kg, SC），メデトミジン（0.1〜0.25mg/kg, SC）前投与，吸入麻酔ボックスで3〜5％イソフルランを吸引させて導入麻酔とする。不動化後，マスク吸引に切り替え，イソフルラン濃度1.5〜3％で維持する。疼痛により覚醒しかけた場合，著者はイソフルラン濃度を上げるのではなく，いったん手術の手をとめ不動化するのを待っている。

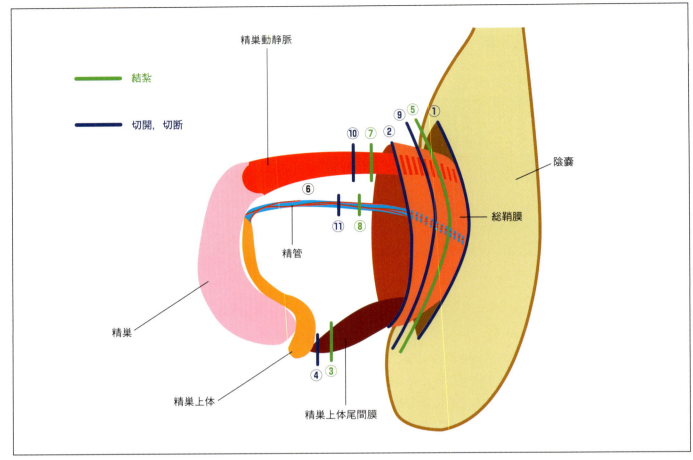

図 14-1 精巣摘出術の模式図

器具および器材

心電図モニターや手術器具は，著者は犬猫用のものを用いている。サージカルドレープは約 5cm 径の丸穴有窓布，およびドレープまたは厚手のタオルを 1 枚滅菌したものを用いている。血管や精管結紮，総鞘膜縫合，皮膚縫合はモノディオックス（アルフレッサファーマ）などの 3-0 吸収性モノフィラメント縫合糸を使用している。

手術手順

去勢手術は，総鞘膜を切開せずに行う閉鎖式と，総鞘膜を切開して精巣を摘出する開放式に大別され，それぞれに利点と欠点がある。閉鎖式の利点はヘルニアが生じる可能性がないことであり，欠点は精巣動静脈の結紮が不確実ということである。開放式の利点と欠点はその逆である。ウサギの鼠径管は，生涯閉鎖しない。したがって，術後の鼠径ヘルニアを防止するため，本来は閉鎖式を選択する必要がある。

著者もかつては閉鎖式を採用していた。ただし，閉鎖式の場合，陰嚢と総鞘膜を分離する必要があるが，ウサギは陰嚢と総鞘膜の癒合が密で，容易には剥離できない。そのため，分離作業を行っている間に精巣が腹腔内に戻ってしまい，精巣を引き戻す手間が増えてしまう。また，分離作業は疼痛を伴うため，手間取るとウサギが覚醒してしまう。

そこで，著者は現在，いったん開放式で精巣を創外に露出した後，総鞘膜を陰嚢皮膚から剥離し，鼠径部で結紮閉鎖している。術後の様相は閉鎖式と同じであり，手間が増えるようであるが，この手順のほうが疼痛が少なく，手術をスムーズに行うことができる。具体的な手順を以下に示す。

術前にエンロフロキサシン（10mg/kg，SC），塩酸メトクロプラミド（0.5mg/kg，SC）を投与する。ウサギを仰臥位で固定し，頭部が高くなるように手術台を傾ける。ウサギの陰嚢周囲は陰茎や肛門，臭腺など複雑な構造の器官が集合し，これらすべてを傷つけないように剃毛するにはかなりの時間を要する。したがって，著者は陰嚢のみ剃毛し，粘着テープによって陰嚢以外の器官を隠してから，粘着テープを含めてスクラブと消毒を行っ

第 14 章　避妊・去勢手術 －精巣摘出術

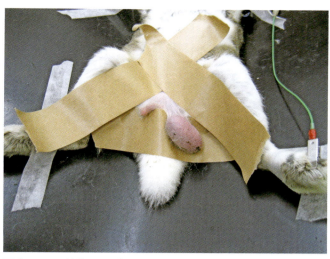

写真 14-1　粘着テープで陰嚢以外の器官を隠す。病理検査の結果，この症例は右側精巣は正常，左側精巣は精巣炎であった

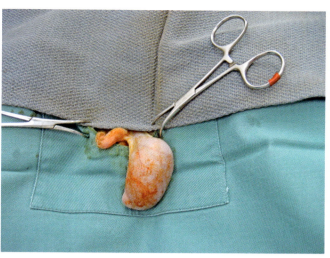

写真 14-2　消毒後，丸穴有窓布とタオルの間から陰嚢のみを露出させる

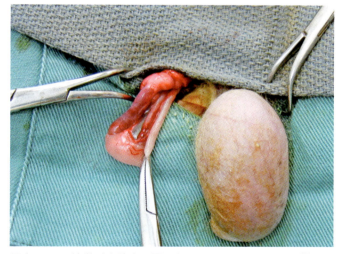

写真 14-3　精巣が腹腔内に戻らないように，モスキート鉗子で牽引する。鉗子が支持している部位は精巣と精巣上体尾間膜の接続部にあたる。精巣上体尾間膜の切断は，この手術ではすべての結紮作業が終わってから行った

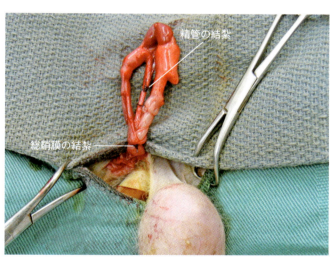

写真 14-4　総鞘膜を 1 カ所，精管を 2 カ所結紮する。このウサギは体重が 2.6kg あったため，精管，精巣動静脈ともに 2 カ所結紮した

ている（**写真 14-1**）。消毒はポビドンヨードでもクロルヘキシジンでもよい。ただし，高濃度のもので消毒した場合，炎症を起こしたり，術後疼痛により自傷行為を行ったりすることがあるため，生理食塩水などで洗浄しておく。

　陰嚢が窓下縁に位置するように丸穴有窓布を置き，さらに陰嚢頭側をドレープまたはタオルで覆い，タオル鉗子でこれらを皮膚とともに固定する（**写真 14-2**）。切開は陰嚢直上に行う。切開線の長さは精巣短径（約 1～1.5cm）と同じ長さで十分である（**図 14-1** の①）。総鞘膜も同じ線上で切開し（**図 14-1** の②），軽く圧迫すると精巣とそれに付随する精巣上体，精管，血管群が露出す

る。この時，精巣上体には総鞘膜につながる精巣上体尾間膜が接続しており，これを精巣上体近位で結紮（**図 14-1** の③），切断する（**図 14-1** の④）。血管の未発達なものは手でも剥離できるが，体の大きいウサギでは出血することも多い。また，この作業も疼痛を伴うため，結紮，切断したほうがスムーズに実施できる。精巣上体尾間膜を切断しフリーになった精巣をモスキート鉗子などで支持牽引して鼠径輪に戻らないようにした後，総鞘膜を陰嚢から剥離する（**写真 14-3**）。そして，鼠径部近位で，総鞘膜を精巣動静脈や精管ごと，外科結び 1 回・男結び 4 回で結紮する（**図 14-1** の⑤）。精管や精巣動静脈間の血管がない部分にモスキート鉗子で穴を開け，そ

のまま鼠径部に向けて創を広げる（**図14-1**の⑥）。

ウサギの精巣動静脈や精管は脆弱であり，縫合糸を用いず，精巣動静脈と精管を縫合糸と見立てて直接結紮すると組織がちぎれてしまうことがある。したがって，精巣動静脈と精管はそれぞれ吸収性縫合糸で結紮する（**図14-1**の⑦，⑧）。結紮は鼠径部近位で行い男結び5回または外科結び1回・男結び4回を，精巣動静脈，精管とも1～2カ所で行う（精巣動静脈結紮後，縫合糸を切断せず，そのまま精管を結紮してもよい）（**写真14-4**）。先に総鞘膜ごと結紮しているため，2kg未満のウサギなら1カ所でも十分である。

総鞘膜は，結紮部よりも遠位でメッツェンバウム剪刀を用いて切断する（**図14-1**の⑨）。この時，精巣動静脈や精管を傷つけないように注意する。次に，精巣動静脈と精管を結紮部よりも遠位でメッツェンバウム剪刀で切断する（**図14-1**の⑩，⑪）。総鞘膜や精巣動静脈，精管の残存部を陰嚢内に収納し，陰嚢皮膚を単純結節縫合し，閉鎖する（**写真14-5**）。同様に対側の精巣も摘出する。

術後，アチパメゾール（0.5～1.25mg/kg，IV）で覚醒を促す。酸素濃度30～35％のICUで覚醒させることができれば，低酸素症のリスクを下げることができる。覚醒後できるだけ早期に食餌を摂取させたいため，飼い主から普段食べているペレットや乾草を預かっておく。

術後5日間はエンロフロキサシン（5mg/kg，PO，BID），メトクロプラミド（0.5mg/kg，PO，BID），およびシプロヘプタジン塩酸塩シロップ0.04%（1mL/頭，PO，BID）を混和したものを飼い主宅で投与してもらい，この時点で創がきれいな場合は投薬をやめ，術後10日目に抜糸する。創を自傷するウサギには必ずエリザベスカラーを装着する。

術後管理

術後も，しばらくは副生殖腺に残った精子で雌を妊娠させることができるため，5～6週間は未避妊雌から離しておく。また，ケンカなどの問題行動が理由で去勢手術を実施した場合，術後に群れ内の順位が逆転し，雌を含めた他のウサギから攻撃されることも考えられるため，群れに戻す時は注意する。

さらに，精巣摘出後は一日当たりのエネルギー要求量が低下するため，抜糸後は乾草の量は無制限のまま，ペレットを10％減らすように指導し，さらに体重が増加しないように定期的に健康診断を実施する。体重が増加

写真14-5　陰嚢皮膚切開部をナイロン糸で単結節縫合する

している場合，さらに10％減らし，体重を維持できる適正量が決まるまでは通院してもらう。

その他の生殖器疾患

陰嚢腫大

陰嚢腫大の原因として，精巣炎や精巣上体炎などの細菌感染（**写真14-6**），精巣腫瘍（**写真14-7**），陰嚢ヘルニア（**写真14-8**）などがあげられる。これを外観のみで鑑別することは難しいが，精巣炎や精巣上体炎では食欲不振，発熱，陰嚢の圧痛などがみられることが多い。精巣腫瘍は無症状のことが多い。また，陰嚢ヘルニアでは膀胱が入り込んでいる場合が多いため，血尿や排尿障害などの泌尿器症状を伴うことが多い。しかし，精巣炎や陰嚢ヘルニアでも食欲などには異常がない場合があり，逆に精巣腫瘍でも挫傷により疼痛や食欲不振を示すことがある。そのため，常にあらゆる可能性を考慮し，診断しなければならない。特に，陰嚢ヘルニアは急を要する場合があるため，陰嚢腫大を認めた場合は陰嚢や胸部を含めてX線検査を行い，膀胱の位置や転移像の有無を確認する（**写真14-9**）。

また，精巣炎や精巣上体炎の可能性が高い場合，抗菌薬に反応するかどうかを確認してから手術する必要がある。しかし，抗菌薬に反応しないものやすでに食欲不

第14章 避妊・去勢手術 －精巣摘出術

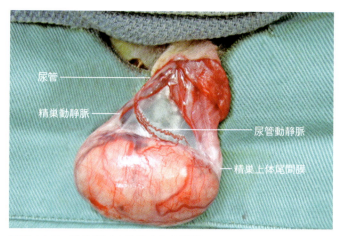

写真14-6 精巣炎により腫大した精巣

写真14-7 精巣腫瘍。右側精巣は左側に比較すると小さくみえるが，本来細長い精巣が丸く変形しており，正常ではない

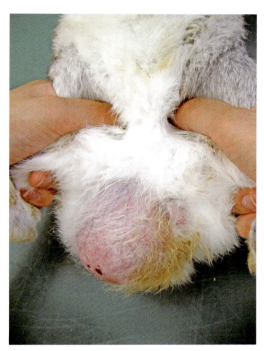

写真14-8 陰嚢ヘルニア。膀胱内に大量のスラッジがたまり，カテーテルの導入が不可能な状態

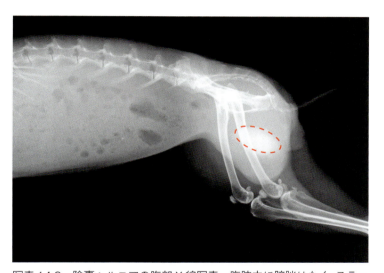

写真14-9 陰嚢ヘルニアの腹部X線写真。腹腔内に膀胱はなく，スラッジにより透過性が低下した膀胱が陰嚢内に認められた（点線カコミ）

振を呈しているものでは長期的に抗菌薬を試している時間的余裕はなく，輸液などによる状態改善後，直ちに精巣摘出術が必要になることも多い。

　細菌感染由来か腫瘍かの判断がつかないまま手術を実施する場合，両者の可能性を考慮して，前述の精巣摘出術に2点アレンジを加える。

　1点は縫合糸の選択である。結紮に用いる縫合糸は健康なウサギの去勢手術ではバイクリル（ジョンソン・エンド・ジョンソン）などのマルチフィラメント縫合糸でよいが，腫大が認められた場合は炎症の可能性も考慮し，モノディオックス（アルフレッサファーマ）などのモノフィラメント縫合糸を用いる。もう1点は血管，精管，総鞘膜の摘出部位を拡大することである。腫瘍の場合，これらの組織にまで浸潤している場合もあり，できるだけ広く摘出する。精巣をゆっくりと牽引し，血管と精管をできるだけ鼠径部近位で結紮，切断する。総鞘膜についても，陰嚢皮膚と十分に分離し，大きく摘出する（図14-10）。陰嚢皮膚の挫傷が起きるほど拡大したものでは，陰嚢も切除したほうが無難である（図14-11）。

　摘出後，いずれの可能性が高い場合でも病理検査を必ず行い，予後判定を行う（写真14-12）。細菌感染が関与していた場合，術後2週間，抗菌薬を投与する。

　陰嚢ヘルニアは，陰茎からのカテーテル導尿が可能であれば，排尿により膀胱縮小を目指し，非観血的に整復

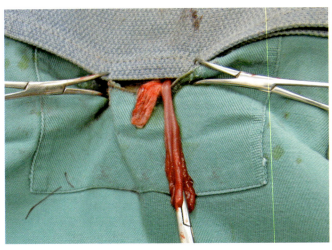

写真 14-10　病理検査の結果が出るまでは精巣腫瘍である可能性も考慮し，総鞘膜を大きく摘出する。モスキート鉗子で牽引している部分は左側総鞘膜である

写真 14-11　左側陰嚢の挫傷。化膿が激しく，陰嚢の大部分を同時に摘出した

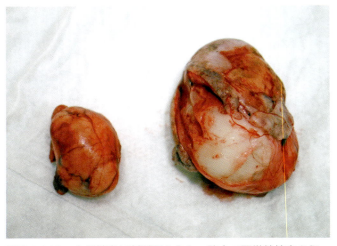

写真 14-12　左側精巣に割断面を入れ，院内で顕微鏡検査を行った。それと同時に，外部の検査機関に病理検査を依頼した。病理検査の結果，両側とも間細胞腫だった

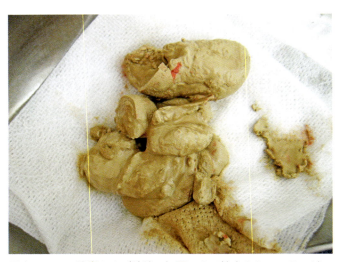

写真 14-13　陰嚢および膀胱の切開により摘出されたスラッジ

できるかもしれない。しかし，著者が経験した陰嚢ヘルニアはすべて膀胱結石やスラッジ（泥状の尿石群）を含んでおり，カテーテル導尿ができずに手術に至ったものである。これが排尿障害などによる腹圧上昇で起こっているのか，あるいはヘルニアによって排尿が滞るために尿石症に至っているのかは不明である。

　手術は，去勢手術と同じように仰臥位で固定し，陰嚢切開後に膀胱を切開し，尿石やスラッジを排出する（**写真 14-13**）。その後，術野を洗浄し，膀胱を縫合する。鼠径輪より膀胱を腹腔内に完納し，再発防止のために精巣を摘出する。腹腔側からの膀胱固定は行っていないが，現在までに再発を経験したことはない。ただし，膀胱結石やスラッジは再発の可能性があるため，術後，チ

モシーなどのイネ科乾草およびチモシー主原料のペレットを中心とした食生活を指導している。

陰睾

　前述のように，ウサギの精巣は鼠径輪を通って腹腔内に行き来できるため，本当に陰嚢であるのかどうか注意深く観察する必要がある。ただし，まれに陰嚢が未発達で明瞭な腹腔内陰睾も存在する（**写真 14-14**）。著者は，ウサギの陰睾が精巣腫瘍に発展する可能性を記した文献を目にしたことはない。しかし，熱に弱い組織である精巣が陰嚢という冷却システムから離れ，腹腔内で常時高温にさらされるということで何らかの疾患に発展することは十分に考えられる。

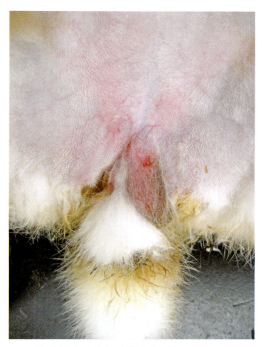
写真 14-14　腹腔陰睾。右側陰嚢は未発達である

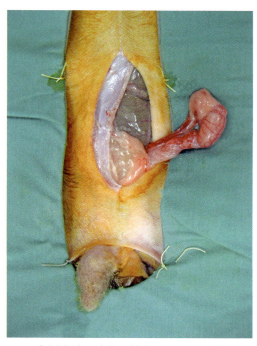
写真 14-15　左側腹腔の陰睾を摘出するために腹部正中切開を行ったところ

　現時点で6例の腹腔陰睾を確認したが，飼い主に「犬において，陰睾は睾丸腫瘍に進行しやすいため，ウサギでの報告はないものの念のために手術したほうが無難である」と説明し，すべて早期に手術した。今後も陰睾による疾患発症リスクが否定されない限り，基本的に手術を勧めていくつもりである。

　腹腔陰睾は膀胱頭側付近に位置することが多く，この部位を正中切開して探索する（**写真 14-15**）。術前にX線CT検査を実施し，腹腔睾丸の位置を確認しておけば，小切開での手術も可能である。

まとめ

　飼い主から避妊手術や去勢手術を行うべきかと聞かれた場合，著者は子宮疾患防止のため，避妊手術は積極的に勧めている。しかし，去勢手術は，複数飼育や何らかの生殖器疾患や問題行動などが認められない限り，勧めていない。それは，手術リスク（主に麻酔リスク）と生殖器疾患が発症するリスクに大きな差がないためである。しかし，今後，ウサギ診療の高度化や，食餌を含めた適切な飼育方法の普及に伴い，ウサギの平均寿命は延び，去勢手術も行ったほうがよい手術となるだろう。高齢だから，麻酔のリスクが高いからという理由で行わないことは許されなくなり，犬や猫と同じように一般的に行う時代がくる。

　去勢手術は手技的には決して難しくなく，麻酔リスクがすべてといってもよい。いかに短時間で（効率よく），麻酔濃度を上げずに（疼痛を与えないように）行うかが勝負となる。

第15章
整形外科疾患
―跛行の検査・診断のポイント

はじめに

ウサギは疼痛に対する耐性が非常に強く，飼い主が認識できるような顕著な跛行は全身性疾患や神経性疾患，筋骨格系疾患などの原因疾患にかかわらず，そのほとんどで重症度が高い。したがって，経過観察のみで完治するということは少なく，多くが緊急処置を要する。そのため，検査や診断，治療において，迅速さが要求される。

また，ウサギの跛行の検査や診断，治療の方法は犬や猫のそれとは大差はないが，犬や猫にはよくみられるがウサギにはみられない（あるいは診断できない）疾患もあれば，ウサギではよくみられるが犬や猫ではあまりみられない疾患もある。また，ウサギの場合，犬や猫とは異なり，診断の過程で誤った対応をすることにより容易に医原性の骨折や脱臼を起こしてしまう。

この点に重点をおき，本章ではウサギの跛行の検査と診断について，解説する。

跛行の分類

跛行は，「動物の正常歩行の障害」と定義される。その原因の多くは骨格系にあるが，筋肉痛や内臓痛に由来する跛行や神経性の歩行異常，内臓疾患由来あるいは脳脊髄疾患由来の跛行も存在する。

ウサギの跛行は大きく5つの部位に由来し（表15-1），原因として複数の部位がかかわっている場合も多い。例えば，開張症は神経に原因がある場合のほか，骨や関節に原因がある場合がある。また，足底皮膚炎では基礎疾患として泌尿器疾患などが潜在することも多い。その

表15-1　跛行の原因

部位	原因疾患
筋肉，皮膚	足底皮膚炎，外傷
骨	骨折（脛腓骨骨折，脊椎骨折，大腿骨骨折，橈尺骨骨折，骨盤骨折，上腕骨骨折，中足骨骨折，足根骨骨折）
関節	脱臼（股関節脱臼，膝蓋骨脱臼，脊椎脱臼，肘関節脱臼，肩関節脱臼，足根関節脱臼，手根関節脱臼），関節炎（股関節炎，膝関節炎），靭帯損傷（十字靭帯損傷，側副靭帯損傷）
神経	前庭疾患，開張症，脊髄疾患（椎間板ヘルニア），脳疾患（脳腫瘍）
内臓	内臓痛（消化管運動機能低下症，腫瘍など），腎不全，糖尿病，肝不全

他，脊椎骨折を原因とする跛行のように骨と神経の両方の損傷に由来する場合もある。

このように，跛行の原点は多様であるが，診断上よくみられる原因疾患を頭に入れておくことは重要であり，表15-1に著者が診療で経験したことのある原因疾患を症例数の多い順にカッコ内に示した。

跛行の診断

稟告聴取
主訴

どの肢に異常があると思うか聴取する。飼い主の主訴には主観や思い込みが含まれており，真実を伝えているわけではないが，ヒントが隠されている。主訴にとらわれず，かつヒントを逃さないように聴取する。

表15-2 聴取すべきヒストリー

- 症状が始まった時期
- 落下，転倒，ケンカなどの事件や事故の有無，あるいはそれらが起こりうる生活環境か否かの確認
- 発症は突然か，慢性経過か
- 状態は改善しているか，変化がないか，あるいは悪化しているか
- 症状が現れる一定の条件はあるか。立ったり，走ったりなど，症状が現れるきっかけはあるか。持続的に現れるか，一時的か
- 他疾患の発症歴はあるか

表15-3 その他に聴取すべき事柄

- 症状が現れる肢は決まっているか，あるいは異なる肢に発症することがあるか
- 食欲，元気，排尿，排便などは適切か。不完全ではないか。
- 生活環境に不備はないか。床材の不備（金網の使用，清掃不足，すのこの隙間が広いなど）はないか。ほかのウサギや動物が侵入したり，接触できる環境ではないか。ケージ外での自由時間中，監視者はいるか。頻繁に昇り降りする小屋やステップがケージ内にあるか
- 食餌内容に不備はないか。ペレットやおやつ，野菜の多給，乾草の給与不足などがないか

表15-4 視診のポイント

- 虚脱状態や努力性呼吸など，緊急疾患はないか
- 斜頸はないか
- 眼振はないか
- ふらつきはないか
- ローリングはないか
- 旋回運動はないか（写真15-1）
- つまずきやナックリングはないか
- 脊椎の湾曲はないか
- 姿勢は左右対称か（写真15-2）
- 座ることができるか
- リズミカルに歩行できるか
- 四肢の運動に協調性はあるか，歩行時に遅れる肢はないか
- 負重を嫌う肢はないか
- 歩行時に関節運動が減少している肢はないか
- 内転または外転している肢はないか

表15-5 一般身体検査のポイント

- 体重，BCS評価
- 呼吸状態
- 可視粘膜
- 心音や呼吸音の聴診
- 体表やリンパ節の触診（写真15-3）
- 腹部触診（胃腸膨満，腹腔内マス，膀胱拡張などの有無）

ヒストリー

聴取すべきヒストリーについて，表15-2に示した。また，その他に聴取すべき事柄を表15-3に示した。

視診

全身状態の観察

まず全身状態を観察する。キャリーバッグを床に置き，床にウサギを出す。キャリーバッグから床に出す時あるいは診察室内での挙動から全身状態や性格がその後の検査に耐えられるかどうか，あるいはどの程度の検査であれば耐えられるか判断する。

全身状態から緊急処置が必要と判断された場合，酸素吸入などの処置を優先する。落下事故や外的圧迫（飼い主に踏まれるなど）をきっかけとする跛行は，肺挫傷や横隔膜ヘルニア，腹腔内出血，膀胱破裂など生命にかかわる異常を有していることも多い。呼吸困難や消化管内ガス貯留により虚脱状態に陥っているウサギが「歩けない」という主訴で来院してくることもある。

犬の跛行観察に関しては検者の方向に前進させ，次いで立ち去らせ，それを両側面から観察する。しかし，ウサギの場合，診察室内で一定時間自由に行動させ，ウサギが偶然検者の期待する方向に歩行するまで待つ必要がある。観察中にウサギを凝視すると，歩行をやめたり，疼痛を我慢して歩行することが多いため，飼い主から稟告を聴取しながらさりげなく観察するとよい。神経質なウサギの場合，獣医師やスタッフが診察室から出て，ドアのガラス越しに観察しなければいけない場合もある。ウサギは観察されていないと思っている時こそ，本来の歩行状態を現す。

視診のポイント

また，犬や猫の跛行診断では負重を嫌うか挙上を嫌うかの判断が重要な意義をもつが，両前肢・後肢を同時に動かし，動きの速いウサギでは挙上を嫌う動作を視認することは困難であり，触診によって判断できることが多い。同様に，犬や猫の歩行検査で重要となる負重時の頭部の上下運動やスイング期（爪先が地面を離れて振り出されている期間）の長さ，挙上点の位置などもウサギでは判断しにくい。表15-4に視診のポイントをまとめた。

一般身体検査

一般身体検査では，主に内臓疾患由来の跛行原因を除

第15章 整形外科疾患 －跛行の検査・診断のポイント

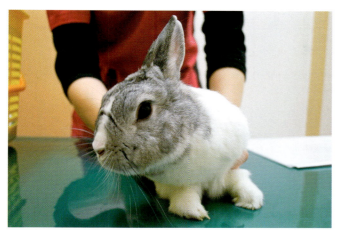

写真 15-1　旋回運動。このウサギは，旋回するように右方向にのみ歩行する

写真 15-2　左肩関節の脱臼。左前肢が外側に接地すると，バランスをとるために右前肢は内側に接地する

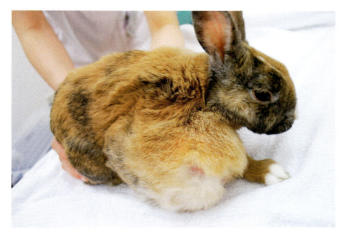

写真 15-3　体表の触診。右前肢体表に巨大な腫瘤ができ，歩行を妨げている

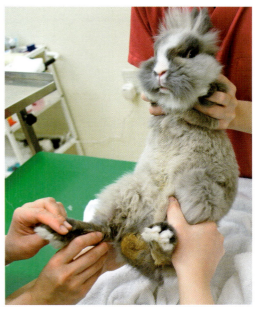

写真 15-4　仰臥位で触診する時の保定。ウサギが急に動いてもいいように2人で保定する

外する。状態によっては，後述の整形学的検査の前に胸腹部X線検査や血液検査などを実施すべき場合もある。四肢の異常を検討するためには，生命にかかわる全身性疾患を有していないことが前提となる。**表15-5**に一般身体検査のポイントをまとめた。

神経学的検査

神経学的検査のポイントを**表15-6**にまとめた。

四肢の触診

一般的に，遠位から近位にかけて触診する。後肢由来の跛行が疑われる場合は前肢を，前肢由来の跛行が疑われる場合は後肢を先に触診し，患肢と思われる肢の触診は最後に行う。疼痛刺激によりウサギがパニックを起こし，医原性の外傷や骨折，脱臼などを起こさないように細心の注意を払う。急激な動きに対応するため，保定者はタオルなどでウサギの頭部を覆うとよい。検者は触診の深さや強さを少しずつ増していきながら，慎重に触診していく（**表15-7**）。仰臥位で触診することもできるが，疼痛によりウサギがパニックを起こさないように検者の他に保定者を2人用意する必要がある（**写真15-4**）。

131

表15-6 神経学的検査のポイント

脳神経疾患の可能性	眼瞼反射，対光反射，眼振，斜頸，ローリング，旋回運動の有無
脊椎の触診・圧迫	棘突起の左右を圧迫
頸部触診	頭部を上下左右にゆっくり動かし，可動域，疼痛の有無を確認する（ただし，四肢の麻痺が明らかに認められる場合は，脊髄損傷を悪化させる危険性があるため，X線検査を優先する）
固有受容感覚（CP）検査	検査対象の肢をやさしく裏返し，床に負重させてみた時に瞬間的に元に戻れば正常（2）と判断し，戻るのに時間がかかれば延長（1）と判断，まったく戻らなければ欠如（0）と判断する。前肢の反応は犬や猫に比べると鈍く，後肢を持ち上げて前肢で負重させないと不明瞭なことが多い。逆に，後肢は過剰に反応し，嫌がって抵抗するウサギも多い
深部痛覚検査	指趾骨をモスキート鉗子などで鉗圧し，足を引っ込めるだけではなく，逃げる，頭部が動く，眼を見開くなどの反応があるかを観察する。犬や猫のように大きな反応はないため，日常的にウサギの深部痛覚検査を実施し，正常時に認められるささやかな反応をよく観察しておく必要がある。また，ロップイヤー系のウサギは反応が鈍く，判定しにくい

表15-7 四肢の検査

四肢表面の軽い触診	関節の腫大，腫大部の波動感，硬結の有無を検索する（写真15-5A，B）
四肢の触診による左右対称性の確認	両手でやさしく左右の前肢，または後肢を触診し，関節の向きや筋量の左右対称性を確認する（写真15-5C）
外傷の有無を確認	特に足底や趾端部を注意深く観察する
関節可動域の確認	可動域に制限がないか，疼痛を伴わないか，屈曲・伸展時いずれに疼痛を訴えるかなどを確認する
長骨の触診	過度の疼痛，軋轢音の有無を確認する
関節の安定性の確認	関節を形成するそれぞれの骨をしっかり支持し，前後，左右，内外に力を加えた際に動揺や疼痛がないか確認する。ただし，関節の動揺は鎮静または麻酔下ではないと不明瞭なことが多い

その他の検査

X線検査

跛行の原因は多くの場合，視診や触診である程度診断可能であるが，一般的には全症例にX線検査を実施する。跛行を起こすほどの外的圧力があった場合，胸腔内や腹腔内，脊椎などにも重篤な損傷を受けている可能性があるため，全身X線検査が望ましい。また，治療方針を決定する上で，患肢のX線検査は必須となる。触診で見逃した疾患が発見されることも多い。また，骨折などの強い疼痛を有していた場合，患肢を牽引することにより，パニック状態になることがあるため，検査の際は十分に注意する。最悪の場合，医原性の骨折や脱臼が起こりうるため，視診時あるいは触診時にX線検査が可能かどうか見極める。無麻酔下で安全にX線撮影ができないと判断した場合，鎮静薬の投与あるいは全身麻酔下でのX線検査を飼い主に提言する。

ウサギの四肢の厚みは10cmを超えることはないため，撮影時は管電圧を低めに設定し，コントラストの低下を防ぐ。また，グリッドは使用せず，管電流を維持したままで，タイマーを短く設定することにより動態ボケを防ぐ。触診で異常を感知した部位のX線写真に異常所見が認められない場合，コリメーターを使用して撮影範囲を十分に絞り込み，再度撮影する。余分な散乱線を極力減らし，鮮鋭度の高い画質を得ることにより新たな異常所見を発見できる場合もある。

X線CT検査

脊椎疾患を診断する上で，X線CT検査は非常に有効である。変形性脊椎症はX線検査でも判別可能であるが，跛行の原因になることは少ない。脊柱管の狭窄や椎間板物質の突出の判断はX線検査では難しく，X線CT検査をもとに診断することが望まれる。ただし，鎮静薬が必要となる場合も多いため，症例の全身状態の把握と飼い主へのインフォームドコンセントが重要となる。また，落下事故などで全身にダメージを負い疼痛により患肢の牽引や複数カ所のX線撮影が難しい場合，鎮静下で全身のX線CT検査を実施するとよい。この方法は，疼痛や損傷部位に大きな負担を与えることなく，胸腔内や腹腔内，全身の骨折や脱臼を一回で撮影できるので非常に有用である。

後肢の触診。タオルで頭部から胸部までくるみ，疼痛による急な体動に備える

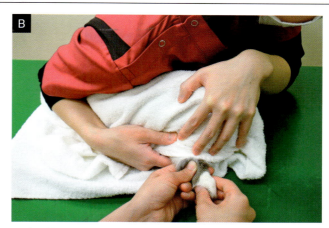
前肢の触診。爪切り時の保定と同じように前肢のみをタオルから露出し，触診する

両後肢の触診。両手で両後肢の筋量などの左右対称性を確認する

写真 15-5　四肢の触診

跛行を主訴として来院することの多い疾患

　跛行を主訴として来院するウサギの疾患のうち，よくみられるものを当院の症例数の多い順に解説する。当院の場合，跛行を原因とするウサギの疾患として，下記に示した疾患，および足底皮膚炎と消化管運動機能低下症で95％以上を占める。

骨折

　脊椎を除くと後肢の，特に脛腓骨の骨折が多い。以下，大腿骨，橈尺骨，骨盤，上腕骨と続く。四肢骨折では患肢を完全に挙上した状態で来院することが多い。これらは触診で診断がつくことが多いが，治療計画を立てる上でX線検査は必須である。

　また，大きな事故がないのにもかかわらず発生した骨折では，骨腫瘍による骨密度低下が基礎疾患として存在していることが考えられる。患肢以外の四肢のX線写真像にも注意し，虫食い様の透過性亢進像が認められるか否か確認する（写真15-6）。

　骨盤骨折時の跛行は軽度であることが多く，1カ月以上経過したものでは跛行が不明瞭なこともある（写真15-7）。

前庭疾患

　前庭疾患による姿勢異常，旋回運動，歩行中の横転（片側の前肢に力が入らずに体勢を崩す），ローリングなどを歩行異常と表現する飼い主が多い。旋回運動やローリングなどは明らかに神経疾患を疑わせるが，姿勢異常や歩行中の横転は一見，骨格疾患を思わせる。歩行異常に気づく飼い主は多いが，斜頸や眼振に気づく飼い主は少ないため，跛行を主訴に来院した場合は斜頸や眼振の有

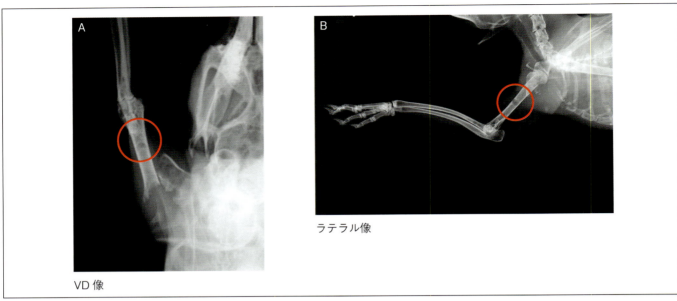

写真 15-6　子宮腺癌の骨転移のX線検査所見。子宮腺癌の骨転移により，上腕骨に虫食い様の骨吸収像が認められる（C）。この骨脆弱化により上腕骨骨折に至った

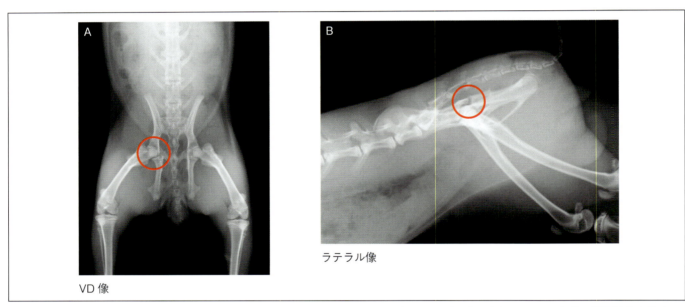

写真 15-7　骨盤骨折のX線検査所見。飼い主は手術を希望しなかった。1カ月後にはほぼ正常に歩行したが，4年後に股関節炎を発症し，重度の跛行を呈するようになった

無を常に確認する。

　歩行異常が認められる際，斜頸が同時に認められることは多い。一方，眼振は発症してもすぐに治まり，来院時には認められないことも多い。また，ローリングなどをきっかけに骨折や脱臼，脊椎損傷が起こることもあるため，前庭疾患と診断しても，明らかな姿勢異常がある場合はX線検査をしておく。前庭疾患由来の姿勢異常が長期にわたると，脊椎配列の歪みや四肢筋群の走行異常が起こり，二次的に関節炎や関節可動域の減少，四肢骨の変形（内転や外転など），足底皮膚炎が起こることもある。

脊椎疾患（骨折，脱臼，変形性脊椎症，椎間板ヘルニア）

脊椎の骨折や脱臼

　年齢を問わず発生する。尾側胸椎から腰椎の発生が多い（写真 15-8）。最も多い発生部位は第七腰椎である。急性の後躯麻痺を主訴に来院した症例（写真 15-9）に

第15章 整形外科疾患 −跛行の検査・診断のポイント

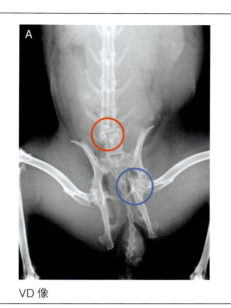
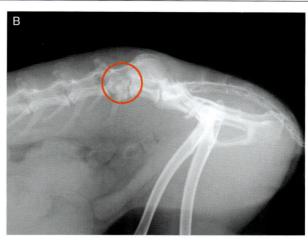

VD像　　　　　　　　　　　　　　　　　　　　　ラテラル像

写真15-8　脊椎骨折のX線検査所見。第六腰椎骨折（○），骨盤骨折（○）の併発例

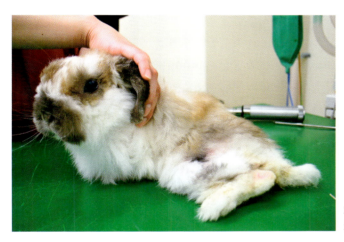

写真15-9　脊椎骨折により後躯麻痺に至った症例。圧迫排尿により生存可能であるが，挫傷や自傷により脱毛や皮膚炎を発症した

おいて，重度例では後肢は伸展硬直あるいは虚脱して，固有受容感覚検査が実施できない場合が多い。この際は，食欲不振による消化管内ガス貯留や排尿不能による膀胱拡張がないか触診で確認しておく。まれに症状が軽く，軽度の後肢跛行や片側後肢の虚脱，固有受容感覚の低下，脊椎触診時の疼痛などのみの発症で，歩行可能な場合もある。明らかな麻痺症状がなくても，後肢跛行においては脊椎疾患の可能性を検討し，X線検査を実施する（**写真15-10**）。著者は頸椎の骨折や脱臼を診察したことはないが，発症しないのではなく，発症時には絶命しているため，来院しないのではないかと推察される。

脊椎の骨折や脱臼は大きな事故によるものは少なく，急に走り出して壁に激突したり，強いスタンピングによる衝撃によるものが多い。これは爪切りなどの疼痛を伴わない処置でも起こりうるため，飼い主に注意を促すだけではなく，獣医師やスタッフもこのことを念頭においてウサギと接する必要がある。

変形性脊椎症および椎間板ヘルニア

変形性脊椎症は高齢のウサギでよく認められるが，跛行がみられない場合が多い（**写真15-11**）。運動性の低下，左右不対称な姿勢，頭部の上下運動を嫌うなどの症状が現れた際，可能性の一つとして考える。確定診断のためには，X線CT検査で脊柱管狭窄を確認する必要がある。

同様に，椎間板ヘルニアを確定診断する際にもX線CT検査が必要となる（**写真15-12**）。椎間板ヘルニアでは，重度の後躯麻痺から軽度の跛行までさまざまな症状がみられる。頸椎に発症した場合，前肢の挙上を主訴と

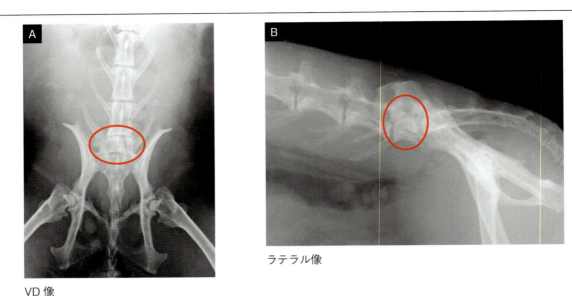

写真15-10　脊椎の圧迫骨折で疼痛を訴える症例のX線検査所見。第七腰椎に1回みただけでは見逃しやすい骨折が存在した（○）

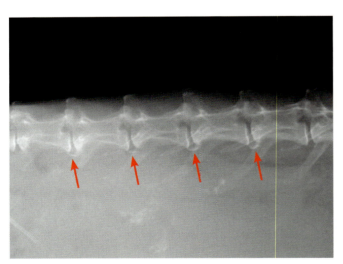

写真15-11　変形性脊椎症のX線検査所見。血尿診断のX線検査時に偶然撮影されたもので、跛行は認められなかった

して来院し、牽引を嫌う、肩関節圧迫時に疼痛を訴えるなどの前肢疾患様症状を呈することも多い。発症から時間が経過した症例では脊椎圧迫による疼痛は不明瞭なことが多く、固有受容感覚の低下は重度のものでなければ認められない（あるいは判定困難である）。

あらゆる脊椎疾患において、深部痛覚の消失は予後不良を意味するが、前述のように判定には経験を必要とする。

開張症

3カ月齢以下で発症することが多く、遺伝性疾患の可能性が高いといわれている。肢が正常な接地位置を保てず、外側に広がっていく。症状は急性ではなく徐々に進行することが多い。後肢で多く認められるが、前肢で発症することもあり、また両側性（**写真15-13**）の場合もあれば片側性の場合もある。X線検査では、股関節や膝蓋骨、肩関節の脱臼、あるいは大腿骨や上腕骨、脛腓骨の捻転などが認められるが、初期には異常が認められないことも多い。これらの骨変形が、神経疾患由来の姿勢異常に起因する後天性変形なのか、遺伝的な骨形成異常なのかは不明である。診断は若齢性の慢性かつ進行性の症状をもって疑い、事故の可能性を除外した上で（生活環境や飼育方法の聴取）、X線検査で上記所見の確認および関節不安定などの他疾患を除外して仮診断している。確定診断は難しく、当院でも以前開張症の可能性の主訴で来院したものの、実際は膝蓋骨脱臼と側副靱帯断裂だったという症例がある。

股関節脱臼

踏まれる、ドアにはさまれる、保定などの外的圧迫により起こることが多い。通常患肢が外方に開いて接地し、仰臥位で両後肢を静かに牽引すると、患肢の短縮が認められる（頭背側に脱臼することが多い）。確定診断はX線検査によるが、膀胱破裂や骨盤骨折などの他疾患が併発していないか注意深く観察する必要がある。脱臼から2カ月以上経過すると未治療でもほぼ正常に歩行するが、3～4年後（あるいは高齢になった際）に、股関節炎を発症して再び跛行したり、対側肢に足底支皮膚炎を起こしたり、姿勢異常による脊椎湾曲がみられる例が

第15章　整形外科疾患－跛行の検査・診断のポイント

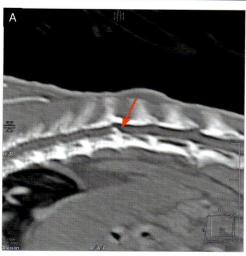

脊椎の矢状断面像。第十一，十二胸椎間に椎間板ヘルニアが認められる（➡）

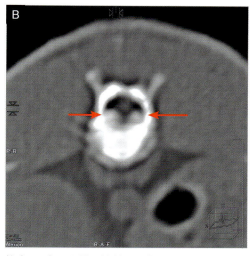

第十一，十二胸椎の体軸断面像。椎間板物質による脊髄の圧迫が認められる（➡）

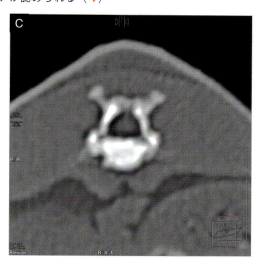

正常な脊椎体軸断面像

写真 15-12　X線 CT 検査所見

認められる。そのようなウサギでは，明らかな跛行が認められなくとも，疼痛に耐え，負重しないように生活しているのかもしれない。

膝蓋骨脱臼

爪がカーペットやすのこなどに引っかかった際に起こる過度の後肢伸展や捻転により発症することが多い。また，前述の脊椎疾患や開張症などによる後肢伸展，姿勢異常によって起こる場合もある。著者は先天的な膝関節形成異常による脱臼を経験したことはない。

著者が経験した症例はすべて内方脱臼であり，膝関節を中心に患肢を外転させ，明瞭な跛行を示すものが多かった。接地は可能であるが挙上傾向にあり，膝関節の屈伸を嫌う。しかし，脱臼したまま目立った跛行を示さ

写真 15-13
両後肢の開張症

137

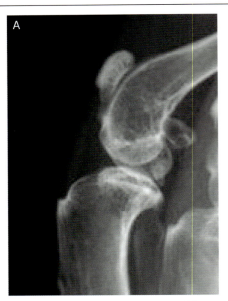
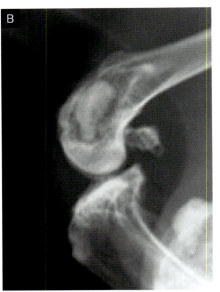

A 正常な膝関節。膝蓋骨が大腿骨頭側にある

B 膝蓋骨内方脱臼。腹部X線検査時に偶然みつかったもので，明らかな跛行症状はなかった

写真 15-14　膝関節のX線検査所見

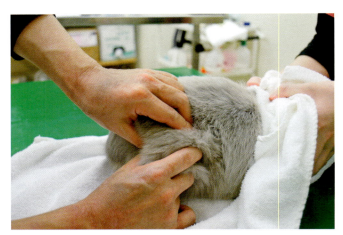

写真 15-15　脛骨前方引き出し徴候検査

ずに生活しているウサギもおり，日常的なX線検査において，偶然発見されることもある（写真15-14）。ウサギは正常でも滑車溝が浅いため，発症から長時間経過したものは筋走行が内側に変位し，整復してもすぐに再脱臼する。この場合，触診で容易に診断できるが，確定診断を下すためにはX線検査を実施する必要がある。

また，まれに十字靭帯損傷を併発しているケースもあるため，脛骨前方引き出し徴候も確認する。仰臥位，またはタオルで頭側を包む保定で実施する。右側膝関節検査の場合は，左手人差し指で膝蓋骨を，親指で外側種子骨を，中指と薬指で大腿骨遠位内側をしっかり保持する。次に，右手人差し指で脛骨稜を，親指で腓骨頭を，中指と薬指で脛骨近位内側をしっかり保持する。この状態で脛骨を関節面に平行に前方に動かす（写真15-15）。膝関節を伸展位から30度屈曲位にして，脛骨が前方に変位すれば十字靭帯断裂が疑われる。伸展状態では不明瞭な場合（完全断裂ではないケース）があり，注意が必要である。ただし，疼痛により力が入り不明瞭な場合もあるので，症例によっては検査の際に鎮静や麻酔が必要なこともある。

肩関節脱臼および肘関節脱臼

いずれもまれであるが，膝関節脱臼と同じように過度の伸展・捻転により発生する。発症時に完全に挙上していることが多いため，歩様での区別は困難である。肘関節の触診では，関節付近に腫脹はないか，可動域の減少はないか，内側鉤状突起を圧迫しながら内旋・外旋させ，疼痛の有無を確認する。肩関節では伸展および屈伸時の疼痛，可動域の確認を行い，軽く外転・内転させ疼痛の有無を確認する。いずれも鎮静下や麻酔下でのX線検査が必要となることが多い。

まとめ

本章で取り上げた跛行を主訴として来院する疾患は，

日常診療で著者が頻繁に目にするものである。そう思うと，犬や猫に比べて，跛行原因となる疾患数が非常に少ないように思われる。しかし，本当にそうであろうか。例えば，犬でみられる股関節形成不全やレッグ・カルベ・ペルテス病，汎骨炎，変性性腰仙椎狭窄症，離断性骨軟骨症，多発性関節炎などはウサギには本当にないのだろうか。跛行診断で最も恐ろしいのは，原因のはっきりしない疾患を自分が過去に経験したことのある疾患や知っている疾患に当てはめてしまうことである。

今後，ウサギの高齢化が進み，跛行を主訴として動物病院に足を運ぶ飼い主が増え，跛行に関する症例が増えれば，そして整形外科に関する知識の豊富な獣医師がウサギの診療に参戦しはじめれば，より多様な診断名が出てくるのかもしれない。ウサギの跛行診断は発展途上の分野であり，常に自分の出した診断に疑念をもち，情報をアップデートし，ウサギに転用可能な検査機器や手法を試みて，少しでも本当の診断に近づけるように努めなければならない。

第16章
整形外科疾患
―外固定

はじめに

　骨折の内固定が「骨の副子」とすると，外固定は「肢の副子」である。内固定ほどの安定性が得られるわけではなく，荷重の少ない前肢はともかく，跳躍によって大きな負荷がかかるウサギの後肢では第一選択とすべき手法ではない。それでも，実際の臨床現場で外固定を選択しなければならないことは多い。その理由として，飼い主の事情（費用面），動物病院の事情（設備面），担当医の事情（技術面）など，さまざまなことがあげられる。そして，どのような理由であっても，ウサギの診療を行う以上，外固定の知識や技術は必要となってくる。

　また，すべての骨折に外固定を対応できるわけではなく，外固定が適さない症例も存在する。さらに，本来適さない外固定を選択しなければならない場合，手術を選択すべき症例を外固定で治療するデメリット，すなわち完治しない可能性，悪化させる可能性があることを飼い主に十分説明しておく必要がある。

　本章では外固定を選択できる症例（あるいは選択すべきではない症例），外固定の選択基準，装着方法について解説する。

外固定

適応症例

　外固定は，①応急処置として，②外科的整復後の二次的支持として，③骨折に対する一次的支持として用いる。このうち，③の場合，基本的には下記のすべての条件を満たしている必要がある。

肘関節または膝関節より遠位の骨折

　外固定の基本原則として，「骨折の上下の関節を不動化することが重要である」ということがあげられる。例えば，大腿骨の骨折治癒では股関節と膝関節の不動化が必要であり，脛骨の骨折治癒では膝関節と足根関節の不動化が必要となる。しかし，副子，ギプス包帯とも上腕中位や大腿中位を超えて体幹近位に設置することは難しい。犬や猫で用いられる腰部や胸部を含むスパイカ包帯はウサギでは用いにくく，股関節や肩関節の不動化は不可能である。したがって，外固定の適応部位は膝関節や肘関節より遠位の骨折のみとなり，上腕骨や大腿骨の骨折に外固定を選択すべきではない。上腕骨や大腿骨の動きを制限する場合は吊り包帯を選択すべきであり，外固定はたとえ応急処置や外科的整復後の二次的支持としても使用すべきではない。

骨折端の皮質骨部分が50％以上接触している骨折

　骨折治癒を成功させるためには，骨折端の皮質骨部分を少なくても50％以上接触している必要がある（50％ルール）。この条件を満たしていない症例では骨癒合しない場合もある。運よく癒合したとしても遅延癒合が起こることが多く，少なからず変形癒合が起こる。接触面が少ないほど変形癒合は著しく，一時的に歩行可能となっても，姿勢異常による脊椎の変形や対側肢の足底潰瘍，関節炎などが将来起こる可能性が高い。したがって，この50％ルールを満たしていない症例の第一選択は，内固定や創外固定となる（写真16-1）。

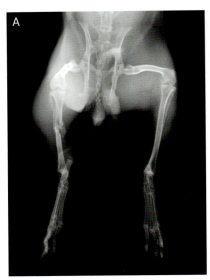
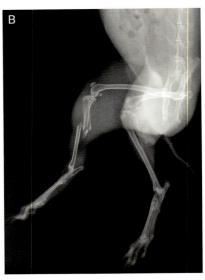
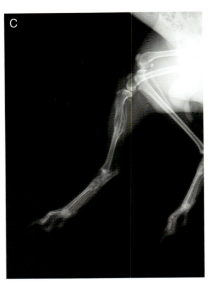

A　VD像。一見すると変位は少ないように思える

B　ラテラル像。変位は大きく，非観血的には整復困難であったため，外固定による治療は不適切といえる

C　ピンニングと副子併用による治療実施後のX線像

写真16-1　脛骨および腓骨の骨幹骨折

剪断力の少ない骨折

ほとんどの骨折において上下の関節が固定されていれば，骨折部に対する回転力，屈曲力は外固定で十分に中和される。しかし，剪断力をギプス包帯で中和するのは難しいため，斜骨折や粉砕骨折がある場合は外固定のみによる治療は不適当である（**写真16-2**）。

使用する器具

剪刀，サージカルテープ（幅12.5〜25mm），ストッキネット（幅25〜30mm），クラシール（クラレクラフレックス）（幅25mm），自着性伸縮包帯（幅25mm），レナサーム（輸入発売：イワツキ，幅50mm）。

著者は，ウサギや超小型犬種の外固定時のパッドとして，自着性伸縮包帯クラシールを多用している。これは，軟らかく，濡れても縮まず，粘着剤を使用しなくても接着し，ゆるみが生じにくい。ウサギに用いる場合，最も細い25mm幅のものを選択している。その理由はウサギの細い肢に50mm幅のものを使用すると死腔ができ，患肢の十分な不動化が得られないからである。

同様の理由で，キャスト材もギプス包帯では25mmのものがよい。ウサギの外固定では少量のキャスト材しか必要とせず，再利用できないキャスト材ではその多くを廃棄することになる。その点，著者は包帯状熱可塑性キャスト材レナサームを使用し，大変効果を感じている。レナサームは硬化と軟化を繰り返すことができ，事前に成形可能であり，非常に有用である。また，65℃以上の熱湯による加熱で軟化し，冷却とともに硬化する。いったん硬化した後でも加熱することで容易に修正・補強でき，20回まで再利用できる。レナサームの幅は50mmであるが，術前に成形可能であるため，25mm幅に切りそろえておけば，ウサギの細い肢に対しても死腔をつくることなく設置できる（**写真16-3**）。

ただし，レナサームにも欠点がある。一つは硬化時間が短いこと，もう一つは硬化後の切断が難しいことである。硬化時間が短いということは作業が短くてすむという利点である反面，急いで作業しなければ満足な成形が得られないという欠点にもなる。熱湯から出してから硬化するまでの時間が比較的早いため，設置途中で硬化が始まってしまう。したがって，全肢ギプス包帯を帯状に切ったレナサーム一本で実施することは難しい。著者はレナサームでウサギのギプス包帯を実施する場合，幅25mm長さ400mmの帯状に切ったレナサームを数本用意している。半肢ギプス包帯はこれ1本で実施できるが，全肢ギプス包帯の場合は2〜3本必要になる。もう一つの欠点である切断の困難さとは，素材の特性上，振動ギプスカッターで切ろうとしても熱で軟化してしまい，切断できないということである。ハサミで切断する場合，力を入れれば3層まで切断できるが，この場合は患肢に

第16章 整形外科疾患 －外固定

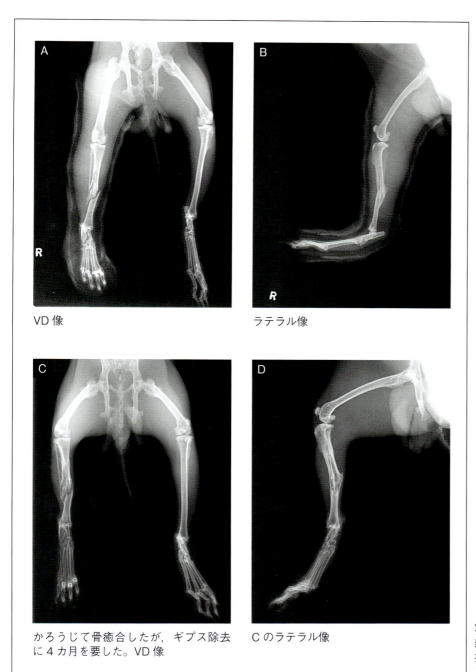

VD 像

ラテラル像

かろうじて骨癒合したが、ギプス除去に4カ月を要した。VD 像

Cのラテラル像

写真 16-2 脛骨および腓骨の斜骨折，複雑骨折。本来は外固定よりも創外固定を選択すべき症例。飼い主の希望により全肢ギプス包帯による治療を選択した

大きな圧力をかけることになる。また，熱を加えて再軟化し，はがしていくこともできるが，すべてを除去するには時間がかかる。著者は振動ギプスカッターである程度切り目を入れ，軟化している間にハサミで切断している。

写真 16-3 50mm 幅のレナサーム（左）。副子に使用する場合はこのまま使用する。ギプス包帯の場合は 25mm に切りそろえたほうが使いやすい（右）

143

外固定の方法

麻酔

　副子でもギプス包帯でも全身麻酔下で実施する。したがって，事前に全身状態の視診や触診，聴診を行い，救急処置が必要な状態であるかどうか確認する。骨折が起きるほどの外傷を受けている以上，胸部および腹部X線検査は不可欠であり，可能であれば血液検査も実施する。

　全身麻酔はそれぞれの獣医師が最も慣れた方法で行うとよい。著者はメロキシカム（0.2mg/kg，SC），メデトミジン（0.25mg/kg，SC）前投与，ケタミン（5mg/kg，IM）導入，4～5Fr栄養カテーテルを鼻孔から気管内に挿管し，酸素流量1L/分，イソフルラン2.0～3.0％を吸引させ麻酔を維持し，処置終了後アチパメゾール（0.5～1.25mg/kg，IV）で覚醒を促している。

外固定の基本構成

　外固定の基本構成は，あぶみ，パッド，補強材料，伸縮包帯の4つである。

　あぶみは外固定が趾端側に滑るのを防ぐために用いる。小型のウサギにおいては12.5mm幅のサージカルテープが適している。パッドは，補強材料による挫傷防止を目的に患肢に適度の圧迫を与え，不動化するものである。過剰なパッドは骨折部位で骨折片が動いて安定性が得られない。逆に，パッドが少なすぎると軟部組織の炎症や血流不全による壊死が起こるおそれがある。場合によっては，患肢を失うおそれさえある。また，パッドの厚みはパッド包帯巻き上げ時の重ね具合で調整する。クラシールをパッド包帯として用いる場合，通常1/2ずつ重ねて巻き上げるとちょうどよい厚みになる。患肢の炎症が強い場合，1/3ずつ巻き上げればパッドの厚みを増すことができる。補強材料は患肢の不動化をより確実とするものであり，レナサームなどのキャスト材がこれに当たる。伸縮包帯はパッドや補強材料を適度に圧迫し，保護するためのものである。

　通常，外固定は患肢を上にした横臥位で行うが，その時の関節の角度は自然な状態で立位になるようにする。外固定を実施し患肢を不動化すると，少なからず関節の硬直が起こる。患肢が異常な位置で硬直した場合，外固定を取り除いた後も患肢に体重をかけることができなくなるおそれがある。その点，立位に近い状態で外固定を行えば，外固定除去後に関節が硬直しても患肢に負重でき，早期の機能回復が期待できる。

　外固定を装着した場合，基本的に外固定除去時までエリザベスカラーによる保護が必要となる。エリザベスカラー装着により食欲不振に至るウサギもいるため，食欲や飲水量に注意するように飼い主に伝えておく。また，治療終了時までケージ内には昇り降りできる遊具や小屋は設置せず，徹底的なケージレストを指導する。

　外固定を設置したら，24時間後に趾端のむくみを確認する。過剰なむくみが認められた場合，直ちに外固定を除去して，再装着する。むくみが認められなかった場合は，1週間後の再来院を指導する。再来院の際は外固定のずれがないか，飼育方法の不備がないか確認する。飼い主によってはケージから出して運動させたり，エリザベスカラーを外したり，ケージ内の清掃を怠っていたり，治療の妨げとなる方法で飼育している場合がある。骨折の治癒を診断するため，5カ月齢以下のウサギでは2週間に1回，6カ月齢以上のウサギでは3～4週間に1回，X線検査を行う。骨折の治癒をX線検査で確認できたら，外固定を除去する。順調に治癒できた場合，5カ月齢以下のウサギでは1～1.5カ月，6～12カ月齢のウサギでは1.5～2カ月，12カ月齢以上のウサギでは2～3カ月が外固定除去の目安となる。外固定除去後も3週間はケージレストを続け，再度X線検査を実施し，異常がないことを確認して治療終了とする。

全肢ギプス包帯

　全肢ギプス包帯は橈尺骨や脛骨，腓骨の骨折時に実施する。

手術手技

　サージカルテープを患肢遠位端の頭・尾側あるいは内・外側に貼り，あぶみとする（写真16-4A）。ストッキネットを可能な限り体幹近位まで装着し，これをサージカルテープでずれ落ちないように固定する。この時，ストッキネットの遠位端は肢端を少し超えるように長さを整える（写真16-4B）。クラシールを肢端より体幹近位に向かって1/2ずつ重ねながら巻き上げていき（写真16-4C），あぶみより遠位に露出したストッキネットは折り返す（写真16-4D）。

　幅25mm，長さ400mmに切断したレナサームを2，3枚用意し，お湯で軟化させ，肢端部のクッション材内側に1周巻く。同じ場所に2周目を重ねて巻く際に先に作成したあぶみをはさんで巻き，1/2ずつ重ねながら近位に巻き上げていく（写真16-4E）。1本のレナサームで

外固定のずれを防ぐため，趾端にあぶみをつける

ストッキネットをできる限り体幹近位まで装着し，これをサージカルテープでずれ落ちないように固定する

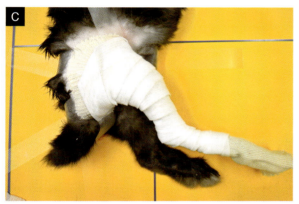
クラシールを肢端より体幹近位に向かって1/2ずつ重ねながら巻き上げる

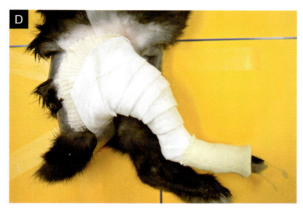
あぶみより遠位に露出したストッキネットは折り返す

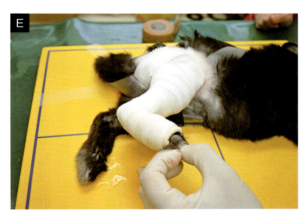
熱湯で軟化させたレナサームを趾端部から1/2ずつ重ねながら近位に巻き上げていく。この時，趾端のレナサームにあぶみを巻き込んで固定する

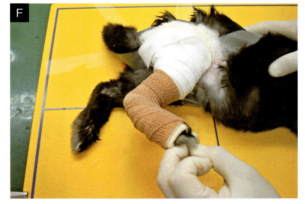
レナサームが硬化する前に伸縮包帯を遠位端から巻き上げて形を整える

写真16-4　全肢ギプス包帯

全肢を巻き上げることができなかった場合，いったん伸縮包帯を遠位端から巻き上げて形を整える（**写真16-4F**）。この時，伸縮包帯による締めつけが強すぎると血流不全が起きるため，レナサームが患肢に隙間なく密着する程度のテンションで巻き上げていく。硬化したら伸縮包帯を外す（**写真16-4G**）。2本目のレナサーム

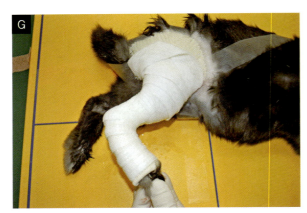

硬化後,伸縮包帯を除去する

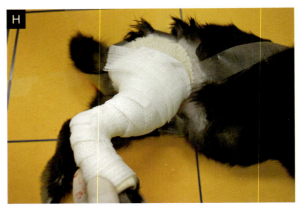

先に硬化したレナサームに重ね,さらに体幹近位に向けレナサームを巻き上げていく

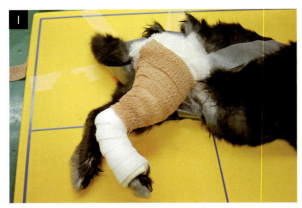

追加で設置したレナサームを伸縮包帯で巻き上げ成形する

全体を伸縮包帯で覆い保護する

全肢ギプス包帯の完成

写真16-4　全肢ギプス包帯（つづき）

を熱湯で軟化させ，先に硬化したレナサームに重ねて，同様に1/2ずつ重ねながら体幹近位に巻き上げていく（**写真16-4H**）。2本のレナサームで足りない場合は3本目のレナサームも使用する。先の作業同様にレナサームが硬化する前に伸縮包帯を巻き上げ，成形する（**写真16-4I**）。硬化したら趾端側のレナサームも再度伸縮包帯で巻き上げ，ギプス包帯全体を保護する（**写真16-4J, K**）。

ストッキネットの近位端を固定していたサージカル

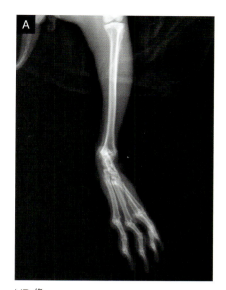
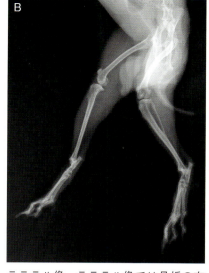
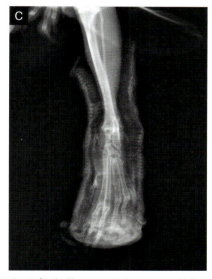
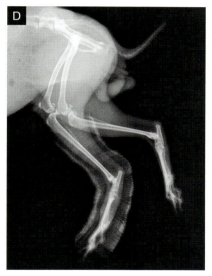

A：VD像

B：ラテラル像。ラテラル像では骨折の有無が不明瞭である

C：半ギプス包帯による骨癒合後のX線像

D：Cのラテラル像。ギプス包帯の巻き上げ位置に注目

写真16-5　第四中足骨骨折

テープを外し，ストッキネットを反転させてギプス包帯近位端を覆う。X線写真を撮影し，骨折の整復具合を確認後に覚醒させる。

半肢ギプス包帯

半肢ギプス包帯は肘関節あるいは膝関節より体幹近位にギプス包帯を巻き上げない短いギプス包帯であり，主に中手骨や中足骨の骨折に使用される（**写真16-5**）。

手術手技

その手法は前述の全肢ギプス包帯と同様であり，違いは肘関節や膝関節の遠位まででギプス包帯を終えることだけである。ウサギであれば400mm長のレナサーム1本で実施可能である（**写真16-6**）。活動的なウサギで半肢ギプス包帯を装着してもすぐにずれてしまう場合，全肢ギプス包帯に切り替える。

副子

副子はギプス包帯に比べ，患肢の圧迫や不動化効果は弱いが，簡単に行える。そのため，おとなしいウサギであれば鎮静のみで実施できる（手術までの仮固定，あるいは全身状態の悪い症例に対する一次的支持）。また，

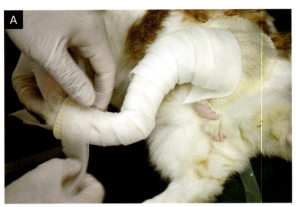
熱湯で軟化したレナサームを1/2ずつ重ね、体幹近位に向け巻き上げていく

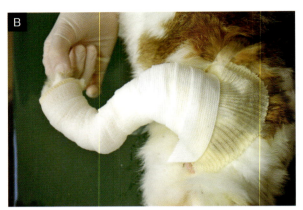
レナサームを膝関節遠位まで巻き上げたところ

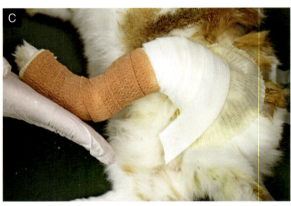
立位時の関節の角度をイメージして伸縮包帯で成形する

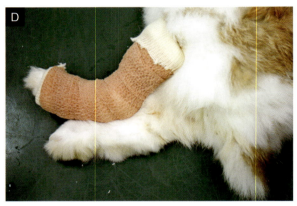
余分なクラシールとストッキネットを切除する

半肢ギプス包帯の完成

写真 16-6　半肢ギプス包帯

全周を覆うギプス包帯とは異なり患肢頭側部が解放されるため、軟部組織の重度炎症が起こりうる症例においてはむくみが生じた時の締めつけ防止や血流保全の意味でギプス包帯よりも優れている（重度軟部組織炎症を伴う骨折に対する一次的支持、あるいは外科的整復後の二次的支持）。

手術手技

全肢ギプス包帯同様、ストッキネットとクラシールを装着する。あぶみは患肢尾側にのみ設置する（**写真**

第16章 整形外科疾患 －外固定

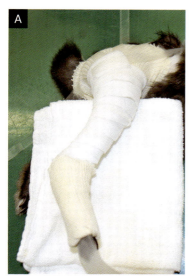
50mm幅サージカルテープを患肢尾側に設置し、あぶみとする

熱湯で軟化した50mm幅レナサームを2層に折り曲げ、患肢の尾側に当てる。この時、先に作成したあぶみを2層のレナサーム間にはさみ込む

伸縮包帯を趾端側から体幹近位に向け巻き上げる

起立時の自然な関節の角度を意識し、成形硬化させる

硬化後伸縮包帯を外す

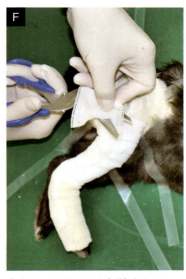
余分なレナサームを切除する

写真16-7　副子

16-7A)。50mm幅のレナサームを肢端から体幹近位までの2倍の長さに切断する。これを熱湯に浸け軟化させた後、患肢尾側に当てる。体幹近位側で折り返し、二重にする。この時、肢端に作成したあぶみをはさんで固定する（**写真16-7B**）。硬化する前に伸縮包帯を肢端から近位に巻き上げ（**写真16-7C, D**）、硬化後伸縮包帯を外す（**写真16-7E**）。この時、副子の余剰部分はハサミでカットする。近位端、遠位端ともに必ずクッション素材の内側に副子が配置されるように設置する（**写真16-7F, G**）。

補強が必要な場合は短く切ったレナサームを熱湯で軟化し、頭側部分を覆うように副子に貼りつけていき（**写真16-7H, I**）、伸縮包帯を巻き上げて成形する（**写真16-7J**）。

硬化後、成形用の伸縮包帯を外し、改めて肢端から近位にかけて伸縮包帯で覆う。この時、ギプス包帯のよう

149

G 挫傷を防ぐため，切除端は曲線とし，パッドの内側とする

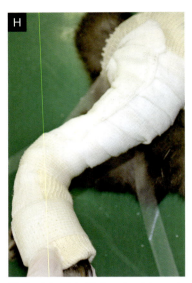
H 補強が必要な場合は短く切った25mm幅のレナサームを熱湯で軟化し，頭側部分を覆うように副子に貼りつけていく

I 同様に，下腿部と大腿部にも補強を行うとより強固なものとなる

J 補強したレナサームが硬化するまで伸縮包帯で巻き上げ，成形する

写真 16-7　副子（つづき）

写真 16-8　副子保護用の伸縮包帯。患肢を 1 周できる長さとして 100〜150mm 長の伸縮包帯を複数用意する。

に趾端から連続して伸縮包帯を体幹に向け巻き上げると，尿や水で伸縮包帯が濡れた時，収縮し患肢を締めつけるおそれがある。そこで 100〜150mm 長の短冊状に切った伸縮包帯を多数用意し（**写真 16-8**），この伸縮包帯の中央部を患肢尾側に当て，頭側中央で重ねるように巻く。これを 1/2 ずつ重ねながら近位に向かって巻いていく（**写真 16-9A〜D，図 16-1**）。

ストッキネットの近位端を固定していたサージカルテープを外し，ストッキネットを反転させて副子端を覆う（**写真 16-9E**）。X 線写真を撮影し，骨折の整復具合を確認後，覚醒させる。

頭側に設置するレナサームを増やせばより強固に補強できるが，その分，血流保全という最も重要な副子の特性を弱めることになる。患肢の炎症が強い場合，初めの 1 週間は補強をつけず，炎症が沈静化したのち補強のみ行うとよい。

第 16 章　整形外科疾患 －外固定

A　趾端より短冊状に切った伸縮包帯を巻いていく。この時，患肢を締めつけないように注意する

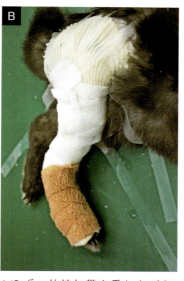
B　1/2 ずつ伸縮包帯を重ねながら，体幹近位に向けて巻いていく。この時，尾側に対し，伸縮包帯を張り合わせる頭側はやや体幹側に傾けて固定する

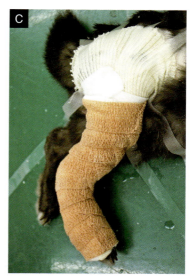
C　患肢全体を伸縮包帯で保護したところ

D　C と同じ状態を別角度から撮影

E　副子の完成

写真 16-9　副子。短冊状に切った伸縮包帯を巻いていく方法

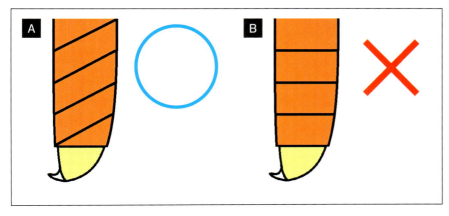

図 16-1　副子。短冊状包帯の実施模式図

151

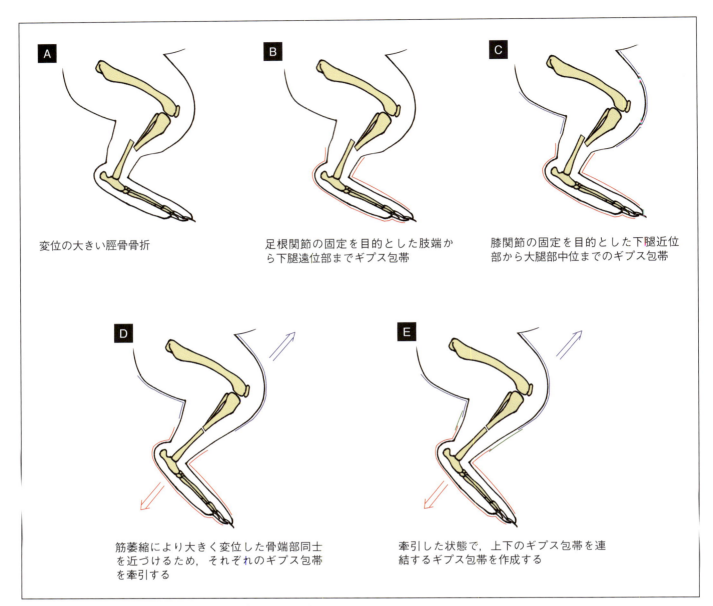

図 16-2　変位が大きい骨折に対する全肢ギプス包帯の模式図

変位が大きい骨折における全肢ギプス包帯

　これは50%ルールを満たしていない骨折（図 16-2A）を意味し，本来は内固定や創外固定を選択すべき症例である。これを外固定で治療しなければならない場合，上下関節を先行で固定し（図 16-2B，C），牽引しながら中間部を巻くギプス固定を実施する（図 16-2D，E）。

　過去，著者の病院では骨折端がまったく接していない骨折で，飼い主の金銭的理由により全肢ギプス包帯を実施した症例が16例ある。うち10例が変形癒合ではあるが歩行可能なレベルで骨癒合し（うち1例は2年後同じ部位を再骨折した），6例は偽関節を形成した。この成功率（そもそも変形癒合を成功と評価してよいかは疑問であるが）を高いと感じるかどうかは飼い主の価値観による。

手術手技

　まず，通常の全肢ギプス包帯同様，ストッキネット，クラシール，あぶみを装着する。幅25mm長さ400mmに切断したレナサームを3枚用意する。レナサームを熱湯で軟化させ，肢端部のクッション材内側にまず1周巻き（写真 16-10A），2周目を重ねて巻く時にあぶみをはさんで1/2ずつ重ねながら近位に巻き上げていく。そして，足根関節（または手根関節）を曲げた状態で関節部を不動化できる位置まで巻き上げ（写真 16-10B），伸縮包帯を遠位端から巻き上げて形を整える（写真 16-10C）。この時，伸縮包帯による締めつけが強すぎると血流不全

第 16 章　整形外科疾患 －外固定

肢端部のクッション材内側より長さ 20cm に切断したレナサームを巻き始める

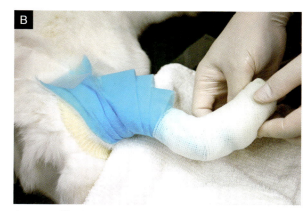

あぶみを巻き込みながらレナサームを 1/2 ずつ重ね，近位に巻き上げていく

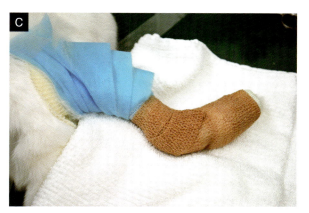

伸縮包帯を遠位端から巻き上げて形を整える

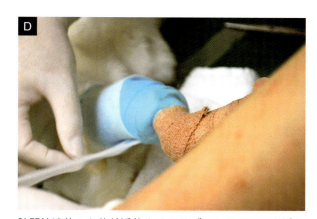

膝関節遠位から体幹近位まで 1/2 ずつレナサームを重ねながら巻き上げる

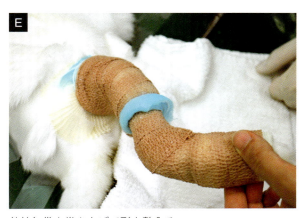

伸縮包帯を巻き上げて形を整える

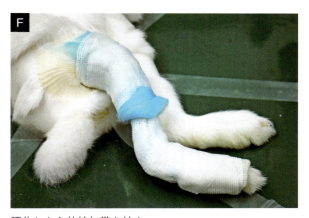

硬化したら伸縮包帯を外す

写真 16-10　変位が大きい骨折に対する全肢ギプス包帯

が起きるため，レナサームが患肢に隙間なく密着する程度のテンションで巻き上げていく。硬化したら伸縮包帯を外す。

次に膝関節（または肘関節）遠位から体幹近位まで 1/2 ずつレナサームを重ねながら巻き上げ（**写真 16-10D**），伸縮包帯で成形する（**写真 16-10E**）。硬化したら伸縮包帯を外す（**写真 16-10F**）。この過程で上下関節をそれぞれ固定したギプス包帯が形成される。この二

153

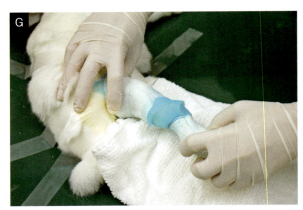
硬化後，伸縮包帯を除去する

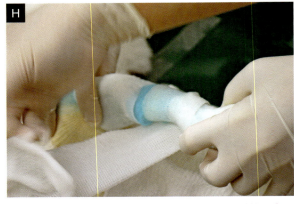
先に硬化したレナサームに重ね，さらに体幹近位に向けレナサームを巻き上げていく

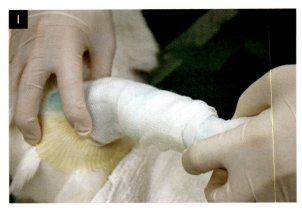
追加で設置したレナサームを伸縮包帯で巻き上げ成形する

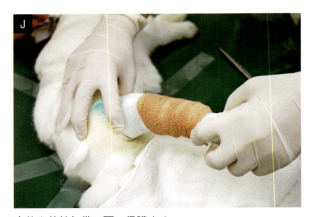
全体を伸縮包帯で覆い保護する

写真 16-10　変位が大きい骨折に対する全肢ギプス包帯（つづき）

つのギプス包帯を助手に牽引してもらった状態でそれぞれを連結するように中間部分にレナサームを巻き（**写真 16-10G 〜 I**），伸縮包帯をその上から巻きつける（**写真 16-10J**））。完全に硬化するまでこの牽引は継続し，こののち伸縮包帯を外す。レナサームを完全に覆い隠すように，肢端から近位に向かって伸縮包帯を巻き上げる（**写真 16-10K，L**）。ストッキネットの近位端を固定していた粘着テープを外し，ストッキネットを反転させてギプス包帯近位端を覆う（**写真 16-10M**）。X線写真を撮影し，骨折の整復具合を確認後，覚醒させる。

開放骨折における外固定

　本来は創外固定を選択すべきであるが，飼い主の事情で副子を選択することがある。
　ウサギの膝関節や肘関節の遠位の筋肉は非常に薄く，容易に開放骨折に至る。断脚を覚悟し来院する飼い主もいるが，意外と骨癒合し，骨露出による創を覆うように皮膚が再生するケースも珍しくない。今までに著者が開放骨折を外固定で治療した症例は8例あり，うち6例が変形癒合ながらも骨癒合し，2例は骨折部を中心とした炎症をコントロールできず断脚することとなった。ちなみに創外固定を行った症例に関しては現在のところ断脚に至った症例はないため，飼い主が許容できるのであれば，やはり創外固定を選択すべきである。
　開放骨折の治療では，いかに創をケアするかということがポイントになる。著者は以前，創を露出させたギプス包帯を実施していた。これはギプス包帯をした後にギプスカッターで創を露出するように窓をつくる，あるいは創を避けるようにレナサームでギプス包帯を作成して，開放創をいつでも洗浄できるようにするというもの

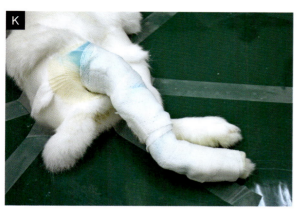
肢端部のクッション材内側より長さ20cmに切断したレナサームを巻き始める

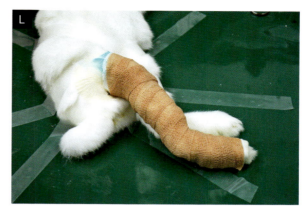
あぶみを巻き込みながらレナサームを1/2ずつ重ね、近位に巻き上げていく

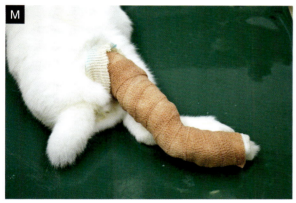
ストッキネット近位端を反転させ、ギプス包帯近位端を覆う

写真16-10　変位が大きい骨折に対する全肢ギプス包帯（つづき）

だが、この方法はあまりうまくいかなかった。最も不動化が求められる骨折部に圧迫がまったくないため、安定性が得られず、また処置用の窓から露出した創周辺組織だけが炎症による腫脹で盛り上がり、血流が滞って創の治癒も遅延してしまった。現在は窓を開けず、創を洗浄消毒して外固定を実施している。

手術手技

まず創をKYゼリーで保護し、周辺部の剃毛を行う。次に、中性電解水またはクロルヘキシジンによる消毒と生理食塩水による洗浄を繰り返す。創傷治癒の理想としては消毒せず、洗浄のみ行いたいところだが、ウサギにおいて骨折部で膿瘍形成が起これば断脚を余儀なくされるため、治癒力の維持、向上よりも細菌数の減少を優先している。

洗浄後、滅菌ガーゼで余分な水分を取り除き、創をドレッシングで覆う。ここで外固定を行うが、この時はクラシールを厚めに巻く。骨折の安定化よりも軟部組織の治癒を優先する。1週間後麻酔下で副子を外し、創の状態を確認する。軟部組織の炎症が軽減しているようであれば、再度ドレッシングで創を覆い、上下関節を牽引しながらギプス包帯を実施する。この時もクラシールは厚めに巻く。

改善がなければ速やかに創外固定に移行すべきであり、麻酔前に飼い主から同意を得ておく。開放骨折での創外固定を拒む飼い主も「まずは外固定で治療を試み、それでも駄目なら手術を実施」というインフォームドコンセントで同意を得られることが多い。ただし、金銭的理由でどうしても同意が得られない場合、悪化時の断脚を覚悟の上で、最初から上下関節を牽引しながらギプス

包帯を実施している。食欲が低下した場合，あるいは3カ月たってもX線検査で骨癒合が認められない場合はギプス包帯を外し，創の状態を確認する。場合によって，断脚に至るケースもあるがこのような症例では断脚すら断られることは多い。

まとめ

ウサギの外固定は複雑な手技や特別な器具，長時間の麻酔を必要とせず，少ない人数でも実施できる。適応症例の判断，外固定の選択，設置方法が適切であれば，あらゆる動物病院で対応できる。外固定だけですべての骨折を治療できるわけではないが，適応症例の多い重要な技術である。

※「エキゾチック診療」連載時に使用していたレナサームは販売停止になっている。そのため，レナサームの代替として，現在，著者はプライトン-100（アルケア）を使用している。

第17章
整形外科疾患
ーピンニング

はじめに

ウサギの骨折治療は犬や猫とは異なったさまざまな難題を乗り越えなければいけない。すなわち，骨の脆弱性や易感染性，長時間麻酔のリスクなどである。

著者はこれらの理由により，ウサギの骨折の場合，できる限り外固定で治療したいと考えており，どうしても手術が必要な時は手術時間が短時間ですむピンニングを実施することが多い。骨折という，本来は多種多様の疾患に対して，「外固定」や「ピンニング」などの治療法に固執すべきではないことは理解しているが，ことウサギに関してはこれらの方法でほとんどの骨折を治療している。実際，当院に来院する犬や猫の骨折は外固定50％，プレート固定30％，ピンニング15％，創外固定5％で治療しているが，ウサギは外固定60％，ピンニング35％，創外固定5％で治療している。正直なところ，これら以外の治療法を安全に実施する自信がないのである。

もちろん，整形外科とウサギの診療の両方に精通した獣医師は，プレート固定などのさらに安定性の高い手術を試みてもよい。しかし，著者のように整形外科技術に自信のない獣医師，あるいはウサギの手術に不慣れな獣医師は，外固定とピンニングから始めるのが無難である。

本章では，ウサギのピンニングにおける注意点と手技について取り上げる。

骨折治療で注意すべき点

ウサギの骨折治療において注意すべき点は，以下の3点である。

・骨の脆弱性
・易感染性
・長時間麻酔

骨の脆弱性

ウサギの骨重量は体重の7〜8％しかなく，非常に脆い。これは骨折事故が容易に起こるということだけではなく，手術中の取り扱いを誤れば医原性骨折を起こす可能性があるということも意味している。実際，著者はウサギの骨折手術で，骨片の牽引中やプレート手術のタッピング中に骨片に亀裂を入れてしまったことが何度もある。これは高齢のウサギでより顕著であり，ホルモンに関連する疾患や腫瘍などが関与している場合もある。

これらのことから手術中の骨の操作には十分に注意する必要があり，特に骨鉗子による支持，整復時の牽引，インプラントの挿入，全周ワイヤーの固定は細心の注意を払う必要がある。操作中に骨が軋み，亀裂が入りかけたら直ちに処置を中断し，ワイヤー締結などに加える力を調節する必要がある。ゆるすぎては意味がないが，犬や猫の骨折時と同じように締結すれば，骨は容易に砕けてしまう。

易感染性

ウサギの軟部組織は全体的に脆弱であり，丁寧に扱わなければ，血流不全や壊死，感染を容易に起こす。そして，ひとたび感染が起これば，膿瘍を形成し，抗菌薬や切開，ドレナージなどで対処できない状態となる。膿瘍は周辺組織を巻き込み，骨髄炎に発展しうる。また，骨髄炎になれば，断脚が必要になることも多く，場合に

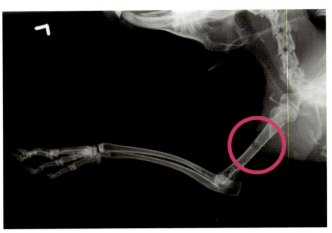

写真 17-1　上腕骨近位骨幹骨折の X 線写真。同時に子宮腫瘍と肺腫瘍が認められた。骨転移として，X 線透過性が虫食い様に亢進した部位が認められた

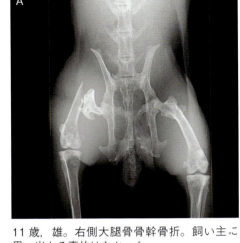

11 歳，雄。右側大腿骨骨幹骨折。飼い主に思い当たる事故はなかった

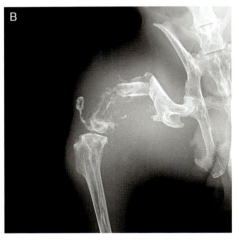

1 カ月後。大腿骨遠位を中心に骨融解が認められた

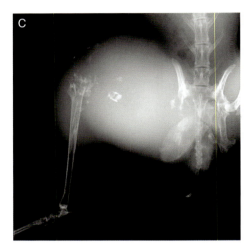

2 カ月後。大腿骨はほぼ消失。骨盤右側や脛骨にも骨融解が進行した。病理検査の結果，骨肉腫であった

写真 17-2　右側大腿骨骨幹骨折の X 線写真

よっては死に至るおそれすらある。感染防止は特別な手技や陽圧手術室が必要なわけではなく（もちろん，あればなおよいが），犬や猫の外科手術で求められる適切な無菌操作で十分に対応できる。ウサギの整形外科手術において完全な整復を求められることは少ないが，丁寧な無菌操作は欠かせない。

長時間麻酔

　ウサギにおいて，長時間麻酔のリスクはいうまでもない。無菌操作を徹底すればするほど，剃毛や消毒，ドレーピングなどに要する時間はかかり，手術時間を含めれば，かなりの長時間麻酔となる。また，骨の牽引整復に伴う疼痛でウサギが覚醒しないように十分な疼痛・麻酔管理が必要となる。ウサギの整形外科手術の最も大きな壁は手術の難易度ではない。麻酔のリスクである。このリスクの解消は，いかにして無駄な時間，操作，麻酔を削るかにかかっている。手術担当者だけでなく，麻酔管理者，助手，器具出し，手術準備などすべてのスタッフが手術の内容を正確に把握し，それぞれの役割を熟知している必要がある。手術担当者，助手，器具出しが手指の消毒や術衣を装着している間に，手術準備スタッフは指示がなくとも保定，剃毛，消毒を終え，スムーズに手

第17章 整形外科疾患 －ピンニング

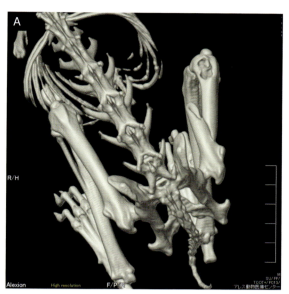
鎮静下で全身のX線CT像を撮影し，骨のみ抽出した3D画像．右側大腿骨骨幹骨折が認められた

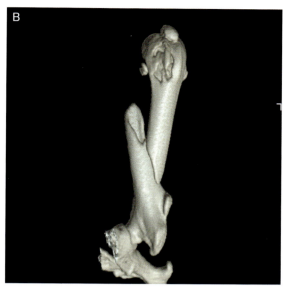
Aと同じX線CT像から大腿骨のみ抽出した3D画像．X線写真では不明瞭な骨破壊像が大腿骨遠位端に認められた

写真17-3　写真17-2Aと同日のX線CT像

術が開始できるようにしておかなければならない．無菌操作に影響がない範囲で，少しでも作業を効率化し，手術時間の短縮に努める必要がある．鎮痛薬や鎮静薬，局所麻酔薬を駆使し，実施する作業とその疼痛にあわせて，麻酔量を随時調節する必要がある．ウサギの整形外科手術は総力戦であり，スタッフ全員が日常業務で培われた技術が試される．

ピンニング

適応症例

　ピンニングが選択可能な症例は大腿骨，上腕骨，および脛骨の骨折である．このうち，大腿骨や上腕骨のピンニングは容易であり，ウサギの整形外科に不慣れな獣医師でも実施できる．これは後述する逆行性ピン挿入ができるからであり，骨髄腔が狭く，骨が割れやすいウサギにおいて，順行性挿入が必要となる脛骨骨折は難易度が高い．著者はできる限り，脛骨骨折は外固定を選択するようにしている．

　上腕骨や大腿骨の骨折においても，すべてがピンニングの適応とは限らない．粉砕骨折は創外固定が適しており，遠位端の骨折はラッシュピンによる固定が適している．ただ，上腕骨や大腿骨の骨折の主原因は落下事故やパニックであるため，粉砕骨折を眼にすることはほとん

どない．ラッシュピンによる固定は，犬や猫での実施に慣れている術者であれば，ウサギのピンニングを何度か経験し，骨の脆弱性を体感すれば，実施できるようになるであろう．適応症例が少ないように思われるかもしれないが，大腿骨骨折と上腕骨骨折は外固定による治療が難しく，ピンニングと外固定を組み合わせれば，ほとんどの四肢骨折に対応できる．

　大腿骨や上腕骨の骨折でも，骨腫瘍に由来する骨折はピンニングの適応外である．高齢ウサギにおいて，骨肉腫や子宮癌の転移などによる骨腫瘍は意外とよくみられる．したがって，大きな事故がないにもかかわらず，高齢ウサギが骨折を起こした場合，細心の注意をもって検査する必要がある．血液検査のほかに，全身のX線検査を行い，患肢以外の骨や肺，腹腔内に異常がないか確認する．骨腫瘍により骨密度が極度に低下している場合，X線写真でモザイク様の陰影が骨全体に広がったり，進行が著しい部位において骨に穴が開いたような虫食い様の陰影を観察できることもある（**写真17-1**）．X線検査で確認できなくても（**写真17-2**），X線CT像において骨折線と関係ない部分で骨融解が起きている場合がある（**写真17-3**）．術前の検査で異常が認められなくても，高齢ウサギにおいては腫瘍の可能性があることを事前に飼い主に説明し，整復手術時に骨バイオプシーを実施する．

写真17-4　上段より順に，カットしたストッキネット。半分を内側に折り込んで端をステープラーでふさぎ靴下状にしたもの。折り返し部分から封じた端に向かって巻き上げたもの。滅菌バッグに二重包装し，滅菌したもの

麻酔および疼痛管理

著者が現在実施している麻酔法を以下に示す。ただし，それぞれの獣医師が最も慣れた方法で実施するのがよい。

メロキシカム（0.2mg/kg, SC），メデトミジン（0.25mg/kg, SC）前投与後，ケタミン（5mg/kg, IM）を投与し，導入麻酔とする。4〜5Fr栄養カテーテルを鼻孔から気管内に挿管し，酸素流量1L/分，イソフルラン2.0〜3.0％を吸引させ，維持麻酔とする。急激な覚醒徴候を認めた場合は随時追加ケタミン（5mg/kg, IV）投与を行い，維持する。0.5％ブピバカイン注射薬1mLを切開線に沿って皮下注射，または骨露出時に周辺組織を含めて滴下し，局所麻酔による疼痛緩和を試みる。骨整復などは強い疼痛を伴う手術であるため，NSAIDsや局所麻酔薬などウサギに実施可能な疼痛ケアはすべて実施する。状態が安定していれば，骨整復前にケタミンを5mg/kg，静脈内投与する。

器具および器材

心電図モニターや手術器具，整形外科器具は，著者は犬猫用を用いている。整形外科器具として，ピンチャック，ピンカッター，骨膜起子，骨把持鉗子（ウサギに対してはセルフセンタリング鉗子が安全に使用できる），ワイヤー誘導子，ワイヤープライヤー（古い把針器でも代用可能）があれば，十分に対応できる。

ピンは両尖のキルシュナー鋼線を用いる。ネジ山のないトロカール型が使用しやすく，ノミ型のピンは皮骨に亀裂を生じる。ピンの太さは骨髄腔が最も狭い部分を基準として，その70％の太さのものを選択する。手術前に撮影したX線写真を用い，正常肢を基準として骨髄腔の径を測定しておく。X線フィルムと症例の距離により誤差が生じることもあるため，念のためにその他の太さのピンも準備しておく。また，骨の状態によっては70％の太さのピン1本ではなく，30％のピン2本を使用する場合もある。全周ワイヤーが必要になることもあるため，22〜24Gの外科用ワイヤーも用意しておく。

ドレーピングには4枚のサージカルタオル，有窓布，ストッキネットを用いる。すべて滅菌し，ストッキネットは半分を内側に折り込んで二重にし，端をステープラーやテープでふさいで靴下状にしておく。折り返し部分から封じた端に向かって巻き上げた状態で滅菌する（**写真17-4**）。切開用ドレープにアイオバン（スリーエムヘルスケア販売）を用いると，ドレーピングに要する時間を短縮できる。

筋膜や皮内の縫合は，著者は針付吸収性モノフィラメント縫合糸を用いている。モノディオックス（アルフレッサファーマ）は針の形状や太さのレパートリーが豊富で，ウサギでは1/2円形逆角針付4-0が利用しやすい。皮膚はステープラーで縫合している。

術式

本章では，大腿骨骨折におけるピンニングを取り上げる。上腕骨骨折のピンニングもアプローチ法以外は基本的には同じである。アプローチは犬や猫と同じように行う。筋肉が薄く，四肢に付着する脂肪が少ないウサギでは，筋肉の走行が明瞭に視認でき，容易にアプローチできる。

術前準備

術前にエンロフロキサシン（10mg/kg, SC），メトクロプラミド（0.5mg/kg, SC）を投与する。術中は，乳酸加リンゲル液を静脈内点滴する。血液検査の結果によって，カリウム補正を実施する。

剃毛は大腿部だけでなく，背側正中付近から遠位は飛節まで実施する。特に切開線となる大腿部外側は丁寧に剃毛する。

患肢を上にした横臥位で保定する。X線検査装置が移動可能であれば，症例の下にX線フィルムを設置しておき，手術中にX線写真を撮影できるようにセッティングしておく。著者は厚さ8mmの透明アクリル板に，

第17章 整形外科疾患 －ピンニング

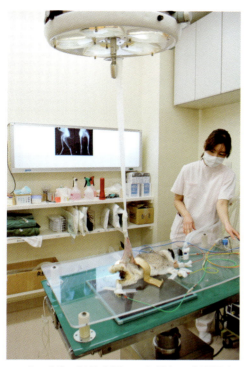

写真17-5 ゴム手袋で肢端を覆い，無影灯に牽引固定している。手術台の上にアクリル板で作成したテーブルを置いている。これで症例を動かさずにX線写真が撮影ができる

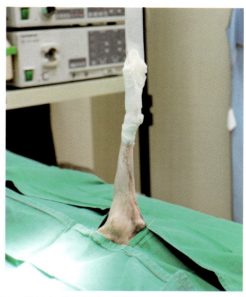

写真17-6 吊り上げた患肢の周囲に4枚のサージカルタオルを配置する

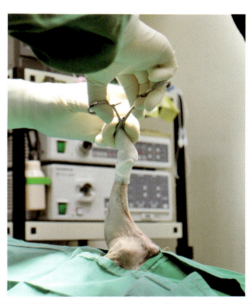

写真17-7 肢端の非滅菌部分をペアン鉗子で支持し，滅菌したストッキネットで覆っている

家具用脚を取り付けたテーブルを作成し，使用している。手術台の上にX線フィルムを置き，その上にアクリルテーブルを置き，このテーブルの上で手術をする。この方法は，手術中に症例を動かす必要がなく，何回でもX線写真を撮影することができるため，著者はウサギに限らずほとんどの整形外科手術で実施している。もちろん，Cアームがあればこのようなことはしなくてよい。

剃毛していない飛節部より遠位はゴム手袋で覆い，粘着テープで固定し，これを点滴用スタンドや無影灯に固定して患肢を吊り上げる（**写真17-5**）。この状態でクロルヘキシジン加シャンプーによるスクラブを3回繰り返した後，5％クロルヘキシジン溶液とアルコール溶液を交互に3回スプレーして術野を消毒する。

術者が術衣を装着した後，吊り上げた患肢の周囲に4枚のサージカルタオルを配置する。サージカルタオルはタオル鉗子または縫合で皮膚に固定する（**写真17-6**）。肢端を覆ったゴム手袋は非滅菌部分であるために直接手で持たず，鉗子で支持し，手術まわりのスタッフに吊り上げているテープを切断してもらう（**写真17-7**）。この非滅菌部分をストッキネットで覆い，皮膚に縫合固定する。さらに，有窓布で症例と手術台を覆う。この時，有窓布の孔を通して患肢のみを有窓布の上に出す（**写真17-8**）。最後に，アイオバンで露出している部分を覆い，手術準備を終える（**写真17-9**）。本来，ストッキネットはサージカルタオルに固定して，皮膚切開予定線上を切開し，皮膚切開後これを縫合固定して完全なるドレーピングとすべきである。しかし，この作業により，さらに時間を要してしまうため，ウサギにおいてはアイオバンによるドレーピングで代行している。

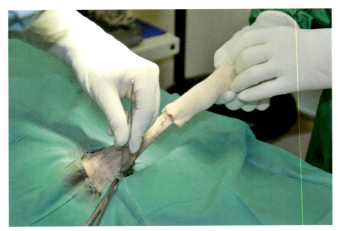

写真 17-8　有窓布の孔を通して患肢のみ上に出す

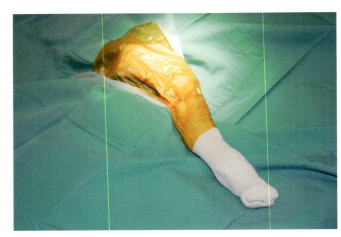

写真 17-9　アイオバンで露出している部分を覆う

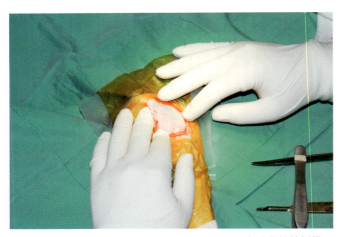

写真 17-10　大転子から膝蓋骨のレベルまで，大腿骨前外側縁に沿って皮膚切開する

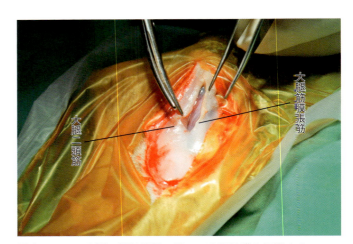

写真 17-11　大腿二頭筋前縁に沿って大腿筋膜を切開する

手術手順

　大転子から膝蓋骨のレベルまで，大腿骨前外側縁に沿って皮膚を切開する（**写真 17-10**）。大腿二頭筋前縁に沿って大腿筋膜を切開する（**写真 17-11**）。大腿二頭筋を尾側に牽引すると直ちに大腿骨が露出する（**写真 17-12**）。この段階でブピバカイン注射薬 1mL を術野に散布する（**写真 17-13**）。外側骨幹部上の筋膜にメスで切開を入れ，外側広筋を牽引すると大腿骨の操作が容易となる。この時，骨幹部尾側の内転筋は，骨膜への血液供給路として非常に重要であり，できる限り骨膜から剥離しないようにする。近位と遠位の両骨片を露出させ，骨鉗子でこれを支持する。この時，強く支持すると折れてしまうため，注意する。

　ウサギにおいて，ポイント骨把持鉗子は骨を砕いてしまうリスクが高いため，骨との接触面が多いセルフセンタリング鉗子などを用いる。萎縮した筋肉を伸ばすよう

に，ゆっくりと牽引して整復可能な位置まで両骨片を移動させる。この時，強い疼痛をウサギに与えることになるため，覚醒するおそれがあるが，先に散布したブピバカイン注射薬による局所麻酔がこれを緩和してくれる。ブピバカイン注射薬の効果は約 3 ～ 4 時間期待できる。

　ウサギのピンニングでは，逆行性に挿入すると失敗する可能性が低い。骨鉗子で近位側の骨片を支持し，ピンを骨折端から骨髄腔へ挿入して，転子窩に向かってこれを慎重に進めていく（**写真 17-14, 図 17-1A, B**）。この時，坐骨神経を避けるため，股関節を伸張させ，足を内転させて実施する。ピンは皮質骨を貫通して，皮膚の外にまで出す（**写真 17-15**）。いったんピンチャックをピンからはずし，皮膚から露出したピン近位側に装着する（**写真 17-16**）。これをゆっくり引き抜き（**図 17-1C**），ピン遠位端が骨折端の中に隠れるまで引き入れる（**写真 17-17**）。ここで骨鉗子を用いて両骨折片を整復，密着さ

第17章 整形外科疾患 −ピンニング

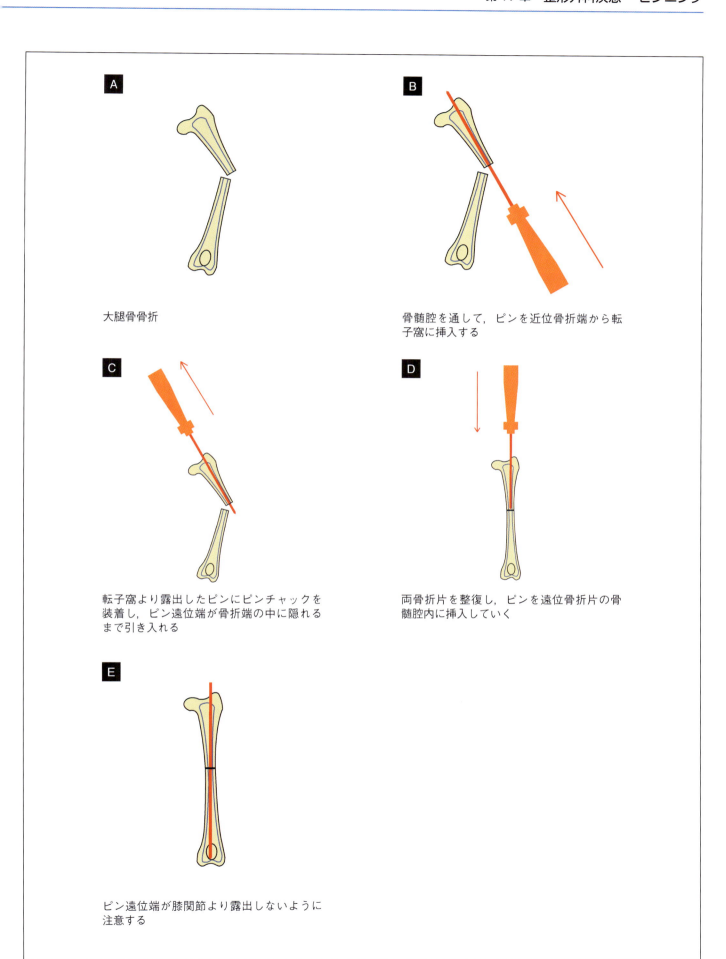

図17-1 ピンニングの手順

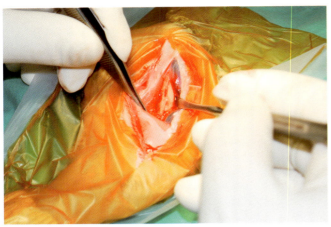

写真 17-12　大腿二頭筋を尾側に牽引し大腿骨を露出する

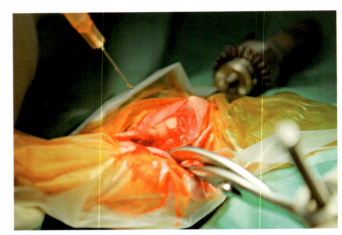

写真 17-13　局所麻酔として，ブピバカイン注射薬 1mL を術野に散布する

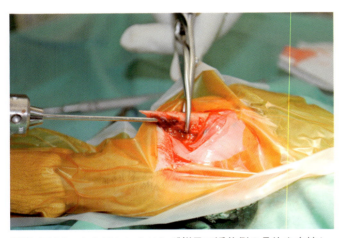

写真 17-14　セルフセンタリング鉗子で近位側の骨片を支持し，骨折端から骨髄腔にピンを挿入する

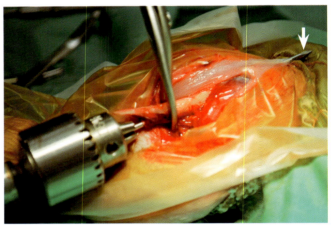

写真 17-15　転子窩に向かって挿入したピンは皮質骨を貫通させ，皮膚の外まで出す（矢印）

せ，いったん引き入れたピンを遠位骨折片の骨髄腔に挿入していく（**写真 17-18，図 17-1D，E**）。ピンはウサギの骨を簡単に貫通してしまうため，膝関節内にピンが突き出ないように注意する。その際は，手の感覚だけに頼らず，ピンの長さ，大腿骨の長さ，近位端より露出している残ったピンの長さを測定し，挿入長を決める。大腿骨の長さは術前に正常肢のX線写真で測定しておき目安とするが，X線写真の像は実際より拡大されて映し出されるため，誤差があることを認識しておく。同じ長さのピンを挿入したピンと並べ，大腿骨の触診とあわせて挿入長を決める。

ワイヤーによる固定

ピンニングは骨折部位における屈曲力に対する能力はあるが，回転力や剪断力に対する能力はなく，骨片並置能力もない。したがって，これらを補うためにワイヤー固定を併用することがある。特に複数の骨片が存在する場合はほぼ必須となる。骨片が多数存在している場合，必ずしもすべての骨片をワイヤーで固定する必要はない。ピンニングで近位骨折片と遠位骨折片を整復し，大きな骨片を全周ワイヤーで整復すれば，骨軸周囲の軟部組織の緊張によって小さな骨片はある程度再整復する。むしろすべての骨片を整復するために，軟部組織を過剰に傷つけ，骨への血流を損ねるほうが危険性は高い。

ワイヤー誘導子を用いて，骨周辺の軟部組織剥離は最少限として，ワイヤーを骨周囲に設置する（**写真 17-19**）。この時，骨に直接ワイヤーを密着させ，その間に軟部組織が入り込まないように注意する。プライヤーや使い古した把針器で骨周囲にかけたワイヤーの両端をロックし，骨に対して引っ張りながら確実に締結する（**写真 17-20**）。この時，犬や猫と同じ感覚で締めつけるとワイヤーで骨を砕いてしまうことがあるため，骨の軋

第 17 章　整形外科疾患 －ピンニング

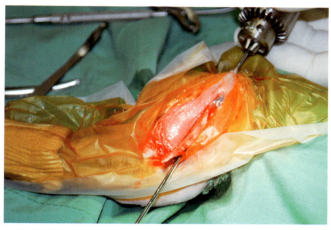

写真 17-16　皮膚から露出したピンの近位側にピンチャックを装着する

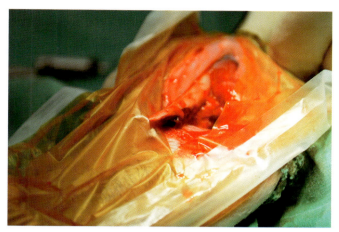

写真 17-17　ピン遠位端が骨折端の中に隠れるまで引き入れる

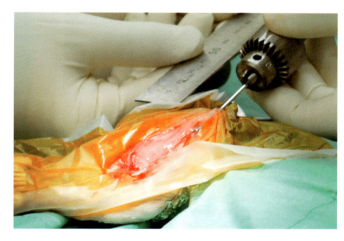

写真 17-18　両方の骨折片を整復し，いったん引き入れたピンを遠位骨折片の骨髄腔内に挿入する

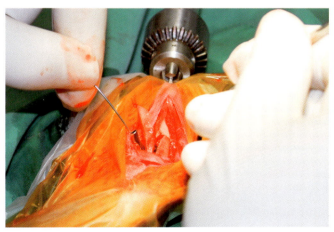

写真 17-19　ワイヤー誘導子を用いて，全周ワイヤーを骨周囲に設置する

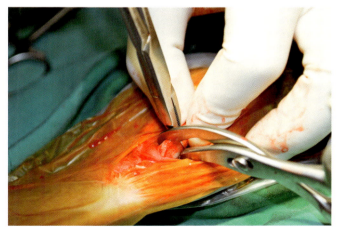

写真 17-20　把針器で骨周囲にかけたワイヤーの両端をロックし，骨に対して引っ張りながら締結する

165

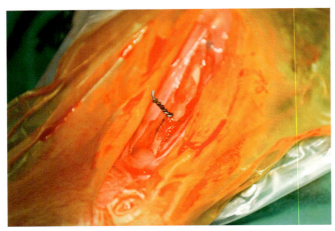

写真 17-21　5〜6個の結び目を残して切断する。この後，最後のひねりを加えながら骨側に結び目を倒す

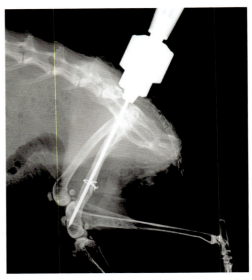

写真 17-22　創閉鎖前にX線写真を撮影し，ピンの位置や骨片の整復状況を確認する

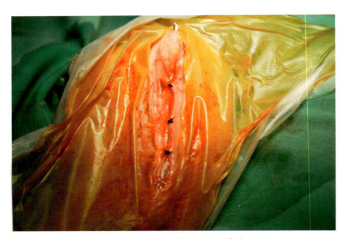

写真 17-23　大腿筋膜を大腿二頭筋前縁に縫合する

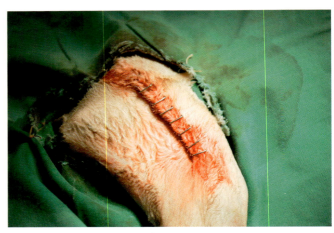

写真 17-24　外科用ステープラーで縫合する

みに注意しながら実施する。最後の一ひねりを残した段階で5〜6個の結び目を残して切断し（**写真 17-21**），最後のひねりを加える時に結び目を骨方向に倒す。

　創閉鎖前にX線写真を撮影し，ピンの位置や骨片の整復状況を確認し，必要に応じて微調整する（**写真 17-22**）。

　角針付4-0モノディオックスで大腿筋膜を大腿二頭筋前縁に縫合する（**写真 17-23**）。皮膚は埋没皮内縫合を行い，外科用ステープラーで皮膚縫合する（外科用接着剤でもよい）（**写真 17-24**）。最後に，再度X線写真を撮影し，問題点がないかを確認して手術を終える（**写真 17-25**）。

　術後，アチパメゾール（0.5〜1.25mg/kg，IV）によ り覚醒を促す。酸素濃度30〜35％のICUでの覚醒が行えれば，低酸素症に至るリスクを下げることができる。

術後管理

　エンロフロキサシン（5mg/kg，PO，BID），メトクロプラミド（0.5mg/kg，PO，BID），メロキシカム（0.2mg/kg/日，PO），シプロヘプタジン塩酸塩シロップ0.04%（1mL/頭，PO，BID）を混和したものを術後10日間投与し，その後，抜糸する。

　ケージ内にはケージレストを徹底するため，昇り降りできる遊具や小屋は設置しない。完全にケージレストを実施しても，ウサギはケージ内で運動する。頻繁にケージ内の清掃を実施し，清潔な状態を維持する。

第17章 整形外科疾患 －ピンニング

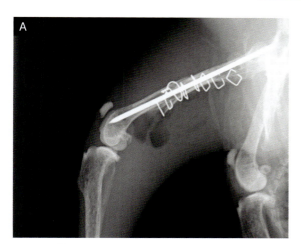
ラテラル像

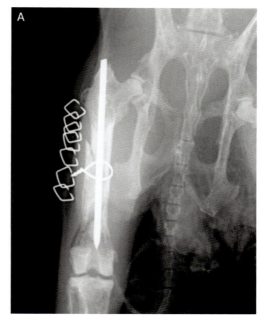
VD像

写真17-25 術後に最終確認したX線写真

　3週間ごとにX線検査を行い，骨癒合の経過，インプラントの破損や移動の有無を確認する。骨癒合完了後，ピンの除去手術を実施する。1歳以下のウサギでは1.5〜2カ月，1歳以上のウサギでは2〜3カ月が目安であるが，ピンによる安定性，ウサギの活動性，基礎疾患，軟部組織の損傷具合などによってはさらに時間を要することもある。

まとめ

　骨折においては，本来はより安定した固定，より元の形状に近い整復が求められる。しかし，ウサギでは完璧な整復を目指すよりも生活に支障ない治癒を最低限のリスクで実現することを目指すべきであると著者は考える。観血的整復として最も安定性のよいプレート固定は骨皮質の薄いウサギにおいては必ずしも最良の選択とはならない。ただし，ウサギの骨折治療が一般化していけば，腕に覚えのある先生方によってウサギでも安全・確実に実施できるプレート固定法が確立されるかもしれない。

　完璧なる整復を100点とすると，あらゆる骨折を外固定とピンニングで治療しようという行為は70点である。今後より安全に，短時間で，安定性のよい手術を目指していく必要がある。

第18章
整形外科疾患
―大腿骨頭切除術

はじめに

　全身性疾患や神経性疾患に由来する跛行を呈するウサギが来院した場合，検査によってその原因を明確にし，それに対応する内科療法で治療する。しかし，筋骨格系疾患に由来する跛行を呈するウサギのほとんどは内科療法ではなく，外固定あるいは外科手術で治療する必要がある。

　また，野生のウサギでは俊敏に動けなくなると直ちに捕食されてしまうため，よほどの疾患でなければ跛行を示すことはない。飼いウサギにおいても，指骨を骨折しても飼い主が気づかないほど軽度の跛行しか示さない場合があり，そのため，跛行を主訴として来院した場合は内科療法のみで対応できることは少ない。

　筋骨格系疾患由来の跛行を呈するウサギに対する処置は，著者の病院では外固定，ピンニング，大腿骨頭切除術，吊り包帯，断脚術の順に多く，この5つの処置を組み合わせることにより筋骨格系疾患由来の跛行の95％に対処している。ちなみに，残りの5％の跛行には膝蓋骨・肩関節脱臼の整復，創外固定などで対応している。

大腿骨頭切除術

適応症例

　ウサギの場合，大腿骨頭切除術は股関節脱臼や骨頭骨折，骨頸骨折，寛骨臼骨折などで適応となる。
　寛骨臼骨折は骨盤骨折のプレート固定などで対応するのが理想ではあるが，整復時に寛骨臼がわずかでもずれていれば，将来股関節炎が発生する。ウサギの骨盤骨折は狭窄により排便障害が起こることはほとんどなく（少なくとも著者は経験したことがなく），仙腸関節の離断などが起きない限り，手術を行わなくても骨折後1〜2カ月で歩行可能となる。ただし，寛骨臼内に骨折がある場合，いったん歩行可能になるが数年後に股関節炎が発生し，患肢の跛行や対側肢の関節炎，脊椎変形に至ることが多い。したがって，寛骨臼骨折がある場合，著者はウサギの状態が安定したことを確認してから大腿骨頭切除術のみ実施している。

　また，仙腸関節離断は経腸骨ボルトの装着により短時間で整復できるため，飼い主には手術するように勧めている。ただし，著者は，骨折ウサギについて全身状態の問題により手術できなかったものの，3カ月後に歩行可能となり，排便異常もみられなかったという症例を経験している。

術前検査

　股関節脱臼や骨盤骨折が起きるほど下腹部にダメージがあった場合，膀胱破裂や横隔膜ヘルニア，肺挫傷，腹腔内出血，脊椎損傷などの生命にかかわる疾患を併発している可能性も考えられる。

　まず全身状態の視診，触診，聴診を行い，救急処置が必要な状態か否か確認する。特に可視粘膜の蒼白，毛細血管再充満時間（CRT）の延長，努力性呼吸，虚脱などがあるかどうか注意する。これに異常がなければ胸部と腹部のX線検査を実施し，股関節以外の異常所見の有無を確認する。また，可能であれば血液検査なども行う。採血量が少ない場合でもPCVとBUN，GLU，ALT，

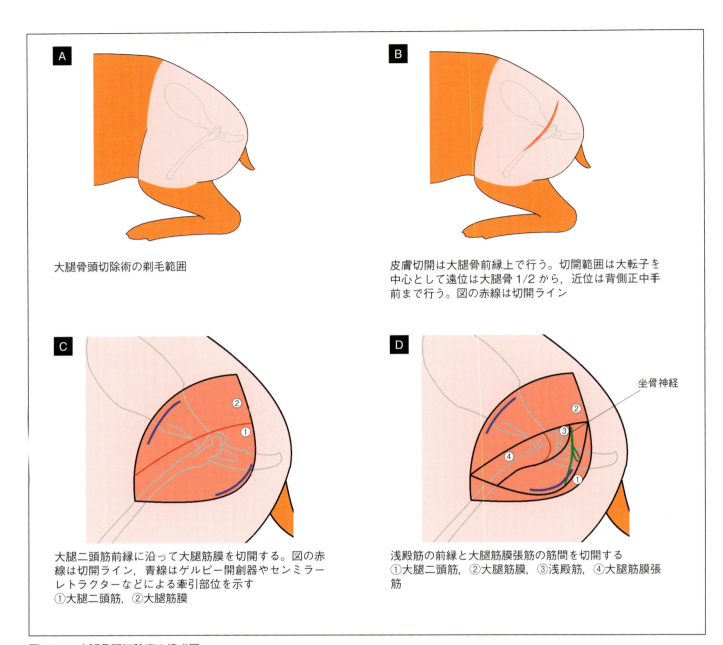

図 18-1　大腿骨頭切除術の模式図

BIL，TP，電解質はチェックする。

　手術のタイミングが遅すぎた場合，筋萎縮が起こり，術後の患肢機能回復を妨げる。ただし，受傷後 1 週間以内であれば，十分間にあう。むしろ 3 日間ほどケージレストを実施し，食欲や全身状態に問題がないかを確認してから行ったほうが安全である。

　また，ウサギは骨盤骨折や股関節脱臼では食欲不振にならないことが多い。食欲が多少低下したとしても，メロキシカム（0.2mg/kg，SC）などの NSAIDs の投与で直ちに食欲を取り戻す。食欲不振を 24 時間以上無処置で放置した場合を除き，NSAIDs を投与しても食欲の改善が認められない場合，他に何らかの疾患があると考える。この場合，原因の追究とあわせ，輸液，流動食の強制給餌，塩酸メトクロプラミド（0.5mg/kg，PO，BID）の投与など，食欲不振に対する処置を実施し，全身状態の安定化を図る。

麻酔

　著者が現在実施している麻酔法を以下に示す。ただし，それぞれの獣医師が最も慣れた方法で実施するのがよい。

　メロキシカム（0.2mg/kg，SC），メデトミジン（0.25mg/kg，SC）前投与後，ケタミン（5mg/kg，IM）を投与し，導入麻酔とする。4〜5Fr 栄養カテーテルを鼻孔から気

第18章　整形外科疾患 －大腿骨頭切除術

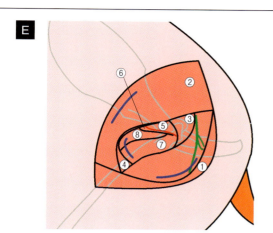
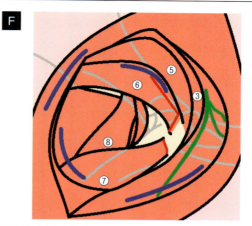
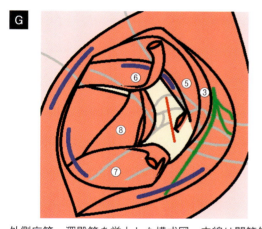
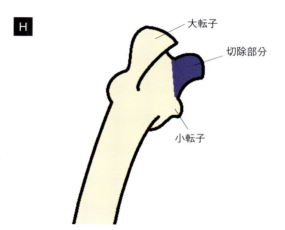

E　中殿筋と深殿筋の筋間を骨膜起子などで鈍性分離する
①大腿二頭筋，②大腿筋膜，③浅殿筋，④大腿筋膜張筋，⑤中殿筋，⑥深殿筋，⑦外側広筋，⑧大腿直筋

F　中殿筋と浅殿筋をまとめてセンミラーレトラクターなどで背側に牽引し，大腿骨を90度外転した模式図。さらに外側広筋起始部を大腿骨頸から挙上剥離し，深殿筋の起始部を腱は大転子に残して切断する
③浅殿筋，⑤中殿筋，⑥深殿筋，⑦外側広筋，⑧大腿直筋

G　外側広筋，深殿筋を挙上した模式図。赤線は関節包の切開ラインを示す
③浅殿筋，⑤中殿筋，⑥深殿筋，⑦外側広筋，⑧大腿直筋

H　大転子内側から小転子近位までを切除する

図18-1　大腿骨頭切除術の模式図（つづき）

管内に挿管し，酸素流量1L/分，イソフルラン2.0～3.0%を吸引させ，維持麻酔とする。急激な覚醒徴候を認めた場合は随時追加ケタミン（5mg/kg，IV）投与を行い，維持する。0.5％ブピバカイン注射薬1mLを関節包切開後の術野に滴下し，局所麻酔による骨操作時の疼痛緩和を図る。

器具および器材

著者は，心電図モニター，手術器具，整形外科器具，有窓布は犬猫用のものを用いている。整形外科器具として，骨膜起子，センミラーレトラクター，ホーマン型レトラクター，骨ノミ，骨槌，骨ヤスリが必要となる。また，サジタルソーやレシプロソーなどの振動鋸，靭帯切断用起子，ゲルピー開創器（100mm長の小型が使用しやすい）があると，より容易に実施できる。

著者は，筋膜や皮内の縫合は丸針付き4-0針付吸収性モノフィラメント縫合糸を用いて行っている。モノディオックス（アルフレッサファーマ）は丸針でも皮内縫合が容易に実施できるため，1本で筋膜から皮内まですべての縫合を完結できる。皮膚の縫合はステープラーまたは外科接着剤を用いている。

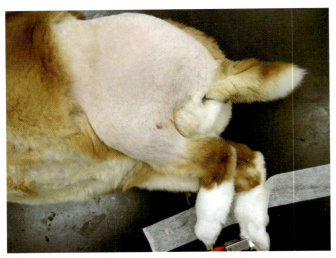

写真18-1　大腿骨頭切除術の剃毛範囲

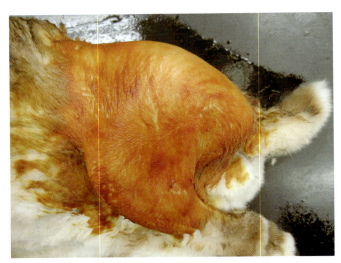

写真18-2　ポビドンヨードによる術野の消毒

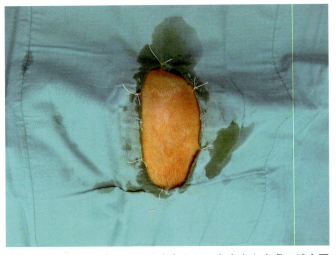

写真18-3　切開想定ラインを中心とし，有窓布を皮膚に縫合固定する

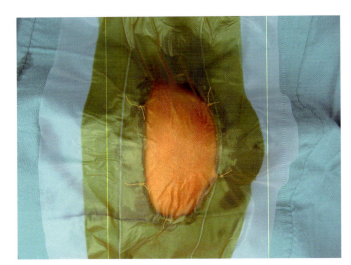

写真18-4　アイオバンで術野を覆う

手術手順

消毒および剃毛

著者は術前にエンロフロキサシン（10mg/kg, SC）と塩酸メトクロプラミド（0.5mg/kg, SC）を投与し，術中の静脈内点滴には乳酸加リンゲル液を用いている。血液検査の結果次第で，カリウム補正を実施する。

患肢を上にした横臥位で実施する。

剃毛は背側の正中から遠位は膝関節付近まで，頭尾側は大腿部外側全域で行う（図18-1Aおよび写真18-1）。次に，クロルヘキシジン加シャンプー（またはポビドンヨード加シャンプー）によるスクラブを3回繰り返した後，5％クロルヘキシジン液（またはポビドンヨード液）とアルコール溶液を交互に3回ずつスプレーし，術野を消毒する（写真18-2）。切開創を中心として有窓布をか

け，縫合糸やステープラーで皮膚を固定する（写真18-3）。最後にアイオバン（スリーエムヘルスケア販売）で露出している部分を覆うと，より清潔な術野を確保できる（写真18-4）。

皮膚切開と筋膜露出

皮膚切開を大腿骨前縁上で行う。切開範囲は大転子を中心として，遠位は大腿骨1/2から，近位は背側正中手前までとする（図18-1Bおよび写真18-5）。メッツェンバウム剪刀などを用いて，皮下組織を分離し，筋膜を露出する。大腿二頭筋前縁に沿って大腿筋膜を切開し（図18-1Cおよび写真18-6），センミラーレトラクターで尾側に牽引する（小型ゲルピー開創器を用いるとより容易にできる）。この時，露出される浅殿筋の尾側には坐骨

写真 18-5　皮膚を切開する

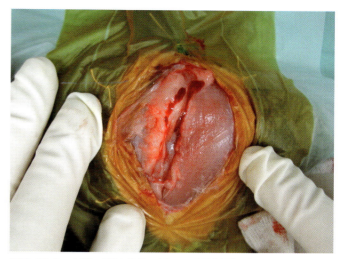
写真 18-6　大腿二頭筋前縁に沿って大腿筋膜を切開する

神経が走行しているため，傷つけないように注意する．浅殿筋の前縁と大腿筋膜張筋の筋間を切開し（図18-1D），浅殿筋を背側に，大腿筋膜張筋を頭側に牽引する．これにより露出する中殿筋，さらに深部にある深殿筋の筋間を骨膜起子などで鈍性分離する（図18-1E）．中殿筋と浅殿筋をまとめてセンミラーレトラクターで背側に牽引すると，より広い視野が得られる．大腿骨を90度外転して膝を立て，外側広筋起始部を大腿骨頭から挙上剥離し，遠位に反転牽引する．このまま関節包を切開してもよいが，慣れるまでは深殿筋の起始部を切断し，より広い視野を確保するのも一つの手段である．この際，深殿筋を縫合できるよう，腱を大転子に十分残しておく必要がある（図18-1F）．

関節包の切開

まず触診で骨頭部の位置を確認する．メス刃を新しい刃に替え，大腿骨頭の長軸に沿って関節包を切開する（図18-1G）．この時，骨頭の露出が困難であれば，T字切開を行ってもよい．また，この段階でブピバカイン注射薬1mLを術野に散布すると以降の作業における疼痛管理がより容易となる．

大腿骨頭靱帯に損傷がない場合，靱帯切断用起子（なければ曲剪刀）で離断する．2本のホーマン型レトラクターを関節包内の骨頭腹側と背側に挿入し，てこの原理で骨頭と骨頸を関節包切開部から露出させる（写真18-7）．

大腿骨頭と骨頸の切断ラインは大転子内側から小転子近位までとする（図18-1H）．サジタルソーなど振動鋸を用いると想定ライン通りに容易に切除できるが，その際は切断面に熱損傷を与えないように滅菌生理食塩水を散布し，冷却しながら行う．また，慣れるまでは最後まで振動鋸で切断せず1割程度残し，最後の切断を骨ノミで行えば，坐骨神経を含めた周辺組織への損傷を防ぐことができる（写真18-8）．

関節包の縫合

将来疼痛のない線維性関節接合を形成するため，骨頭と骨頸を確実に切除し，骨ヤスリなどで切断面を滑らかにする．可能であれば，この段階でX線検査（VD像）を実施し，切断面の確認を行う．

滅菌生理食塩水により切除部分を洗浄し，吸収糸で関節包を縫合する．ただし，股関節脱臼などの場合，関節包がすでに破れ，あるいは縫合可能な組織が残っていない場合もある．この場合は関節包縫合を断念する．関節包へのアプローチ時に深殿筋腱を切断した場合，吸収糸により元の位置に（大転子に残した深殿筋腱に）単純結節マットレス縫合を行う．次いで外側広筋起始部を深殿筋前縁と縫合し，浅殿筋前縁と切開した大腿筋膜張筋を縫合する．最後に大腿筋膜を大腿二頭筋前縁に縫合する（写真18-9）．皮膚は皮内縫合を行い，外科用ステープラーにて皮膚縫合を行う（写真18-10）．覚醒前にX線検査を実施し（VD像およびラテラル像），問題点がないかを再度確認して手術を終える．

術後アチパメゾール（0.5〜1.25mg/kg，IV）により，覚醒を促す．酸素濃度30〜35％のICUでの覚醒が行えれば，低酸素症に至るリスクを下げることができる．

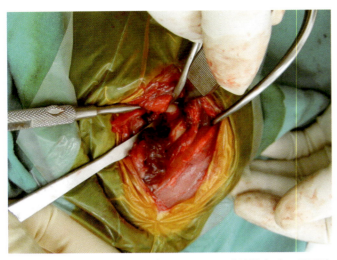

写真18-7 2本のホーマン型レトラクターを関節包内の骨頸腹側と背側にそれぞれ挿入し、てこの原理で骨頭および骨頸を関節包切開部より露出させる

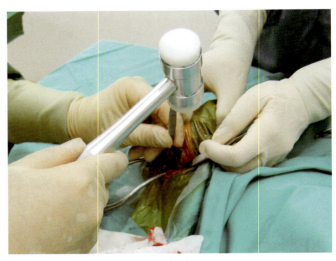

写真18-8 骨ノミで大腿骨頭を切除する

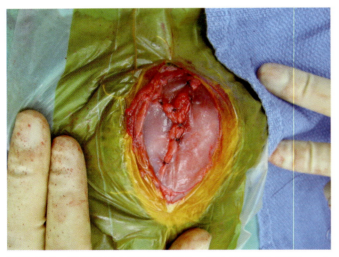

写真18-9 吸収糸による筋膜の縫合。筋肉は支持力に乏しいため、糸は筋膜にかける

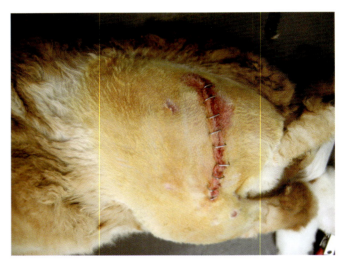

写真18-10 ステープラーによる皮膚縫合

術後管理

エンロフロキサシン（5mg/kg, PO, BID）、メトクロプラミド（0.5mg/kg, PO, BID）、メロキシカム（0.2～0.5mg/kg/日, PO）、シプロヘプタジン塩酸塩シロップ0.04%（1mL/頭, PO, BID）を混和したものを術後10日間投与し、その後に抜糸を行う。

術後7日間はケージ内には昇り降りできる遊具や小屋は設置せず、ケージレストを徹底する。完全にケージレストを実施しても、ウサギはケージ内で運動する。頻繁にケージ内の清掃を実施し、衛生状態を維持する。

まとめ

大腿骨頭切除術の実施頻度は外固定やピンニングほどではないが、ウサギの整形外科疾患を対応できると公言する以上は必要な技術である。

犬や猫の術式と大きく異なるわけではないため、経過観察とせず、ぜひ対応していただきたい。

第19章
整形外科疾患
—吊り包帯

はじめに

　吊り包帯はその手技のみで骨折や脱臼を治癒するものではない。脱臼整復後の再脱臼防止，あるいは安定性に欠ける骨折整復時の補助が目的である。しかし，吊り包帯が安全・正確に実施できるかどうかでその整形外科疾患の治癒成功率は大きく異なる。

　本章では，ウサギの吊り包帯として覚えておくべき前肢と後肢の吊り包帯を中心に記載した。

適応症例

　吊り包帯の最も大きな目的は，患肢に体重がかかることを防ぐことにある。一般的には，主に股関節脱臼や肩関節脱臼，肘関節脱臼などの整復後の再発防止として実施される（**写真 19-1**）。著者はこれに加え，整形外科手術のみでは十分な安定性の得られないウサギの骨折手術においても，補助療法として術後に実施している。具体的には，大腿骨や上腕骨の遠位端骨折整復時に行うことが多い（**写真 19-2**）。橈骨骨折や脛骨骨折は，術後安定性に不安があればギプス包帯や副子による補助のほうが有効である。しかし，ギプス包帯も副子も肩関節や股関節の不動化効果はないため，上腕骨骨折や大腿骨骨折には使用すべきではない。強引に実施すれば，骨折遠位に「重り」をつけることとなり，逆に安定性を妨げることになる。これに対し，吊り包帯は肩関節や股関節の不動化がある程度期待できるため，患肢の荷重や活発な運動を防ぐことにより，上腕骨骨折および大腿骨骨折に対する内固定の補助として使用することができる。ただ

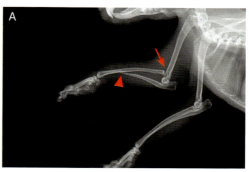
肘関節脱臼（橈骨頭脱臼，➡）と尺骨骨折（▶）併発例

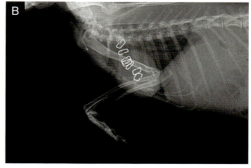
橈骨頭は観血的に整復し，尺骨は無処置で吊り包帯を施した

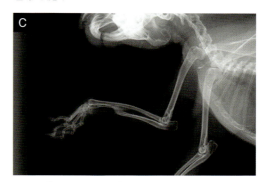
2カ月後。テーピングは3週間行った

写真 19-1　吊り包帯適応症例

175

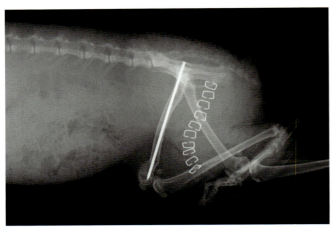

写真19-2　大腿骨遠位骨折。ピンニングだけでは安定性にかけたため，後肢に吊り包帯を併用して治療した

写真19-3　左：吊り包帯に使用する2.5cm幅の粘着性弾力包帯エラテックス3号。右：吊り包帯の除去に用いる剥離剤ディゾルビット

し，ギプス包帯や副子ほどの関節の不動化は得られないため，この処置のみをもって上腕骨骨折や大腿骨骨折の治療とすべきではない。

前肢吊り包帯

　前肢吊り包帯を実施する際，著者は2.5cm幅の粘着性弾力包帯エラテックス3号（アルケア）を使用している（**写真19-3**）。処置は，患肢を上にした横臥位で実施する（**図19-1A**）。包帯を巻く際は，肘関節と手根関節を屈曲させ，粘着性弾力包帯を中手部に内から外に向けて2～3周巻く（**図19-1B**）。さらに，胸部背側を越えて対側肢の尾側を通り（**図19-1C**），屈曲した患肢を完全に覆うように胴体のまわりを巻いていく（対側肢の頭側や尾側を交互に通せばよりしっかりとした固定となる）（**図19-1D, E**）。また，この際，強いテンションをかけて粘着性弾力包帯を巻くと呼吸の妨げとなるため，胸部を圧迫しないように注意する。吊り包帯の設置期間は長くても3週間が限度であり，それ以上設置しておくと，たとえ抗菌薬を投与していても挫傷などの皮膚トラブルが発生する。テープの除去は，剥離剤のディゾルビット（ドーイチ）を用いると容易に行え，麻酔を必要としない。

後肢吊り包帯

　犬や猫の場合，中足部と胸部を固定するロビンソン吊り包帯や，中足部と大腿部を固定するエーマー吊り包帯が一般的である。しかし，ウサギにおいてロビンソン吊り包帯は患肢の十分な挙上が得られず，エーマー吊り包帯はウサギの大腿部前面に十分なテープの設置面を確保できないため，うまく実施できない。

　そこで著者はウサギの後肢吊り包帯として，中足部と腰部を粘着性弾力包帯で固定する手法を実施している。具体的には患肢を上にした横臥位にし（**図19-2A，写真19-4**），それから趾端が観察できるように中足部に粘着性弾力包帯を2～3周巻きつける（**図19-2B，写真19-5**）。この弾力包帯を，足根関節，膝関節を深く屈曲させた状態で大腿部外側，腰背部を越え，対側肢の頭側を通って中足部にまで戻す（**図19-2C，写真19-6**）。これをさらに3～4周行い，起立時に完全に患肢が挙上するように固定している（**図19-2D，写真19-7**）。この吊り包帯も前肢吊り包帯と同様に，体幹を締めつけすぎないように注意する必要があり，また設置期間は最長3週間とする。

まとめ

　前述のように，他章で取り上げたギプス包帯，外固定，ピンニング，断脚術，大腿骨頭切除術と本章で取り上げた吊り包帯を組み合わせれば，筋骨格系疾患由来の跛行の95％に対処できる。これは，ウサギの筋骨格系疾患由来の跛行のほとんどがウサギ用の特殊な器具や器材を購入しなくとも，そして著者のように不器用な獣医師でも一般の動物病院で治療可能であるということであり，とても有意義なことである。しかし，「対処」では

第 19 章　整形外科疾患 －吊り包帯

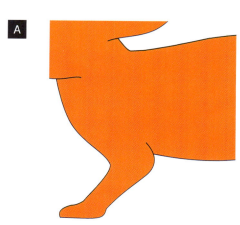

患肢を上にした横臥位で実施する

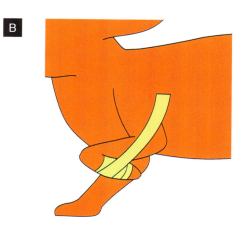

肘関節と手根関節を屈曲した状態で，粘着性弾力包帯を中手部に内から外に向けて 2 ～ 3 周巻く

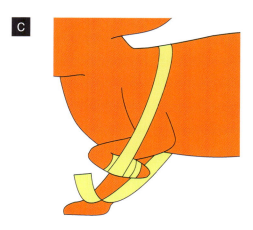

胸部背側を越えて対側肢の尾側を通す

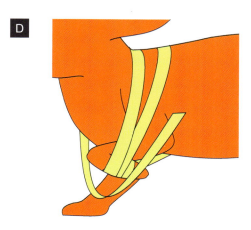

屈曲した患肢を完全に覆うように胴体を巻く

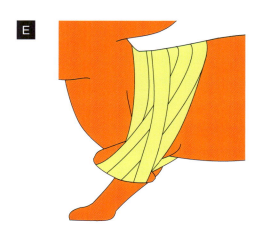

前肢吊り包帯の完成形

図 19-1　前肢吊り包帯の模式図

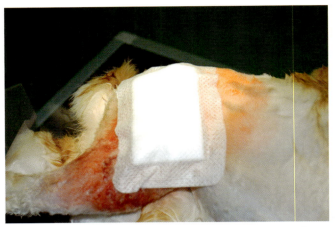

写真 19-4　大腿骨骨折整復後の後肢吊り包帯実施症例（写真19-2と同症例）

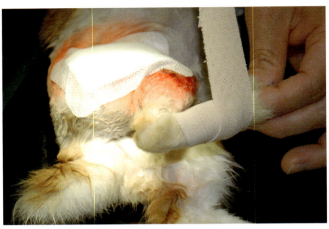

写真 19-5　後肢吊り包帯。中足部に粘着性弾力包帯を 2 ～ 3 周巻きつける

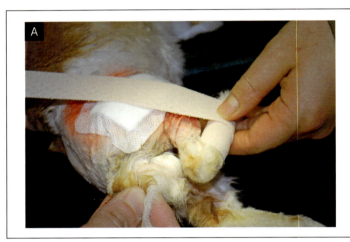

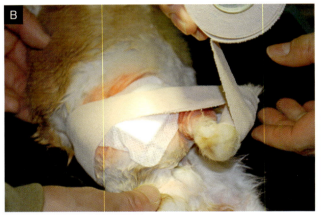

写真 19-6　後肢吊り包帯。足根関節と膝関節を深く屈曲させた状態で大腿部外側と腰背部を越え（A），対側肢の頭側を通って中足部まで戻す（B）

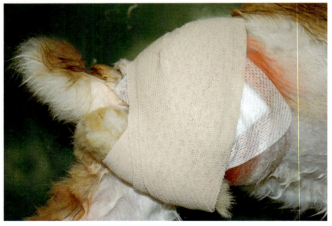

写真 19-7　後肢吊り包帯の完成形

なく，より理想的な「治療法」ということを考えると，他にも多くの方法が存在すると思われる。また，95％ということは，筋骨格系疾患由来の跛行の 5％はこれらの技術だけでは対処できないということである。オシレーション機能を備えたパワードリルがあれば，よりスムーズな創外固定が実施可能であり，治療の幅はさらに広がる。超小型犬用のプレーティング器材や技術をウサギに使用すれば，より元の形状に近い整復が可能となる。骨

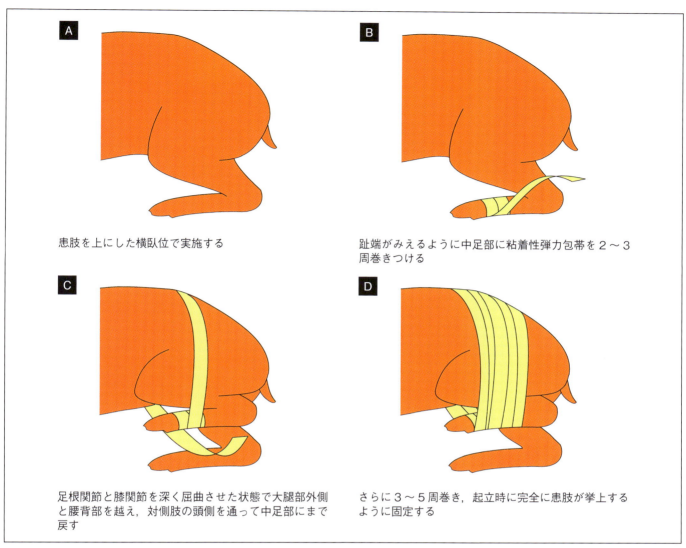

図19-2 後肢吊り包帯の模式図

盤骨折を手術で整復することにより、より速い治癒と機能回復、そして将来的な二次疾患の予防が期待できる。ほとんどの動物病院で95％の対処ができ、「対処では」あるいは「95％では」物足りないという志と技術をもった動物病院がそれぞれの地域に1病院ずつでもあれば、「ウサギだから」という理由で諦めなければならない不幸な症例はいずれなくなるだろう。

第20章
整形外科疾患
―断脚術

はじめに

ウサギの断脚術は骨にまで波及した腫瘍（**写真20-1**），膿瘍，骨折（**写真20-2**）などで実施される。著者の病院で過去に実施した断脚術のほとんどは後肢であり，前肢の断脚術は感染を伴った橈尺骨開放骨折1例のみである。

ウサギは静止時に後肢で体重の大部分を支えている。また，後肢は強力なジャンプ力を有している。したがって，骨折や足底潰瘍などの障害は後肢に起こりやすく，悪化しやすい。前肢にも腫瘍は発生するが，生活に支障が出にくいため，飼い主が看過できないほどに進行し，来院した段階では生命の維持さえ難しくなっていることが多い。ウサギの断脚術の考え方は基本的に犬や猫の断脚術と同じであり，また，犬や猫に用いる手術器具で十分に実施できる。

本章では，ウサギの断脚術について，その方法や注意点を紹介する。

断脚術

術前準備

術前に，聴診や触診などで一般状態を確認するとともに，X線検査や血液検査を十分に行っておく。特に腫瘍の摘出を目的とした断脚術の場合，胸部X線検査や腹部X線検査だけでなく，患肢以外の四肢を含む全身のX線検査を行っておく。骨密度が低下し，虫食い様にX線透過性が亢進している部位を他肢に認めた場合，遠隔転移の可能性を考慮しなければならない（**写真20-3**）。

写真20-1　足底部の腫瘍。X線検査で骨への浸潤が認められた

写真20-2　脛骨の開放骨折

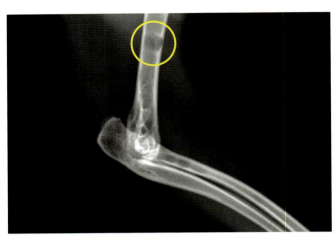

写真 20-3 腫瘍の骨転移により虫食い様に透過性が亢進した上腕骨

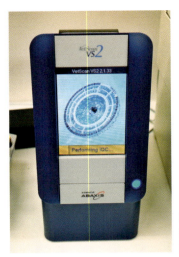

写真 20-4 血液生化学分析装置ベトスキャン VS2。全血 0.1mL での測定ができる

　後肢という大きな組織を摘出する以上，後肢に含まれる血液や電解質も同時に喪失することになる。赤血球数や電解質はもちろん，血小板数や肝数値（ALT，AST）などの出血傾向に関連する数値も確認しておく。また，手術に影響を及ぼす可能性のある他の疾患が隠れていないかを調べるため，断脚術に直接関係しない生化学検査も実施する。著者の病院で使用しているベトスキャン VS2（ABAXIS 社，写真 20-4）は全血 0.1mL で TP，ALB，TBIL，AST，GGT，CK，BUN，CRE，Na，K，Ca，GLU，tCO2，GLOB の 14 項目が測定可能であり，エキゾチックアニマルの生化学検査機器としては非常に有用である。

麻酔

　著者が現在実施している麻酔法を以下に示す。ただし，それぞれの獣医師が最も慣れた方法で実施するのがよい。

　メロキシカム（0.2mg/kg, SC），メデトミジン（0.25mg/kg, SC）前投与後，ケタミン（5mg/kg, IM）を投与し，導入麻酔とする。4～5Fr 栄養カテーテルを鼻孔から気管内に挿管し，酸素流量 1L/分，イソフルラン 2.0～3.0％を吸引させ，維持麻酔とする。急激な覚醒徴候を認めた場合は随時追加ケタミン（5mg/kg, IV）投与を行い，維持する。

器具および器材

　著者は，心電図モニター，手術器具，整形外科器具は犬猫用のものを用いている。整形外科器具としては骨膜起子，サジタルソーハンドピースやオシレートソーハンドピースを装着した外科用モーターがあれば，十分に対応できる。ガス滅菌を行えば，歯科用マイクロエンジンにダイヤモンドディスクを装着して実施することも可能である。

　ドレーピングには 4 枚のサージカルドレープとストッキネットを用い，すべて滅菌しておく。ストッキネットは半分を内側に折り込んで二重にし，端をステープラーやテープでふさいで靴下状にしておく。折り返し部分から封じた端に向かって巻き上げた状態で滅菌しておく（詳細は第 17 章に記載）。

　血管の結紮には非吸収性縫合糸を用いる。ウサギの手術で非吸収性縫合糸を使用する場合，感染や炎症のおそれを少しでも下げるため，著者はモノフィラメント縫合糸を用いている。断脚術では主に 3-0 ナイロン糸を用いているが，ナイロンでの結紮は過度の張力で切れることがあるため，注意する必要がある。慣れるまでは 3-0 絹糸などマルチフィラメント縫合糸を用いてもよいが，その際は無菌操作に細心の注意を払う。筋膜や支内の縫合はモノディオックス（アルフレッサファーマ）などの針付吸収性モノフィラメント縫合糸を用いている。皮膚の縫合はステープラーまたは外科用接着剤を用いている。

剃毛，保定および固定

　術前にエンロフロキサシン（10mg/kg, SC），メトクロプラミド（0.5mg/kg, SC），トラネキサム酸（5mg/kg, SC）を投与し，術中の静脈点滴には乳酸加リンゲル液を用いている。血液検査の結果によってはカリウム補正を実施している。

　剃毛は大腿部だけでなく，背側正中付近から遠位は飛

第20章　整形外科疾患 －断脚術

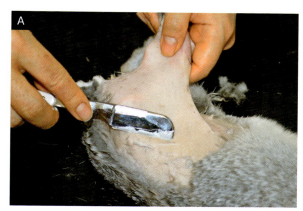

バリカンで毛が刈りにくい場合，カミソリで剃毛してもよい

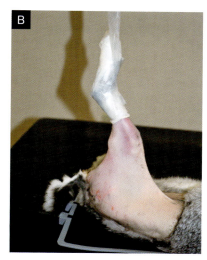

病変部より遠位をゴム手袋で覆い，粘着テープで固定，消毒のために吊り上げる

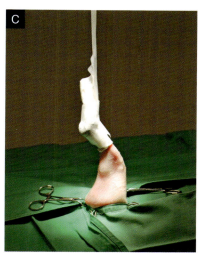

消毒後，滅菌したサージカルドレープ4枚で術野以外の部分を覆う

滅菌したストッキネットで病変部を覆ったゴム手袋ごと被覆し，無菌的に操作できるようにする

写真 20-5　断脚術の手順　1

節まで実施する。内側は後肢だけではなく，腹部まで広範囲に剃毛する。骨を切断する以上，汚染には細心の注意を払う必要がある。毛質が柔らかくバリカンで剃毛しにくいウサギの場合，剃り残し部分をカミソリで剃毛する（T字型安全剃刀はすぐに毛が絡むので，著者は業務用の直刃剃刀を用いている）（写真 20-5A）。特に切開部となる大腿部は丁寧に剃毛する。

　患肢を上にした横臥位で保定し，膿瘍や腫瘍などの病変より遠位の部分はゴム手袋で覆い，粘着テープで固定し，これを点滴用スタンドや無影灯に固定して患肢を吊り上げる（写真 20-5B）。この状態でクロルヘキシジン加シャンプーによるスクラブを3回繰り返した後，5％クロルヘキシジン溶液とアルコール溶液を交互に3回スプレーし，術野の消毒とする。吊り上げた患肢の周囲に4枚のサージカルドレープを配置する。サージカルドレープはタオル鉗子または縫合で皮膚に固定する（写真 20-5C）。肢端を覆ったゴム手袋は非滅菌であるため直接手で持たず，鉗子で支持し，手術まわりのスタッフに吊り上げているテープを切断してもらう。この非滅菌部分をストッキネットで覆い，皮膚に縫合固定する（写真 20-5D）。

後肢断脚術のポイント

　後肢断脚術では大腿中央部での切断を実施する。大腿中央部での切断は股関節での切断よりも容易であり，短時間で実施できる。大腿中央部よりも近位に病変がある場合は股関節での切断を実施するが，足底潰瘍や開放骨折からの膿瘍など適用症例の多くが膝より遠位に病変

183

部があり，ほとんどの症例が大腿中央部断脚術で対応できる。ウサギにおける膝関節部での切断は，切断面が日常生活で接地し，挫傷を起こすことが多いため，選択すべきではない。外側皮膚切開は側腹部から切開を開始し，膝蓋骨に向かって大腿骨遠位1/3を通り，坐骨結節で終わる（写真20-6A および 図20-1A）。内側皮膚切開は外側皮膚切開部の頭側部から尾側部に曲線を描くように行い，その頂点は大腿骨中央を通る（図20-2A）。

手術手順

メッツェンバーム剪刀を用いて，切開部遠位の皮膚を筋肉より剥離し，膝関節が露出するまで反転する。切開部近位の皮膚は過剰に剥離すると術後の漿液腫や皮膚壊死の原因になるため，必要最低限にとどめる（図20-1B および 図20-2B）。生理食塩水20mLに0.5%ブピバカイン注射剤2mLを混合した液を用意しておき，筋肉露出後は定期的にこれをかけて乾燥を防ぐとともに局所麻酔の効果を期待する。断脚術のように大きな痛みを伴う手術においては，術中および術後の疼痛管理が非常に重要であり，NSAIDs，鎮静鎮痛薬および局所麻酔薬などのあらゆる手段を講じる。助手に患肢を挙上してもらい，内側筋群の処理から始める。電気メスを用い，縫工筋と薄筋を中央で切断する（図20-2C）。基本的にすべての筋切断には電気メスを用いる。筋腹中央の切断で出血が予想される場合，切開モードではなく，凝固モードで切断するとよい（写真20-6B）。これらの筋を挙上すると大腿動脈，大腿静脈，伏在神経が露出する。これらも中央部で切断するため，下層筋膜から分離する。

大腿動脈は断部近位で二重結紮，遠位で単一結紮を行い，その中央で切断する。動脈を近位できつく結紮すると残存組織に虚血性壊死が生じ，術後の漿液腫形成や感染の危険性が増大するため，注意する。大腿静脈は切断部の近位も遠位も単一結紮を行い，中央で切断する。結紮は血液が患肢から静脈を通って流出するように動脈を先に結紮し，その後で静脈を結紮する。ただし，血行性の病変の拡大が危惧される場合にはまず静脈を結紮し，その後直ちに動脈を結紮する。また，動静脈瘻管を避けるため，動脈と静脈は同時に結紮しない。伏在神経も同じ部位で切断する（図20-2D）。脈管を避け，恥骨筋の筋腱を遠位（大腿骨にできるだけ近い位置）で切断する（図20-2E）。挙上していた患肢を下ろし，外側筋群の処置に取りかかる。

次に，大腿二頭筋を膝蓋骨近位から皮膚切開線と平行に切断する（図20-1C）。大腿二頭筋を背側に牽引し，坐骨神経を大転子付近で分離，切断する（写真20-6Cおよび図20-1D）。大腿四頭筋（外側広筋，大腿直筋，内側広筋，中間広筋）を膝蓋骨近位で切断する（図20-1E）。残った大腿骨尾側の筋群（内転筋，半膜様筋，半腱様筋）を大腿部中央で切断する（図20-1F）。骨膜起子で近位内転筋を大腿骨から剥離していく（写真20-6D）。サジタルソーハンドピースなどを用い，大腿骨近位1/3で切断する（写真20-6E および 図20-1G）。露出した骨髄からの出血はボーンワックスを用いて止血する。出血部位がないことを確認し，術創を閉鎖する。

大腿四頭筋遠位を尾側に牽引して骨断端を覆い，内転筋，半膜様筋，半腱様筋と縫合する。縫合はマットレス縫合で実施する。大腿二頭筋を内側に牽引して，骨断端部を越え，薄筋，縫工筋と縫合する（写真20-6F および 図20-3A, B）。閉鎖の際に筋が余る場合には，その都度トリミングする。ただし，術後は徐々に筋萎縮が進み，大腿骨断端が突出しやすくなるため，これを防ぐために骨断端の筋によるカバーはできるだけ厚くする。

外側皮膚を内側に牽引し，骨断端部を越え，内側皮膚と縫合する。これは外側皮膚が内側皮膚よりも厚いためである。この際，外側皮膚皮下組織，筋膜，内側皮膚皮下組織を数カ所単純結節縫合し，死腔ができないように注意する。その後，埋没皮内縫合を実施した後，外科用ステープラーまたは外科用接着剤で縫合する。術後アチパメゾール（0.5～1.25mg/kg，IV）で，覚醒を促す。酸素濃度30～35%のICUでの覚醒が行えれば，低酸素症にいたるリスクを下げることができる。

術後管理

エンロフロキサシン（5mg/kg，PO，BID），メトクロプラミド（0.5mg/kg，PO，BID），およびメロキシカム（0.2mg/kg/日，PO），シプロヘプタジン塩酸塩シロップ0.04%（1mL/頭，PO，BID）を混和したものを術後10日間投与し，その後抜糸する。術後24時間は少なくともエリザベスカラーを装着し，自傷を防ぐ。エリザベスカラーを外す時は十分に観察できる時間帯を選び，自傷するようであれば，再度装着する。退院後も抜糸するまでは頻繁にケージ内の清掃を実施し，衛生状態を維持するように指導する。

ウサギにおいては，特別なリハビリを実施しなくとも，直ちに3肢で歩行するようになる。

第20章　整形外科疾患 － 断脚術

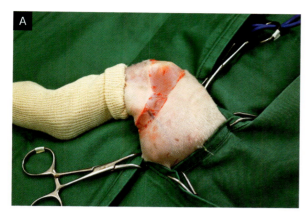

A 外側皮膚切開

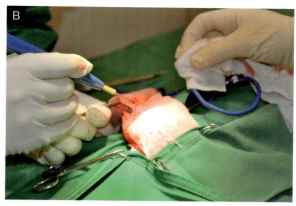

B 電気メスで筋を切断する

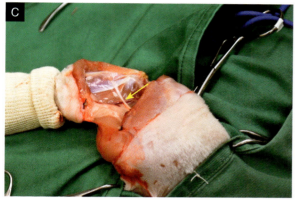

C 坐骨神経（矢印）を大転子付近で切断する。そのため，大腿二頭筋を背側に牽引する

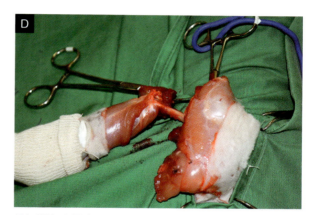

D 骨切断部を露出するため，近位筋群を骨膜起子で剥離する

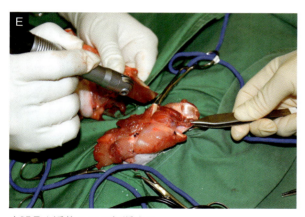

E 大腿骨を近位1/3で切断する

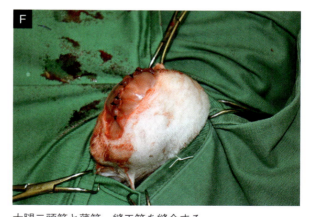

F 大腿二頭筋と薄筋，縫工筋を縫合する

写真20-6　断脚術の手順　2

まとめ

断脚術は，骨折や膿瘍などで治療開始が遅すぎた場合，あるいは治療がうまくいかなかった場合の最終手段である。したがって，断脚術は治療の敗北を意味し，その都度自分の未熟さを痛感することになる。どのような

185

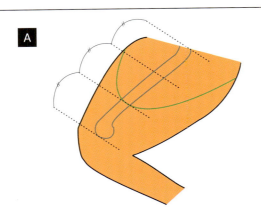

側腹部から切開し，膝蓋骨に向かって大腿骨遠位1/3を通り，坐骨結節で終わる（緑のライン）

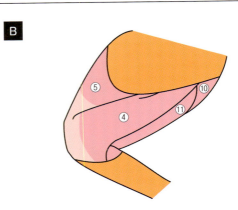

④大腿二頭筋，⑤外側広筋，⑩半膜様筋，⑪半腱様筋

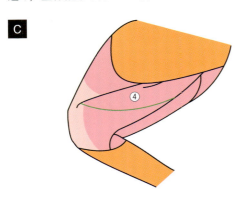

④大腿二頭筋を膝蓋骨近位から皮膚切開線と平行に切断する（緑のライン）

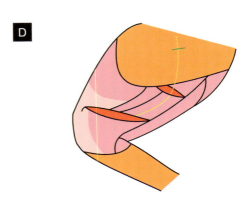

黄：坐骨神経を大転子付近で切断する（緑のライン）

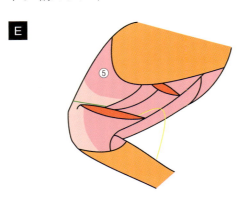

大腿四頭筋（⑤外側広筋，⑥大腿直筋，⑦内側広筋，⑧中間広筋）を膝蓋骨近位で切断する（緑のライン）

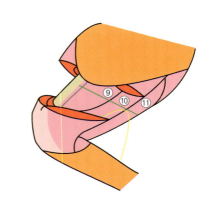

⑨内転筋，⑩半膜様筋，⑪半腱様筋を中央で切断する（緑のライン）

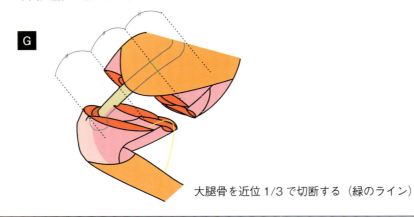

大腿骨を近位1/3で切断する（緑のライン）

図20-1　切断模式図（外側）

第20章 整形外科疾患 －断脚術

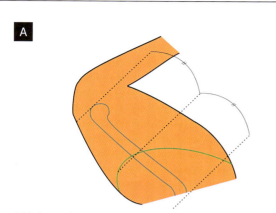

A 側腹部から切開し，膝蓋骨に向かって大腿骨中央を通り，坐骨結節で終わる（緑のライン）

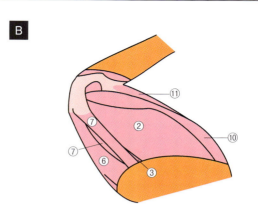

B ①縫工筋，②薄筋，③恥骨筋，⑥大腿直筋，⑦内側広筋，⑩半膜様筋，⑪半腱様筋

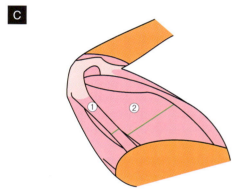

C ①縫工筋，②薄筋を中央で切断する（緑のライン）

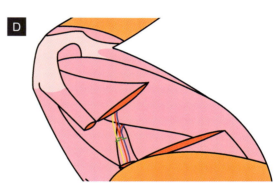

D 赤：大腿動脈，青：大腿静脈，黄：伏在神経を中央部で切断する（緑のライン）

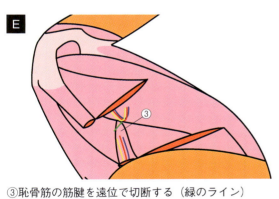

E ③恥骨筋の筋腱を遠位で切断する（緑のライン）

図20-2 切断模式図（内側）
（術者の視点に立ち，遠位を上にしている）

骨折も治療でき，どのような膿瘍や体表腫瘍も骨に至る前に摘出でき，またそこまで進行する前に来院するように飼い主に啓蒙し，信頼関係の構築に力を注ぐ。そして，断脚術を一切実施しなくてもよい獣医療が最良の獣医療だと考える。しかし，自身がそのレベルに達するまでは，断脚術が必要となる状況は必ずある。

187

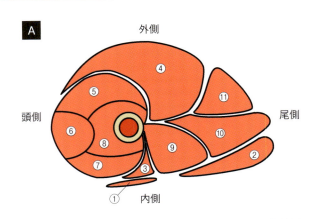
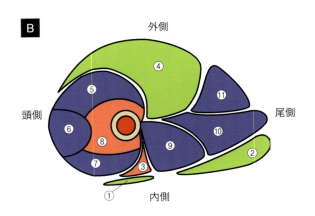

①縫工筋, ②薄筋, ③恥骨筋, ④大腿二頭筋, ⑤外側広筋, ⑥大腿直筋, ⑦内側広筋, ⑧中間広筋, ⑨内転筋, ⑩半膜様筋, ⑪半腱様筋

頭側の青い筋（⑤外側広筋, ⑥大腿直筋, ⑦内側広筋）と尾側の青い筋（⑨内転筋, ⑩半膜様筋, ⑪半腱様筋）を縫合する。次に, 外側の緑の筋（④大腿二頭筋）と内側の緑の筋（①縫工筋, ②薄筋）を縫合する

図20-3　断面図

また，断脚術についての文章を読むと，さまざまな筋の名称が出てきたり，筋ごとに切開部位が異なったり，複雑な術式のように思える。しかし，実際は大腿骨頭側の筋は膝蓋骨付近で切り，外側表面の筋は皮膚切開線に沿うように切り，残りの筋はすべて中央で切るだけである。縫合についても複雑に考えず，頭側の筋と尾側の筋を縫合し，その上から外側の筋と内側の筋を縫合するだけと単純に考えればよい。要は大腿骨断面を厚く覆うように，死腔なく筋同士を縫合すればよいのである。出血，麻酔，疼痛管理にさえ注意を払えば，誰にでも実施できる。

> **断脚術のポイント**
>
> 内側
> ・縫工筋と薄筋を中央で切断する
> ・大腿動静脈と伏在神経を中央で切断する
> ・恥骨筋の筋腱部を大腿骨に近い位置で切断する
>
> 外側
> ・大腿二頭筋を膝蓋骨近位から皮膚切開線と平行に切断する
> ・坐骨神経を大転子付近で切断する
> ・大腿四頭筋を膝蓋骨近位で切断する
> ・残りの筋すべてを中央で切断する

第21章
泌尿器疾患
―膀胱結石摘出術

はじめに

ウサギは非常に特殊な排尿システムを有しており，犬や猫と同じ感覚で尿路結石症を診療しようとすると大きなミスをする。

すなわち，ウサギは消化管からのカルシウム吸収にビタミンDを必要としない。食餌中のカルシウム含量が多ければ，その分，血中にカルシウムが取り込まれ，胆汁ではなく，多くが尿中に排泄される。したがって，正常尿でも炭酸カルシウム結晶やシュウ酸カルシウム結晶などが大量にみられる。

また，犬や猫の尿は通常，酸性〜中性であり，顕微鏡検査でストラバイト結晶が確認されれば，尿路結石症の可能性を検討しなくてはならない。それに対し，ウサギの尿は正常でもpH7.6〜8.8のアルカリ性であり，ストラバイト結晶が確認されることも珍しくない。これらのことから尿検査でpHや結晶を確認しても診断的意義は乏しく，頻尿や尿漏れなどの稟告，潜血の有無，X線検査，超音波検査などが重要なチェック項目となる。このような理由から尿を酸性化して尿石を溶かすという治療法は成り立たず，手術が必要になることも多い。

ウサギにおいて，腎結石，尿管結石，尿道結石の手術を実施するのは非常に勇気がいるが，膀胱結石摘出術はウサギの麻酔管理にさえ慣れていれば，あとは犬や猫の膀胱結石摘出術を応用することで十分に対応できる。本章では膀胱結石摘出術の具体的な術式と，術前術後に必要な対応や処置を中心に解説する。

食餌指導

ウサギの膀胱結石は，アルファルファを主原料とした高カルシウムペレットの多給など，不適切な食餌管理によって起こることが多い。したがって，手術を行っても元通りの食生活に戻れば，再発する可能性は非常に高い。そのため，ペレットをチモシー主原料の低カルシウムのものに切り替え，その量を必要最少量とし，主食をチモシーなどのイネ科乾草に切り替える必要がある。しかし，ウサギは非常に食に対するこだわりが強く，食餌の切り替えにはかなりの時間を要する。

また，膀胱結石が形成されるような食生活をしているウサギは重度の肥満であることが多いが，肥満は麻酔時間の延長や手術リスクの増加につながる。したがって，排尿障害が起こっておらず，腎不全などの二次疾患が併発していない場合，著者は食餌改善を先行してから手術を実施している。ウサギの状況にもよるが，著者が実施することの多い食餌指導を**表21-1**に示した。

実際には何日目にはペレットを何グラムと具体的な数字を飼い主に指示し，定期的に体重を確認しながら，実施していく。変更した部分に一切口をつけず，体重や便の大きさに異常がみられたら，変更前の工程に戻し，様子をみながら根気よく切り替えていく。ウサギは，長期間の食欲不振に耐えられないために無理はできず，この作業に1カ月以上要する場合もある。また，②をどうしても受け入れないウサギもいるため，②を諦めて③に進むこともある。

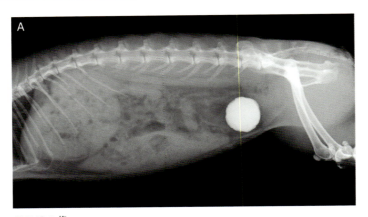

写真 21-1 膀胱内に認められた直径約 2cm の尿石

表 21-1 食餌管理の手順

①ペレットを理想体重の1.25〜1.5％に当たるグラム数まで7〜10日以上かけて漸減し，これを1日2〜3回に分けて与える。この間はたとえ食べなくても，イネ科乾草を無制限に与える。

②ペレットを体重の1.5％以下に減量してもなおイネ科乾草を摂食しない場合，生牧草やアルファルファなど嗜好性の高い乾草を混ぜる。アルファルファは維持期のウサギにとってカルシウムが多すぎるため，ウサギが乾草を食べられるようになったら，漸減し，最終的にはイネ科乾草のみにする。

③ペレットをチモシー主原料の低カルシウムペレットに毎日1〜2gずつ徐々に切り替えていく。著者はベッツセレクションウサギ用健康ケア（イースター，カルシウム0.5〜0.8％）または，BUNNY BASICS/T（OXBOW社，カルシウム0.35〜0.8％）を使用することが多い。ちなみに，ウサギ用健康ケアは国産ペレットであるため，容易に入手できる。

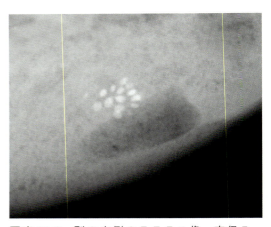

写真 21-2 別の症例のラテラル像。直径5〜8mm の尿石が多数みられる。手術前に数を数えておき，摘出数と一致するか確認する。一致したとしても確認のため，X線検査を実施する

膀胱結石摘出術

手術時期

　食餌指導が優先されるのは，あくまでウサギの状態が良好に維持されている場合である。頻尿や血尿，腎不全，食欲不振，尿焼けなどが抗菌薬や点滴などでコントロールできない場合，手術を優先する。

　雌は尿道が太く，また尿道口までほぼ直線であるため，かなり大きい尿石でも自然と排出することがある。著者は自然排出された1.0cmの尿石を1例経験したことがある。しかし，これに頼って放置していると，骨盤腔内や尿道にはまって手術が困難になることもある。運に頼るのではなく，基本的には適正体重になり次第，飼い主に手術を勧める。

術前準備

術前の血液検査では，特にBUN，CRE，電解質の値を重視している。尿道内に尿石が完全閉塞し，高カリウム血症が著しい場合，麻酔即心肺停止ということがある。3〜4Fr.の栄養カテーテルを尿道口より逆行性に挿入し，K-Yルブリケーティングゼリー（レキットベンキーザー・ジャパン）を生理食塩水で3倍に希釈した粘張液でフラッシュし，尿石を膀胱内に押し戻せれば，そのままカテーテルを留置し，生理食塩水の静脈点滴で状態改善が図れる。骨盤腔内の尿石はこの手技で膀胱内に戻せることもあるが，尿道内の尿石はまったく動かないことが多い。その場合，膀胱穿刺による排尿と静脈点滴を数度繰り返し，麻酔に耐える状態までコントロールした後，尿道切開術に切り替える。

手術時は，直前にX線検査を実施し，尿石がいくつ，どの部位にあるかを再確認しておく（写真21-1，2）。可能であれば，膀胱の縫合前にもX線検査を実施し，取り残しがないか確認する。著者の病院にはCアームなどの医療機器がないため，厚めのアクリル板に木の脚をつけたテーブルを手術台にのせ，この上に患者を固定し，執刀している（写真21-3）。アクリル板には固定マットのバスターバキューサポート（バスター）を置き，ウサギを保定している。バスターバキューサポートは，マット内の空気を抜くことにより体形にあわせて固定できるほか，X線透過性であるため，非常に有用である。

麻酔

著者が現在実施している麻酔法を以下に示す。ただし，それぞれの獣医師が最も慣れた方法で実施するのがよい。

メロキシカム（0.2mg/kg，SC），メデトミジン（0.25mg/kg，SC）前投与後，ケタミン（5mg/kg，IM）を投与し，導入麻酔とする。4〜5Fr栄養カテーテルを鼻孔から気管内に挿管し，酸素流量1L/分，イソフルラン2.0〜3.0%を吸引させ，維持麻酔とする。急激な覚醒徴候を認めた場合は随時追加ケタミン（5mg/kg，IV）投与を行い，維持する。

器具および器材

著者は心電図モニターや手術器具は犬猫用のものを用いている。

有窓布は窓部の径ができるだけ大きいものを選び，術中の呼吸状態を胸部の動きから把握できるようにして

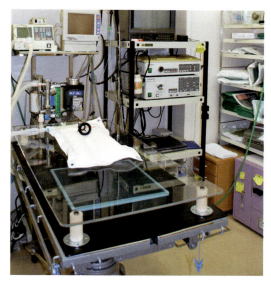

写真21-3　アクリル板に収納家具の足を固定した術中X線検査用テーブル。アクリル板の下にX線カセッテ，上に固定マットを配置している。著者は尿石症や骨折，消化管異物などの手術時に利用している

いる。剃毛範囲は手術にかかわる部分のみとし，消毒後剃毛していない部分が術野を汚染しないように，切開用ドレープ　ステリ・ドレープ2（スリーエムヘルスケア販売）を全身にかけ，有窓布をこれに重ねている。ただし，有窓布を固定する際は剃毛消毒した皮膚のみを有窓布に縫合している。

膀胱支持，縫合は丸針付吸収性モノフィラメント縫合糸を，腹壁縫合，皮内縫合は角針付吸収性モノフィラメント縫合糸を用いている。尿石症を有するウサギの尿は汚染していると考えるべきであり，感染を防ぐためにマルチフィラメント縫合糸は使用すべきではない。著者は膀胱支持を4-0バイオシン（コヴィディエンジャパン），膀胱縫合を4-0モノディオックス（アルフレッサファーマ），腹壁と皮内の縫合を3-0モノディオックスで行っている。膀胱支持のバイオシンは閉腹時回収するため，コストを下げるために使用しているだけであり，モノディオックスでも問題はない。皮膚の縫合はステープラーを用いている。

手術手順

術前にエンロフロキサシン（10mg/kg，SC），メトクロプラミド（0.5mg/kg，SC）を投与し，術中の静脈点滴には電解質が正常な場合は乳酸リンゲル液を，高カリウム血症を示す場合は生理食塩液を用いている。

ウサギを仰臥位で固定し，頭部が高くなるように手術

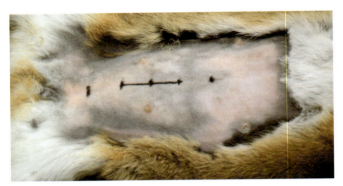

写真21-4　右端の点は臍，左端の点は恥骨前縁を示す。両点の中央から頭尾側それぞれ2cmまでを切開想定線としている

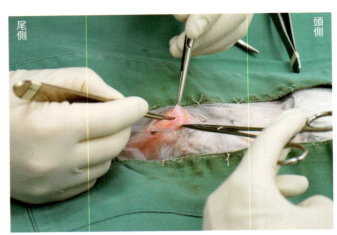

写真21-5　モスキート鉗子で腹壁を牽引し，内臓を傷つけないように注意深く切開していく

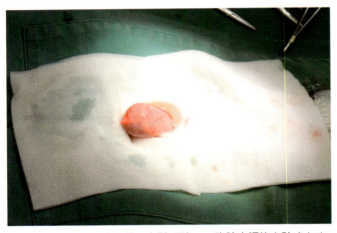

写真21-6　膀胱を腹壁外へ牽引・反転し，腹腔内汚染を防ぐため，生理食塩水を浸したガーゼで囲う

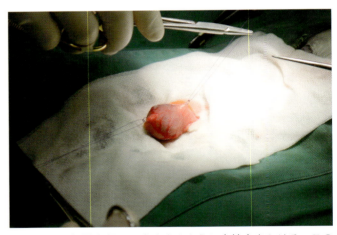

写真21-7　処置を行いやすくするように支持糸をかける。この時，膀胱三角を傷つけないように注意する

台を傾ける。切開線は，膀胱あるいは膀胱結石が触知できる場合はその直上を，触知できない場合は臍部と恥骨前縁の中央点から，頭尾側へ向かいそれぞれ2〜3cm（**写真21-4**）を目安とする。犬や猫に比べ，骨盤よりもやや頭側に膀胱がある。

クロルヘキシジン加シャンプーによるスクラブを3回繰り返した後，5％クロルヘキシジン溶液とアルコール溶液を交互に3回スプレーし，術野の消毒とする。透明切開用ドレープ，有窓布の順にかけ，絹糸で皮膚に固定する。

腹壁を傷つけないように皮膚をメスで切開し，メッツェンバウム剪刀で白線を中心として腹壁から皮下組織を分離する。皮下組織の分離は，腹壁切開想定線（皮膚切開と同じ位置）よりも頭尾側それぞれ1cmずつ長く行う。皮下組織の分離は白線が明瞭であれば，必ずしも必要ではない。白線の両側1〜2cm離れた腹壁をそ

れぞれ直型モスキート鉗子で支持し，切開時に腹壁と密着している腹腔内臓器を傷つけないように牽引する。メスで白線に小切開を加え（**写真21-5**），腹壁に密着していた内臓が離れた後，直型両鈍の剪刀で皮膚の切開線と同じ範囲を切開する（開腹と閉腹の詳細は第12章に記載した）。

著者は，ウサギの膀胱切開では背側切開を行っている。犬や猫では，腹側切開でも術後に膀胱の広張や収縮が十分に行われれば，腹壁と癒着することはまれという報告がある。ウサギも同様の可能性があるが，ウサギにおいて両者を比較するエビデンスを確認したことがないため，慣れたこの術式を採用している。

腹腔から膀胱を牽引・反転し，生理食塩液を浸したガーゼで周囲を囲み，腹腔内への汚染を防ぐ（**写真21-6**）。膀胱の切開線を想定し，その頭側と尾側に吸収性モノフィラメント縫合糸で支持糸をかける。膀胱頸背

第21章 泌尿器疾患 －膀胱結石摘出術

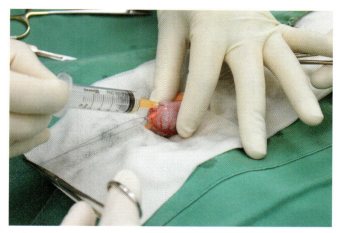

写真21-8 25G針をつけたシリンジで膀胱内の尿を吸引する

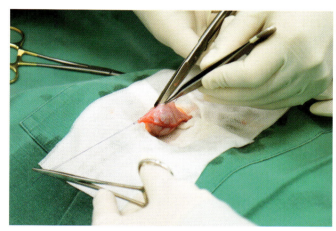

写真21-9 メスで切開を広げてもよいが，全層を想定通りの長さまで切開するという点では剪刀のほうが容易である

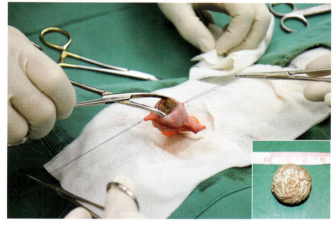

写真21-10 ペアン鉗子による尿石の摘出。膀胱に挿入した器具はすべて汚染したものと考え，閉腹時には新しい器具を使用する。写真右下は摘出された膀胱結石（直径2.1cm）

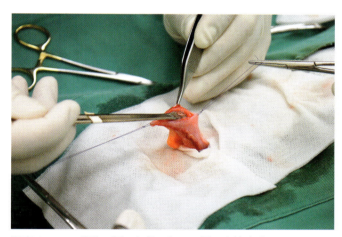

写真21-11 薬匙の柄の部分で細かい尿石を摘出する

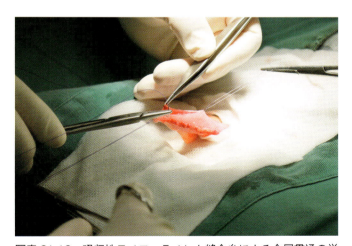

写真21-12 吸収性モノフィラメント縫合糸による全層貫通の単純連続縫合

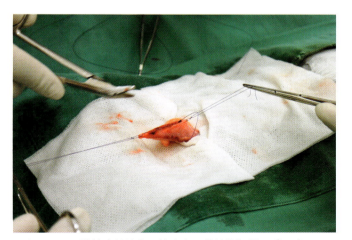

写真21-13 単純連続縫合の終末糸を結紮後切断せずに残しておく

面の膀胱三角を傷つけないように，尾側の支持糸はその頭側に設置する（**写真21-7**）。

25G針をつけたシリンジで膀胱内の尿を抜去するが，この尿は後ほど薬剤感受性試験に用いる（**写真21-8**）。2本の支持糸の間にメスで小切開を加え，直型両鈍の剪刀で尿石が摘出可能な長さまで切開を広げる。この時，

193

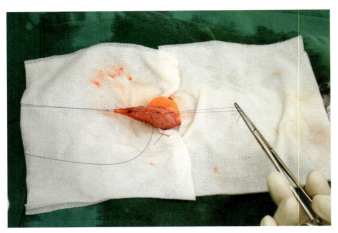

写真21-14 内反縫合としてシュミーデン縫合を行う。レンベルト縫合でも問題はないが，縫合スピードを重視し，著者はシュミーデン縫合を選択することが多い

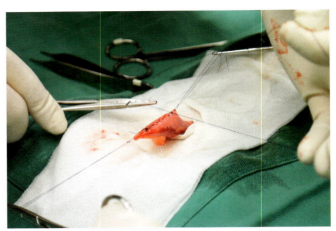

写真21-15 シュミーデン縫合の終末糸を1層目の終末糸と結紮し，漿膜からの縫合糸露出を少しでも防ぐ

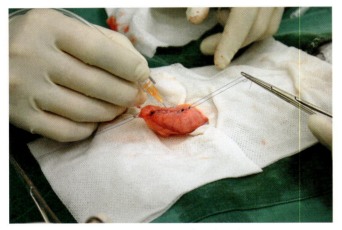

写真21-16 トラネキサム酸加生理食塩水を注入する

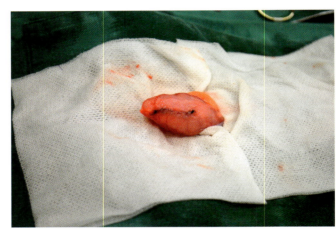

写真21-17 十分に膀胱が拡張しても尿漏れがないことを確認する。

膀胱の左右から動脈が侵入し，一部の神経もこれに並走しているため，血管が少ない正中を切開する（**写真21-9**）。膀胱結石の摘出は，ペアン鉗子またはモスキート鉗子を用いる（**写真21-10**）。膀胱内に小さい結石が残らないように匙などで丁寧に掻き出す。著者は滅菌した薬匙の柄の部分やコーヒースプーンを使うことが多い（**写真21-11**）。生理食塩水による洗浄，吸引を繰り返し，可能であればX線検査を行い，取り残しがないか確認する。

膀胱壁を4-0吸収性モノフィラメント縫合糸で縫合する。膀胱に十分な厚みがあれば単層の単純連続縫合で縫合する。しかし，膀胱壁が薄く，強度に不安を感じる時は全層貫通の単純連続縫合後（**写真21-12，13**），連続レンベルト縫合またはシュミーデン縫合の二重内反縫合を行う（**写真21-14，15**）。これは単に縫合に不安を感じて実施しているだけで，根拠はない。将来，犬や猫と同じようにウサギでも全層貫通の単純縫合が推奨されるようになれば従うつもりである。著者は縫合速度を優先し連続縫合を行っているが，単純結節縫合でも問題ない。

念のため，25G針で生理食塩水を膀胱内に注入し（**写真21-16**），縫合部に漏れがないか確認する（**写真21-17**）。この時，トラネキサム酸を薄く添加したものを用い，術後の血尿を制限する。支持糸を除去し，膀胱周囲のガーゼや縫合糸，把針器，ピンセット，メスなどの器具をすべて術野から離れたところに置き，手袋を交換し（あるいは手袋をもう1枚重ね），閉腹作業に移る。

閉腹は，新しい3-0吸収性縫合糸を用いて，腹壁を連続縫合で閉鎖する（**写真21-18**）。連続縫合時は糸に上向きのテンションをかけながら，腹腔内臓器から腹壁が

写真21-18　腹壁の閉鎖。膀胱切開に用いた把針器，ピンセット，鋏などは用いない

写真21-19　皮膚縫合は，万一かじられても創が開かないようにやや密に行う

もち上がるように糸を引き締めていく。次に，3-0吸収性縫合糸による単純結節縫合で皮下組織を閉鎖する。死腔ができないように，両側の皮下組織だけでなく腹壁も縫合する。3-0吸収性縫合糸を用いて埋没皮内縫合を連続で行い，皮膚切開線をあわせる。外科用ステープラーまたは外科用瞬間接着剤で皮膚を縫合する（**写真21-19**）。

術後，アチパメゾール（0.5〜1.25mg/kg，IV）で覚醒を促す。酸素濃度30〜35％のICUでの覚醒が行えれば，低酸素症に至るリスクを下げることができる。

術後管理

覚醒後はできるだけ早く食餌を摂取させたいため，飼い主から通常食べているペレットと乾草を預かっておくとよい。食欲と飲水量が通常量に達するまでは入院管理とし，点滴，流動食の強制給餌を徹底する。抜糸は，術後10日目に行う。

感受性試験の結果が出るまでは，エンロフロキサシン（10mg/kg，PO，BID），メトクロプラミド（0.5mg/kg，PO，BID），およびシプロヘプタジン塩酸塩シロップ0.04％（1mL/頭，PO，BID）を混和したものを投与する。尿検査で潜血が陰転してから2週間，投薬する。ただし，投薬期間に関しては検討の必要性を感じている。

不適切な食餌内容で再発を繰り返すことを飼い主に十分に説明し，定期的に尿検査と体重測定を実施する。

まとめ

著者がウサギを診療するようになって約15年になるが，ウサギの尿石症は年ごとに減少している。これは，ウサギ用のペレットが繊維質重視のものに改善されたことや，主食を乾草とする食餌への改善や肥満を是としない飼育方法などの啓蒙が少しずつ実を結んできたためであろう。ペレットやおやつをたくさん与えることが愛情表現とされていた時代を経て，健康を維持することこそ愛情表現という飼い主が少しずつではあるが増えているのかもしれない。啓蒙活動を続けていけば，さらに減っていくことは間違いない。ただし，まったく太っておらず，ペレットの量・質ともに適切で，乾草も多給しながら，尿石症を発症したウサギも過去に何度か経験している。したがって，膀胱結石摘出術をまったく行わなくなる時がくることはないと考えられる。

第22章
眼科疾患
—検査のポイント

はじめに

　ウサギの眼科検査は，犬や猫で用いる検査器具を転用して行う。また，検査器具の使用法も基本的には犬や猫で検査する時とほとんど異ならない。ただし，長時間の保定に大きなストレスを感じるウサギでは，診察のたびにすべての検査を実施できるとは限らず，稟告や視診などからある程度疾患名を絞り，検査項目を選択しておく必要がある。例えば，流涙量を測定するシルマーティア検査は，眼科疾患で来院した犬や猫の場合は必須の検査であるが，ウサギでは正常時でも2mm以下を示すことがあり，低値での診断的意義は低い。そのため，著者はウサギにおいて，この検査を省略することが多い。

　本章ではウサギの眼科検査について，詳細な検査方法は割愛し，実施時のポイントやどの検査を実施するかなどについて解説した。

検査のポイント

稟告聴取

　稟告聴取は，唯一ウサギを保定することなく実施できる重要な作業である。ウサギはキャリーケースの中で待機してもらい，十分に時間をかけて飼い主から情報を聴き出す。ウサギの眼科疾患は，特に不正咬合と関連するものが多く，食生活の聴取は非常に重要である。

個体情報

　稟告聴取ではまず年齢や品種，性別，避妊・去勢手術の有無，避妊・去勢手術を実施していた場合はその時期や手法などの情報を得る。

　1歳以下の場合は先天性不正咬合の，2歳以上の場合は後天性不正咬合の，6歳以上では腫瘍や糖尿病など内臓疾患の可能性を考慮する。また，4歳以上で未避妊の場合，子宮疾患の可能性も考慮すべきであり，たとえ避妊していても1歳以降で卵巣摘出術のみを実施していた場合は可能性として子宮疾患を除外してはならない。

　ニュージーランド・ホワイト種における緑内障やアメリカン・ダッチ種における前部角膜変性症など品種ごとに発症率の高い疾患があり，系統の近い日本白色種にも同様の可能性がある。また，眼底像は品種によって異なるため，これらを把握しておくことも非常に重要である。

飼育環境

　トイレやケージの清掃頻度が少ない場合，あるいはパインチップを使用している場合，アンモニアや芳香物質による刺激性眼科疾患の可能性を考慮する。また，同居動物が存在する場合，飼い主家族に幼齢の子どもがいて飼い主が観察していない時間に室内へ放すことがある場合などは外傷の可能性も考慮する。

食餌内容

　不正咬合の可能性を考える上で，乾草を十分に与えているかどうかは非常に重要である。乾草を常に与えていたとしても，ペレットや野菜，おやつなどを多給している場合は相対的に乾草の摂取不足につながるために，不正咬合とそれに続発する眼科疾患（眼窩膿瘍や鼻涙管閉鎖など）を考慮する。特に，ペレットはたとえ質のよいものでも多給すれば乾草の摂取量が激減するため，何グ

表22-1 病歴の聴取ポイント

① 飼い主が感じている違和感や異変は何か？
② 変化や異常はいつごろから起きているか？
③ 症状は悪化しているか，改善しているか，それとも変化なしか？
④ 物にぶつかるなどの行動異常はあるか？
⑤ 流涙や眼脂が増加していないか？
⑥ 他院での治療歴はあるか？　あった場合，その治療の効果はあったか？
⑦ 過去に，現在と同じあるいは異なる眼科疾患を治療したことはあるか？
⑧ 不正咬合や前庭疾患，腫瘍などの治療歴はあるか？
⑨ くしゃみや鼻汁，歯ぎしり，流涎など，不正咬合に関連する症状はあるか？
⑩ その他に，食欲不振や元気消失，体重減少，軟便，歩行異常など，気になる点はあるか？

写真 22-1　右側の顔面神経麻痺のため，閉眼不全と口唇の下垂が起こり，顔に左右不対称性がみられる

ラム与えているか詳しく聴取する。1歳以上のウサギで，一日当たり体重の1.5%以上の重量のペレットを与えている場合，不正咬合の可能性を念頭におきながら以降の検査を行う必要がある。

病歴

表22-1に示した内容は非常に重要な稟告聴取項目であり，前述の飼育環境や食餌内容とあわせて検討することで，想定される眼科疾患を絞り込むことができる。

また，飼い主から得られる情報がすべて真実であるとは限らないことに注意する必要がある。飼い主が気づいていないこともあれば，故意に隠したり，歪曲して話していることもある。しかし，真実ではなくても，そこには必ずヒントがあり，それを聴取することによってより短時間の検査でより正確な結果が得られる。

外観検査
全身状態の観察

最初に，呼吸状態や可視粘膜を観察するとともに心音を聴診し，以降の検査に耐えうる状態であるかどうか，あるいはどこまでの検査であれば可能であるのか把握する。腫瘍による眼球突出あるいは不正咬合による重度の栄養失調や衰弱状態がみられる場合，検査に伴うリスクは小さくなく生命維持の処置を優先する必要がある。

肥満や削痩などの体型異常がみられる場合，糖尿病や不正咬合などの基礎疾患が考慮される。また，ベストの体重であったとしても，食餌内容の聴取でペレットの過剰給餌が確認された場合は何らかの基礎疾患が体重増を妨げている可能性を考慮する。また，触診では腹腔内や体表に腫瘍はないか，あるいはリンパ節腫脹はないか確認する。

その後，ウサギから少し離れて，姿勢や歩行の異常はないか，全身あるいは顔の左右対称性は保たれているかなどを確認する。姿勢異常や斜頸などの神経疾患がみられた場合，*Encephalitozoon cuniculi* 感染やそれに伴う白内障，ぶどう膜炎，虹彩膿瘍などの可能性を考慮する必要がある。また，斜頸や姿勢異常が著しい場合，外傷性の角膜疾患の可能性も考慮する。顔の左右不対称性がみられた場合，顔面神経麻痺などの神経疾患の可能性があり，これに由来する閉眼不全や外傷性角膜疾患が疑われるため，眼瞼反射や角膜反射などの喪失はないか確認する必要がある（**写真 22-1**）。

不正咬合の発見は非常に重要であるため，それを意識して外観を入念に観察する必要がある。検査では，耳鏡による口腔内検査，触診による上顎骨や下顎骨の辺縁不整（歯根過長による顎骨の変形），顔周囲の膿瘍，下顎や前肢第一指の涎跡の有無など（**写真 22-2, 3**），不正咬合に関連するあらゆる症状を見逃さないようにする。

眼および眼周囲の観察

まず，眼および眼周囲の左右対称性を確認する。眼が大きいと感じられる場合，緑内障などにより眼球が大きくなっている可能性と眼窩膿瘍や腫瘍などにより眼球突出が起こっている可能性を考慮する（**写真22-4**）。逆に，眼が小さいと感じられる場合，眼球癆などにより眼球が小さくなっている可能性，角膜炎やぶどう膜炎などによる疼痛で外眼筋の収縮が起こっている可能性（**写真**

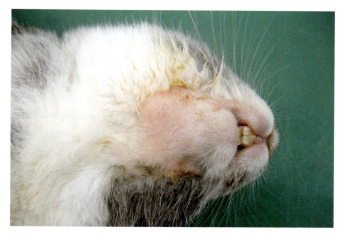

写真22-2　不正咬合による流涎の増加を原因とする下顎の脱毛。この場合，臭腺による汚れと鑑別する必要がある

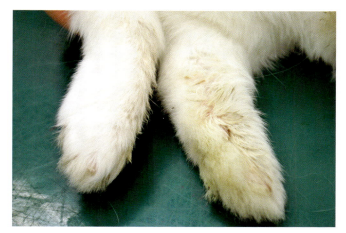

写真22-3　不正咬合による流涎の増加に対応するため，汚染した前肢第一指

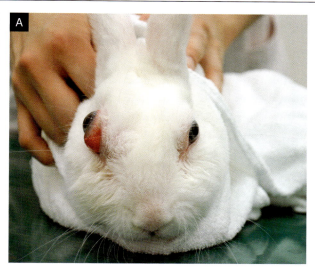

右眼の眼球突出により左右の対称性が失われている

不正咬合由来の眼窩膿瘍による眼球突出

写真22-4　眼球突出

22-5），神経疾患による眼瞼下垂の可能性を考慮する。

　眼分泌物が流涙の場合は眼への刺激や鼻涙管閉鎖などの涙排出路障害が，眼脂の場合は結膜炎や眼瞼炎，角膜炎などの炎症性疾患が疑われる。ただし，流涙から始まる疾患であっても，慢性化した場合は二次感染を起こし，眼脂に移行するおそれがあるため，注意を要する。また，来院時に流涙や眼脂が認められなくても，内眼角周囲に皮膚炎や脱毛が確認されれば，何らかの眼分泌物があると考えるべきである（**写真22-6**）。

　眼瞼や瞬膜，結膜，強膜などに異常はないか，すなわち浮腫や充血，出血，新生物，異物などの有無について，丁寧に観察する。また，角膜閉鎖症がある場合，伸展した結膜と角膜の間に異物が迷入しやすく，それをきっかけに角膜炎や結膜炎が起こることがあるため，軽度のものであっても見逃してはならない。

　病変が片側性か両側性かも重要な診断要素であり，両側性であった場合は不正咬合など基礎疾患の存在を疑う必要がある。

フルオレセイン試験

　ウサギにおいて，角膜炎や角膜潰瘍は外傷などによる原発疾患としてだけでなく，眼球突出や閉眼不全，結膜炎，ぶどう膜炎などのさまざまな疾患に続発して発症する。したがって，全身状態に問題のない場合において，フルオレセイン試験はルーチンに行うべき重要な検査となる。

　フルオレセイン試験紙が一時入手困難になった時期があり，著者はそれ以降フルオレセイン注射液500mg/mLを生理食塩水で0.5％に希釈した溶液を作成し，点眼検査液として用いている（**写真22-7**）。点眼検査液は

疼痛により左眼が開けにくくなっている

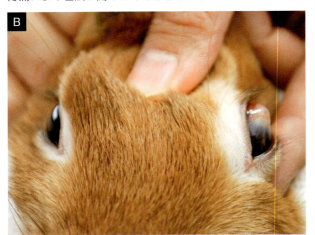
左上眼瞼を挙上したところ。前房蓄膿により眼球の一部が突出している

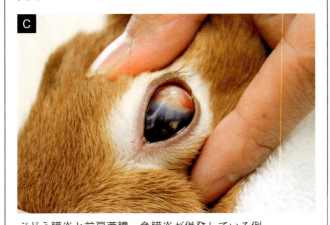
ぶどう膜炎と前房蓄膿，角膜炎が併発している例

写真 22-5　眼瞼・眼球

写真 22-6　流涙や眼脂が付着していなくても，内眼角の湿性皮膚炎が認められる場合は何らかの眼分泌物があると考える

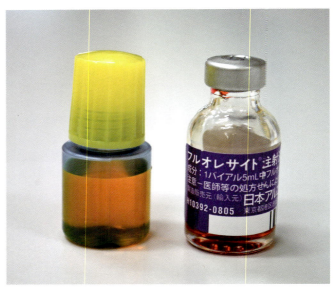
写真 22-7　左：生理食塩水により希釈調整した0.5%フルオレセイン点眼薬，右：フルオレセイン注射薬

試験紙よりも簡便に使用できるが，フルオレセインは一般的な保存剤を無効にするため，定期的に作成する必要がある。衛生面を考えた場合，フルオレセイン試験紙を使用するほうが無難である（**写真 22-8**）。

フルオレセイン点眼薬を点眼する場合，まず1滴点眼し，生理食塩水で灌流する。暗室で青色光を照射すれば，微細な角膜潰瘍でも明瞭に観察できる（**写真 22-9**）。角膜実質を含む内皮の損傷がある場合，フルオレセインは損傷した内皮を通り房水内に流入する。検査5分後（その他の検査が終わる頃）に鼻孔に青色光を当て，フルオレセイン液が鼻孔から排出するか確認する。健常ウサギがフルオレセイン液を必ず排出するとは限らないため，この検査だけをもって鼻涙管閉鎖と診断すべきではないが，両側とも同様に流出すれば鼻涙管洗浄を実施する必要はない（**写真 22-10**）。眼圧測定検査や局所麻酔薬としてプロパラカイン点眼薬などを使用する検査では，

第22章 眼科疾患 －検査のポイント

写真22-8　フルオレセイン試験紙による検査

写真22-9　青色光により，角膜潰瘍が明瞭化している

写真22-10　フルオレセイン試験5分後に鼻孔から排出されてきたフルオレセイン液。鼻孔からフルオレセイン液が排出されることによって鼻涙管閉鎖はないと判断する

綿棒により眼瞼を刺激し，閉鎖するかどうかを確認する。左眼は閉眼するため，正常である

眼瞼反射が鈍く，閉眼不全が疑われる

写真22-11　眼瞼反射

偽陽性染色が起こるため，これらの検査はフルオレセイン試験後に実施する。

また，この検査に限らず，眼科検査において，特に問題のない限り常に両側眼を検査すべきであり，また，基本的には正常側から検査する。

瞬目反応（眼瞼反射および角膜反射）

ウサギの場合，瞬目反応として，眼瞼反射と角膜反射があげられる。眼瞼反射は綿棒などで眼瞼を刺激し，閉鎖するかどうかを確認する（**写真22-11**）。眼瞼反射が喪失している場合，顔面神経麻痺が疑われる。ただし，犬や猫に比べ，ウサギの眼瞼反射は正常時でもやや反応が鈍い。角膜反射は綿棒などで角膜を刺激し，閉鎖するかどうか確認する。角膜反射の喪失は三叉神経の障害が

201

表 22-2　生体顕微鏡検査

検査部位	検査のポイント
角膜	・透明性の低下（白濁）がないかを確認し，低下があった場合はその原因が浮腫と瘢痕，変性のいずれであるのかを明確にする ・浮腫は角膜炎やぶどう膜炎の，瘢痕は慢性化した角膜潰瘍が起きている（あるいは過去に起きた）可能性を示唆する ・血管新生は慢性化した角膜炎や角膜潰瘍が示唆され，飼い主の主訴が「2，3日前から」という急性症状を示すものであったとしても，潰瘍部に向けて伸展する新生血管が認められた場合は長期化していると考えるべきである ・新生血管の長さは発症からの経過期間を示しており，長く伸展しているものほど治療は難しい ・スリットランプで容易にわかるほどの潰瘍があったとしても，潰瘍の範囲や深さを正確に把握するため，フルオレセイン試験は実施する
前眼房	・深さを確認する 　→深いもの：緑内障や虹彩後癒着，水晶体後方脱臼を疑う 　→浅いもの：虹彩前癒着や水晶体前方脱臼などを疑う ・前眼房内に血液（前房出血），膿（前房蓄膿），フレア，異物，腫瘍などがないか確認する ・血液や膿を見逃すことはないが，フレアが少量の場合は見逃しやすいため，スリット光で入念に確認する ・フレアの存在はぶどう膜炎を意味する。そのため，結膜や角膜が正常化してみえたとしても，依然治癒していないと認識する必要がある
虹彩	・瞳孔の可動性や大きさに左右差がないか確認する ・ウサギにおいて，虹彩炎や虹彩膿瘍，虹彩癒着はよくみられる疾患であり，これらの異常が確認された場合は必ず眼圧測定を行う ・虹彩膿瘍は *Encephalitozoon cuniculi* 感染と関連するものが多く，水晶体破裂や白内障を併発していることも多い。そのため，水晶体を丁寧に観察する
水晶体	・大きさや位置に異常がないか確認する 　→不明瞭な場合は超音波検査のほうが明確にわかる ・透明性の喪失がないか確認し，白内障なのか，核硬化なのか見極める（写真22-12） ・核硬化は治療を必要としない。ただし，ウサギは犬よりも核硬化の症例は少ない[*]

[*]単に核硬化が起きるほど長寿のウサギが少ないためなのか，あるいは水晶体の構造上の違いであるのか，今後の研究が待たれる。

A　肉眼による水晶体の観察。白濁していることはわかるが，白内障と核硬化の判別は難しい

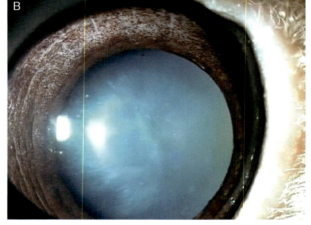
B　スリットランプ（スポット光）による観察。一部の前嚢に白内障が混じているが，核硬化による白濁が主な原因である（散瞳剤使用）

写真22-12　水晶体の観察

疑われる。

　瞬目反応の異常は閉眼障害を意味し，多くの場合で角膜疾患を併発する。瞬目反応は顔や眼の左右不対称性が認められた場合や，流涙や眼脂，羞明などの角膜疾患の可能性が示唆された場合に実施する。瞬目反応検査はフルオレセイン試験後に実施すべきであり，重度の角膜潰瘍が存在する場合は実施しない。

生体顕微鏡（スリットランプ：細隙灯）検査

　著者の病院では現在，生体顕微鏡検査（**表22-2**）はSL-15ポータブルスリットランプ（Kowa）を用いて行っ

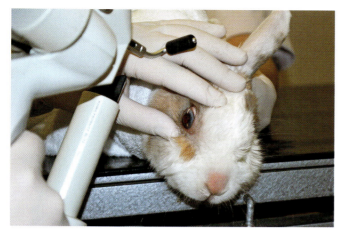

写真22-13　スリットランプによる前眼部の検査

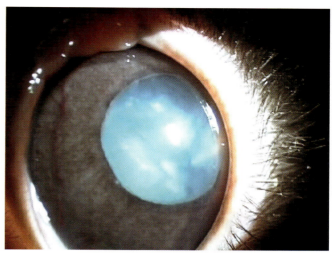

写真22-14　スリットランプ（スポット光）による観察。白内障

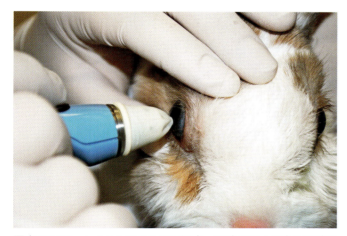

写真22-15　トノペンによる眼圧測定。眼瞼を開く場合も眼球に圧をかけないように注意する

ている（**写真22-13**）。SL-15ポータブルスリットランプでは，スポット光（**写真22-14**）とスリット光，青色光を使い分けることにより，フルオレセイン試験を含めた角膜や前房，虹彩，水晶体，硝子体前部の検査を一回で行うことができる（著者は，直像検査は省略している）。また，著者の病院では生体顕微鏡検査はフルオレセイン試験と同じようにすべての眼科疾患に対してルーチンで行っている。

眼圧測定

　眼圧測定時，著者はトノペン（Oculab）を用いている（**写真22-15**）。局所麻酔としてオキシブプロカイン塩酸塩点眼薬を30秒間隔で2，3回点眼してから測定する。眼球突出がある場合，眼圧を測定することで，緑内障と眼窩内病変の鑑別が非常に的確に行える。トノペンを使用する際の注意点として，犬や猫に比べ，ウサギでは頸部や眼瞼の圧迫で容易に測定値が上昇するため，頸部に圧がかからないように，また，開眼時に眼瞼に圧がかからないように十分に注意して保定する必要があることがあげられる。さらに，角膜浮腫がある場合は低値を示すことが多いため，そのことを頭に入れておく必要もある。

　トノペン測定によるウサギの眼圧の基準値として9.8～17.4mmHgという報告があり，著者は対側との値の差が大きい場合は基準値より逸脱した時点で，あるいは対側との差がなくても30mmHg以上を異常と判定している。また，眼圧の低下は前部ぶどう膜炎や上強膜炎，脱水，低血圧が疑われる。眼球突出において，眼圧が正常であった場合は眼窩内病変や胸腺腫が，上昇が認められた場合は緑内障が疑われる。

倒像検査

　著者は20Dのレンズを用いた倒像検査で，硝子体と網膜を観察している。また，その際は，検査前にトロピカミド点眼薬で十分に散瞳させている。ただし，散瞳剤は眼圧上昇作用があるため，緑内障を原因として眼圧が上昇している場合は治療による眼圧コントロールを優先している。

　硝子体は通常透明であり，出血や滲出物，浮遊物などの有無を確認する。

　ウサギの網膜構造は犬や猫とは大きく異なる。視神経乳頭は深く陥凹し，眼底赤道部の中央上方にあるため，これを観察する際は眼球よりもやや低い位置から観察する必要がある（**写真22-16**）。網膜血管はmerangiotic

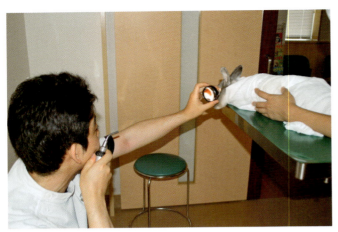

写真 22-16　倒像鏡を用いた眼底検査。視神経乳頭を観察するため，ウサギよりも低い位置から観察する

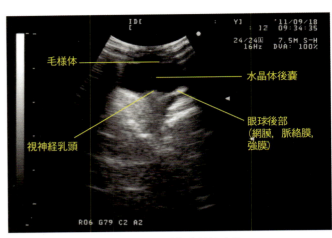

写真 22-17　正常なウサギの眼球超音波検査像

型（網膜全体ではなく，一部にのみ存在する）で，視神経乳頭から水平方向に伸びている。ウサギにはタペタムがなく，アルビノウサギなどでは脈絡膜血管が容易に観察できる。しかし，ダッチ・ベルテッド種などの眼底は茶褐色で，脈絡膜血管は観察できない。

著者が網膜観察で明確にできるのは，出血と滲出物，脈絡膜炎のみである。しかし，倒像検査に長けた獣医師であれば，より多くの情報を得られるはずである。網膜変性は文献での報告はあるが，著者は現在まで経験したことはない。脈絡膜炎は視神経付近に起こることが多く，白色から黄色の病巣を認める。網膜剥離は後述する超音波検査のほうがより明確に診断できる。

超音波検査

前房出血や蓄膿，白内障などにより深部の眼球構造を肉眼で確認できない場合，超音波検査は非常に有効である。また，眼窩疾患の評価や眼球サイズの測定，網膜剥離，眼球内腫瘍などにも有効であり，著者は眼球突出時の検査としても頻繁に行っている（**写真 22-17**）。

検査時（**写真 22-18**）は，局所麻酔点眼薬を点眼し，角膜あるいは眼瞼上にK-Yルブリケーティングゼリー（レキッドベンキーザー・ジャパン）などの滅菌非組織侵襲性ゼリーを載せ，7.5～15MHzのプローブを当てる。

X線CT検査

眼窩腔を何らかの病変が占領し，眼球突出がみられる場合，X線CT検査は非常に有効な検査手段となる。ウサギは鎮静のみでX線CT撮影でき，麻酔を必要としない。著者はメデトミジン0.25mg/kg，SCの10分後

写真 22-18　局所麻酔点眼後の超音波検査。著者は7.5MHzのプローブを用いているが，可能であればより高い周波数のプローブのほうが眼科検査には適している

にタオルでウサギを包み，吸入麻酔ボックスに入れて，X線CT検査を行っている。

X線CT検査により病変が腫瘍か膿瘍か，膿瘍の場合には原因歯はどの歯なのか明確にできる。麻酔下での検査や処置に消極的な飼い主がX線CTの3D画像を用いて説明することにより手術を受け入れることも多く（**写真 22-19，20**），飼い主へのインフォームドコンセントの手段としても有用であると感じている。また，膿瘍で原因歯が明確になった場合，そのまま麻酔をかけて抜歯したり，排膿処置を行っている。

まとめ

ウサギの眼科検査においても，犬や猫と同じようにす

第22章 眼科疾患 －検査のポイント

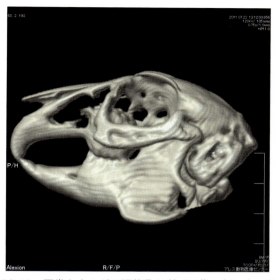

写真22-19 正常なウサギの頭蓋骨X線CT像。飼い主へのインフォームドコンセントのために3D処理をすることは多いが，診断意義はMPR像などの断面像のほうが高い

> **眼科検査のポイント**
> ・稟告や外観検査をもとに検査メニューを考える。
> ・フルオレセイン試験とスリットランプ検査はすべての眼科疾患で実施する。
> ・顔の左右不対称性がある場合，瞬目反射を調べる。
> ・眼球突出がある場合，眼圧測定と超音波検査を行う。
> ・流涙や眼脂がある場合，瞬目反射とフルオレセイン試験，眼圧測定，倒像検査を行い，鼻涙管開存が確認できない場合は鼻涙管洗浄を行う。
> ・虹彩癒着がある場合，眼圧を測定する。
> ・視力喪失の疑いがある場合，眼圧測定と倒像検査，超音波検査を行う。
> ・これらの検査は，基本的に今回記載した順に実施する。

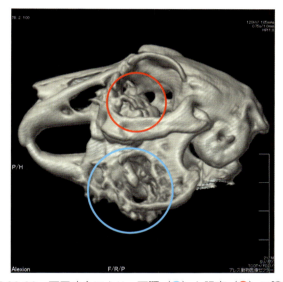

写真22-20 不正咬合により，下顎（○）と眼窩（○）に膿瘍と骨融解が形成された症例の頭蓋骨X線CT像

べての検査を毎回実施できるのが理想である。しかし，著者には過去にスリットランプの光を当てた瞬間，ウサギにショック死されてしまった苦い経験があり，全身状態が悪い場合は検査項目をできるだけ少なくしたいと考えている。

第23章と第24章にウサギの眼科疾患で用いられることの多い薬剤とその使用方法をまとめた。検査を行った後，その結果をもとに診断し，治療するのが本来の流れであるが，ウサギでよくみられる眼科疾患を把握しておけば，どのような眼科検査が必須であり，優先すべきかという順序づけが容易に行える。診断名ありきの検査は許されないが，必要に応じてどの検査を実施するか，その選択を迫られるのがウサギの眼科検査と犬や猫の眼科検査の最も大きな違いかもしれない。

第23章
眼科疾患
－薬剤選択のポイント

はじめに

近年，わが国においてもウサギ専門やエキゾチックアニマル専門の動物病院が増えてきた。これらの専門分野に特化した病院では，それに則した器具や器材，薬剤を揃えることができる。しかし，多くの動物病院では犬や猫の診療と並行してそれらの動物種の診療を実施しており，また，本来はそれぞれの動物種に対して最適な器具や薬剤を揃えるべきなのであろうが，実際に揃えようとするとエキゾチックアニマルの診療は敷居が高く，手を出しにくい分野となってしまう。

かくいう著者の病院も基本的には犬や猫の診療をメインとする動物病院であり，ウサギ用の検査器具や手術器具，薬剤のほとんどは犬や猫用に購入したものを転用している。それぞれの薬剤の特徴や種差，ウサギの疾患を十分理解していれば，犬や猫用の器具や薬剤でもほとんどのウサギの疾患と戦うことができる。

本章では，ウサギでよくみられる眼科疾患に対し，犬や猫用の薬剤を使用した治療法をメインに記載する。

薬剤選択のポイント

抗菌薬

ニューキノロン系抗菌薬

内服あるいは注射による抗菌薬の全身投与は血液-房水関門によって排出されるため，透過性がよい薬剤でも角膜や結膜への効果は期待できない。したがって，角膜疾患などに抗菌薬などを投与する意味は乏しく，わずかに後眼部や眼瞼への効果が期待できるのみである。これは後述する内服薬も同様であり，眼科治療では点眼薬が主となる。ただし，ぶどう膜炎は血液-房水関門を弱めるため，全身投与でもある程度の効果が期待できる。

著者は，最近までは透過性のよいクロラムフェニコールをメインに使用してきたが，液剤の入手が困難となり，また，錠剤はウサギの嗜好性がよくないため，現在はニューキノロン系の内服薬を主に処方している。ただし，6カ月齢以下のウサギにはクロラムフェニコールを使用すべきである。この場合，エンロフロキサシン（5mg/kg, PO, BID）をシプロヘプタジン塩酸塩シロップ0.04%（0.5～1mL/頭，PO, BID）に混和し，処方することが多い。ウサギに有効とされる他のニューキノロン系抗菌薬でも問題ない。

使用は，眼科疾患の治療のためというよりも眼科疾患の基礎にある歯根膿瘍や鼻炎，あるいは眼科疾患から二次的に起こる皮膚炎などのためと考えたほうがよい。

クロラムフェニコール点眼薬

点眼薬も，その一部は体循環に流入するため，ウサギに内服可能な薬物を選択する必要がある。クロラムフェニコール（一日3回点眼）は眼内移行に優れ，前房内移行は良好である。したがって，角膜穿孔など眼房内への効果を期待する場合や，眼房内に病変が進行するおそれがある場合，著者はクロラムフェニコール点眼薬を選択している。

クロラムフェニコール点眼薬は角膜疾患での使用にも耐える広域抗菌薬であるため，著者は第一選択薬としているが，長期投与により骨髄形成不全が起こるリスクがある（ただし，著者は経験したことはない）。

ニューキノロン系点眼薬

ニューキノロン系点眼薬も角膜浸透性が期待できる。重度の角膜潰瘍では防腐剤を含まない点眼薬が理想であり、著者はオフロキサシン点眼薬（一日3回点眼）を用いているが（写真23-1），内服薬と同じように他のニューキノロン系点眼薬でも問題ない。

重度の角膜疾患や長期使用が想定される症例で処方することが多いが，防腐剤が入っていないため，点眼時に眼球などに接触させないように事細かに使用指導する必要がある。

NSAIDs
メロキシカム

ウサギはステロイドに対する耐性が低いため，ぶどう膜炎などの場合，著者はNSAIDs（メロキシカム）の内服（0.2mg/kg, PO, SID）を選択している。その理由は，ウサギでの使用報告例が多いためであり，副作用に遭遇したことはない。しかし，嘔吐できないウサギにおいて副作用の発見は難しく，基本的には長期使用すべきではない。治療初期より点眼薬と併用し，症状が安定化したら点眼のみとすべきである。

また，本来，メロキシカムの鎮痛効果が期待できるのは眼瞼（皮膚）のみであり，角膜や眼球内の疼痛を直接抑える効果は乏しい。したがって，鎮痛薬として角膜炎や緑内障などに使用する意義は低い。ぶどう膜炎においても直接疼痛を抑えているわけではなく，炎症をコントロールした結果として疼痛が緩和されるという間接的作用と考えるべきである。

ジクロフェナクナトリウム点眼薬

ジクロフェナクナトリウム点眼薬は角膜浸透性の優れたNSAIDsであり，ぶどう膜炎など眼房内効果を期待する場合の第一選択薬となる（写真23-2）。しかし，ジクロフェナクナトリウム点眼薬は，副作用として角膜潰瘍と穿孔が報告されているため，角膜に損傷がある際は使用しないようにしている。使用時は，初期点眼として一日3～4回から始め，症状の緩和とともに回数を漸減し，継続使用が必要な場合は隔日点眼とする。

プラノプロフェン点眼薬

プラノプロフェン点眼薬（一日3回点眼）は，犬では角膜浸透性が乏しいが，ウサギでは角膜浸透性をある程度期待でき，ぶどう膜炎に対する効果も報告されている。ジクロフェナクナトリウムのような角膜損傷にかかわる副作用は，著者の調べた範囲内ではみつけられなかったが，それでも角膜に損傷がある場合は注意して使用したほうがよい。著者は，ぶどう膜炎や重度の結膜炎があり，かつ角膜の損傷がある場合に使用している。

ステロイド
プレドニゾロン

点眼に比べ角膜損傷時の使用に耐えるが，ウサギではステロイドの使用自体で副作用が出やすいため，基本的には使うことはほとんどなく，通常，抗炎症薬の内服はNSAIDsを第一選択としている。使用する場合の用量は0.5～1mg/kg, PO, SIDである。

デキサメタゾン点眼薬

デキサメタゾンに限らずステロイド点眼薬（写真23-3）は，角膜損傷がある場合や細菌感染が疑われる場合には用いるべきではない。診断時点で細菌感染が明瞭に認められなかったとしても，ウサギの眼科疾患に不正咬合や歯根膿瘍が関与している場合は多い。また，疼痛や掻痒による自傷，眼瞼閉鎖不全などから角膜損傷に発展する可能性も高く，積極的に使用すべき薬剤ではない。

デキサメタゾン点眼薬（一日3回点眼）は後述のプレドニゾロン点眼薬よりも角膜浸透性が低く，しかも抗炎症効果は高いため，NSAIDsで解除不能な結膜や瞬膜などの無菌的炎症および浮腫に短期使用を前提として用いている。

プレドニゾロン点眼薬

プレドニゾロン点眼薬（一日3回点眼）は角膜浸透性に優れ，著者はジクロフェナクナトリウム点眼薬による改善が認められないぶどう膜炎などに使用している。しかし，著者の経験上，ジクロフェナクナトリウム点眼薬でコントロール不能なぶどう膜炎には基礎疾患として水晶体損傷や眼窩膿瘍などが隠れており，プレドニゾロン点眼薬でも改善できないことが多い。

角膜保護薬
ヒアルロン酸ナトリウム点眼薬

ヒアルロン酸ナトリウム点眼薬は0.3％と0.1％があり，著者は0.3％を使用している（写真23-4）。ヒアルロン酸ナトリウムは角膜創傷治癒効果や保水効果に優れ，角膜創傷部の圧迫による疼痛緩和も期待できる。著者はウ

第23章 眼科疾患 −薬剤選択のポイント

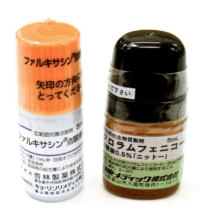

写真 23-1　左よりオフロキサシン点眼薬 0.3％，クロラムフェニコール点眼薬 0.5％

写真 23-2　左よりプラノプロフェン点眼薬 0.1％，ジクロフェナクナトリウム点眼薬 0.1％

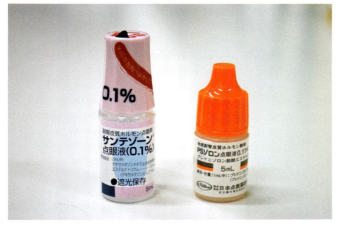

写真 23-3　左よりデキサメタゾンメタスルホ安息香酸エステルナトリウム点眼薬 0.1％，プレドニゾロン酢酸エステル点眼薬 0.11％

写真 23-4　ヒアルロン酸ナトリウム点眼薬 0.3％，左は防腐剤添加，右は無添加

サギの眼科疾患ではほぼすべての症例に使用しており，来院時点で角膜に損傷があるものだけでなく，角膜炎に発展しうる症例にも処方している。

　0.3％点眼薬は防腐剤が入っていないものもあり，重度の角膜潰瘍に用いている。使いきりタイプで，開封時の容器破片除去のために使用前に1〜2滴廃棄する必要があり，使い勝手は悪いが，非常に高い効果がある。初期投与として一日6回，改善とともに漸減し一日3回まで減じても問題がない場合は防腐剤入りの0.3％点眼薬に変更している。

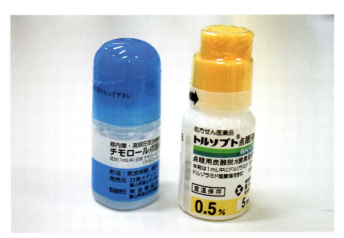

写真 23-5　左よりチモロールマレイン酸塩点眼薬 0.5％，ドルゾラミド塩酸塩点眼薬 0.5％

緑内障治療薬

ドルゾラミド塩酸塩点眼薬

　ドルゾラミド塩酸塩点眼薬（一日3回点眼）（写真 23-5）は炭酸脱水素酵素阻害薬であり，それにより房水産生を抑制し，眼圧下降作用を示す。著者は，ウサギの緑内障の第一選択薬としている。また，後述のチモロールマレイン酸塩点眼薬を治療初期に併用することもあるが，その場合でも安定期に至った場合はドルゾラミド

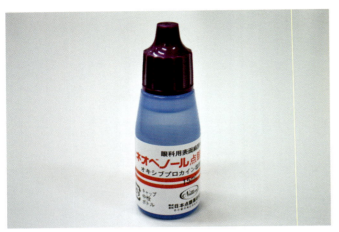
写真 23-6　オキシブプロカイン塩酸塩点眼薬 0.4%

写真 23-7　トロピカミド点眼薬 0.4%

塩酸塩点眼薬の単独使用に変更することが多い。

チモロールマレイン酸塩点眼薬

チモロールマレイン酸塩点眼薬（一日2回）はβ受容体遮断薬であり，cAMP産生を抑制することにより房水産生を抑制し，眼圧を降下させる。その効果は全身に及ぶ可能性があるため，心不全を有するウサギでは症状増悪のおそれがあり，使用すべきではない。著者は，ドルゾラミド塩酸塩点眼薬で眼圧コントロールが難しい場合に併用しているが，状態が安定したら使用頻度を漸減し，ドルゾラミド塩酸塩点眼薬のみでのコントロールを目指している。両薬の合剤も入手可能であるが，高価であり，現在は使用していない。複数の点眼薬を併用する場合はチモロールマレイン酸塩点眼薬を最後に使用する。

鎮痛薬

NSAIDs およびステロイド

前述のように皮膚や眼瞼の疼痛緩和としては使用できるが，角膜や眼球内の痛みに関しての効果は乏しい。

オキシブプロカイン塩酸塩点眼薬

眼表面の疼痛は，角膜神経からきた刺激による毛様体の痙攣が原因である。これを薬剤で抑える場合，NSAIDs ではなく局所麻酔点眼薬であるオキシブプロカイン塩酸塩点眼薬が利用できる（**写真 23-6**）。しかし，オキシブプロカイン塩酸塩点眼薬の頻回使用により逆に角膜損傷を起こす可能性があり，また根本的解決として角膜自身の炎症をコントロールする必要がある。著者は，オキシブプロカイン塩酸塩点眼薬を疼痛による自傷行為が激しい時などに一時的に使用することはあるが，治療として連用すべきではないと考えている。

また，症状として羞明がみられた時に疼痛の所在が角膜にあるかを見極めるためにも使えるが，本来は眼圧測定時や眼科処置時の局所麻酔薬として使用する薬剤である。30秒間隔で2，3回，炎症が強い場合はさらに1，2回追加投与してから検査を行う。

トロピカミド点眼薬

ぶどう膜炎などによる眼球内の疼痛は毛様体の痙攣に由来する。これを抑えられる薬剤は散瞳薬であり，アトロピン分解酵素を有するウサギにおいてはトロピカミド点眼薬を選択する必要がある（**写真 23-7**）。しかし，散瞳薬は眼圧を上昇させる可能性があるため，緑内障には使用してはならない。また，ウサギの場合，ぶどう膜炎は前房蓄膿や緑内障に容易に進行してしまうため，注意する必要がある。トロピカミド点眼薬は，基本的にはぶどう膜炎による疼痛が激しい時に一時的に使用する程度にとどめておくべきであり，著者は通常眼底検査時の散瞳薬として利用している。10分おきに2回点眼する。投与後約20分で最大効果が得られる。

まとめ

今回取り上げた薬剤は犬や猫の治療でも頻繁に使用するものであり，これらを用いればほぼすべてのウサギの眼科疾患に対応できる。薬剤の特性，使用方法，禁忌事項を把握すれば，それぞれの眼科疾患にどの薬剤をつかうか，どんな順番で使うかが容易に計画できるはずである。

第24章
眼科疾患
－治療のポイント

はじめに

　第23章ではウサギによくみられる眼科疾患に使用する薬剤を解説した。本章ではその薬剤を用いた治療方法を疾患ごとに解説する。

　ウサギの眼科疾患は、基礎疾患として不正咬合が関与していることが多い。そのため、一つの疾患がそれのみで発生することは珍しく、いくつかの疾患が併発している場合が多い。結膜炎＋鼻涙管閉塞、ぶどう膜炎＋緑内障、結膜炎＋角膜潰瘍＋ぶどう膜炎など、さまざまな組み合わせが考えられる。

　本章ではそれぞれの疾患に対する著者のプロトコルを記載するが、多くの疾患が併発している場合にはそれぞれのプロトコルを組み合わせて実施する。

　点眼の組み合わせにはいくつかルールがある。
① NSAIDsとステロイドは併用しない（どちらか一方を選択する）。
② 点眼間隔は少なくとも5分以上開ける。
③ より効果を期待する薬剤は最後に点眼する。
④ 水溶性点眼薬→懸濁性点眼薬→油性点眼薬→眼軟膏の順序で点眼する。
⑤ 持続性点眼薬は最後に点眼する（チモロールマレイン酸塩点眼薬など角膜表面でゲル化し有効成分の滞留時間を延長させることで持続性を現す点眼薬は、角膜表面上で薄い膜が形成されるため、最後に点眼する）。

　これらのことを考慮して処方すれば、基本的にはどのような組み合わせでもよい。ヒアルロン酸ナトリウム点眼薬は粘稠度が高い点眼薬であるため、著者は最後に点眼することが多い（④のルール）。ただし、細菌感染を伴う眼科疾患などで、抗菌薬点眼薬の効果を期待する場合は抗菌薬点眼薬を最後に点眼するか（③のルール）、あるいは点眼間隔を十分に開けてヒアルロン酸ナトリウム点眼薬を最後に点眼している。

疾患ごとの治療法

結膜炎

　異物や外傷を原因として発症することもあるが、ウサギでは眼窩膿瘍や角膜潰瘍、ぶどう膜炎、鼻涙管を介しての鼻炎、涙嚢炎などを原因とすることが多い。したがって、結膜炎の治療だけで対処できることはまれであり、原発疾患の見極めと同時治療が重要となる。

　治療はクロラムフェニコールまたはニューキノロン系抗菌薬の点眼薬によるものが主であり、浮腫や充血が強い場合にはNSAIDsの点眼を行うこともある。眼脂が多い場合は点眼前の洗浄を指導し、中性電解水や人工涙液、生理食塩水を処方する。

鼻涙管閉塞および涙嚢炎

　主な原因として、不正咬合に起因する歯根過長や歯根膿瘍による鼻涙管の圧迫（**写真24-1**）、狭窄があげられる。治療は抗菌薬の内服あるいは点眼、および鼻涙管洗浄をメインとする。

　鼻涙管洗浄は局所麻酔としてオキシブプロカイン塩酸塩点眼薬を30秒間隔で4、5回点眼してから実施する。次に、シリンジに24Gの血管留置用カテーテルを装着し、内側下眼瞼にある涙点より生理食塩水をゆっくりと挿

鼻涙管閉塞による流涙，眼脂

鼻涙管洗浄を定期的に行い改善した例

写真 24-1　鼻涙管閉塞

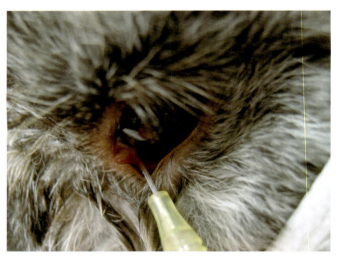

写真 24-2　鼻涙管洗浄

まつ毛用鑷子を用いて涙点を露出している

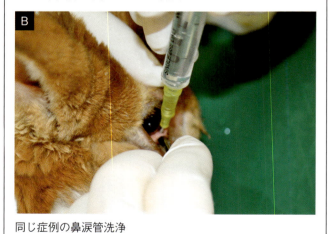

同じ症例の鼻涙管洗浄

写真 24-3　眼瞼の炎症が強く下眼瞼の反転が困難だった症例

入する（**写真 24-2**）。鼻涙管に膿や眼脂が詰まっている場合，鼻孔より白濁した洗浄液が排出する。この排出液が透明になるまで繰り返し，鼻涙管を洗浄する。涙点が拡張している場合，24G では涙点から洗浄液が逆流してくることがあるため，22G の血管留置用カテーテルを使用することもある。しかし，鼻涙管洗浄ではカテーテルの太さよりも挿入深度が重要となる。洗浄液が鼻孔より出てこない場合，洗浄液で鼻涙管に滞積した膿を洗いながら少しずつ奥まで挿入していき，カテーテルの根元まで進めていく。

重度の鼻涙管閉塞では，洗浄間隔は治療開始時 2～3 日に 1 回とし，症状にあわせてその間隔を広げていく。ただし，基礎疾患として不正咬合がある場合，1～2 週間に 1 回の洗浄を継続しなければ，コントロールできない場合も多い。また，眼瞼の炎症が強くて鼻涙管洗浄しにくい場合は，まつ毛用鑷子で下眼瞼を反転させると容易に実施できる（**写真 24-3**）。さらに，結膜の炎症が強くて涙点が閉鎖している場合，結膜炎の治療を優先し，涙点の拡張を待つ必要がある。

写真24-4　猫の爪による角膜穿孔。治癒後。創は水晶体にまで達し，水晶体破嚢による白内障とぶどう膜炎がみられる

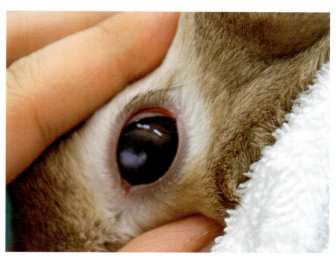
写真24-5　角膜潰瘍治療が遅れ，瘢痕化が広範囲にみられた例

　ウサギの涙点は下眼瞼に1カ所あるだけで，体格に対して大きいため，犬や猫の鼻涙管洗浄に慣れた獣医師であれば，点眼麻酔のみで容易に実施できる。

角膜炎および角膜潰瘍

　ウサギにおいて、角膜炎や角膜潰瘍は乾草などの異物による外傷や同居動物とのケンカなどにより，よくみられる（写真24-4）。また，眼窩膿瘍などによる眼瞼閉鎖不全やぶどう膜炎，鼻涙管閉塞，緑内障などの他の眼科疾患に付随して二次的に起こることも多い。

　角膜は皮膚などとは異なり血管が発達しておらず，自己修復能力は低い。そのため，重度の角膜潰瘍を放置すれば，悪化することが多い。また，慢性化すると血管新生により自ら治癒促進を目指すが，潰瘍部に血管が到達すると瘢痕化し，治癒と引き換えに瘢痕による視覚の妨げが起こりうる（写真24-5）。

　したがって、血管新生が病変部に到達する前に完治させることが治療目標となる。軽度の角膜炎や角膜潰瘍ではクロラムフェニコール点眼薬と0.3％ヒアルロン酸ナトリウム点眼薬を，重度の角膜潰瘍ではオフロキサシン点眼薬と防腐剤無添加の0.3％ヒアルロン酸ナトリウム点眼薬を併用している。

　角膜穿孔に至った場合，重度角膜潰瘍の治療にあわせてNSAIDsや抗菌薬の内服を併用する。角膜穿孔治癒後にぶどう膜炎が残っている場合，ジクロフェナクナトリウム点眼薬を併用する。角膜穿孔に至り，かつすでに前房蓄膿や虹彩膿瘍の形成が始まっている場合、重度角膜潰瘍の治療にあわせてプラノプロフェン点眼薬，NSAIDsや抗菌薬の内服を併用する。前房蓄膿や虹彩癒着などによる緑内障への進行を危惧し，プラノプロフェン点眼薬を初期から併用することも多い。この際、角膜の損傷が悪化しないか注意深く観察する必要があり，来院間隔を短めに設定するか，場合によっては安定化するまで入院治療としている。

　角膜浮腫や血管新生が軽度であれば、プラノプロフェン点眼薬を角膜潰瘍治癒後に使用することが多いが，重度の場合は治療初期から使用している。角膜潰瘍治癒後にプラノプロフェン点眼薬で改善がない場合，デキサメタゾン点眼薬を使用することもできるが，できる限り短期間での使用にすべきであり，著者は1週間の点眼で効果がみられなければ使用を中止している。

ぶどう膜炎

　ぶどう膜炎はその名の通り、ぶどう膜（虹彩，毛様体，脈絡膜）の炎症である。ウサギにおいて、ぶどう膜炎は，①眼球への直接的な外傷、②重度角膜潰瘍，角膜炎（写真24-6）、③血行を介する細菌感染、④ *Encephalitozoon cuniculi* 感染、によって起こる。このうち、①と②は容易に診断できるが，③と④で確定診断に至るのは難しい。③と④はいずれも不正咬合など何らかの基礎疾患による体力減退時に発症しやすく，血清学的検査で *Encephalitozoon cuniculi* が検出されたとしてもぶどう膜炎の原因とは特定できない。また、白内障と水晶体嚢破裂による虹彩膿瘍が確認された場合, *Encephalitozoon uniculi* がぶどう膜炎に関与していると特定できたとしても、細菌感染が併発していないという確定はできな

写真 24-6　重度の角膜潰瘍からぶどう膜炎に進行した例

写真 24-7　重度の角膜炎から前房蓄膿に進行した例

写真 24-8　ぶどう膜炎から虹彩の水晶体癒着が虹彩全周で起こった例。この時点の眼圧は 35mmHg であった。眼圧を改善することができず、1週間後眼圧は一時 50mmHg に達した

い。したがって、著者はぶどう膜炎が確認された場合、抗菌薬と駆虫薬の併用、いわゆるショットガン療法を実施している。具体的にはエンロフロキサシン（10mg/kg, PO, BID）、メロキシカム（0.2mg/kg, PO, SID）、アルベンダゾール（10mg/kg, PO, BID）の内服とクロラムフェニコール点眼薬、ジクロフェナクナトリウム点眼薬（角膜潰瘍がある場合はプラノプロフェン点眼薬）、ヒアルロン酸ナトリウム点眼薬による点眼治療である。

前房蓄膿

前房蓄膿はぶどう膜炎や角膜炎に続発し、ウサギにおいては無菌性白血球遊走反応が多い（写真 24-7）。治療はぶどう膜炎の治療と同じであり、角膜炎併発時にはその治療もあわせて実施する。これらの治療で蓄膿の改善が認められない場合、組織プラスミノーゲンアクチベータ（tPA）25μg の眼内投与を行ってもよい。

緑内障

ウサギの緑内障として、ニュージーランド・ホワイト種における遺伝性緑内障が報告されているが、臨床現場で遭遇する緑内障の多くは続発性緑内障である。続発性緑内障は、ぶどう膜炎に続発して起こるものが特に多く、これは虹彩の水晶体癒着（写真 24-8）や炎症性壊死組織の濾過隅角閉塞などに由来する。

治療はドルゾラミド塩酸塩点眼薬の単独投与から開始し、眼圧下降作用が乏しい場合はチモロールマレイン酸塩点眼薬を併用する。眼圧が正常値に戻った場合、チモロールマレイン酸塩点眼薬を漸減し、停止をめざす。さらに変化のない場合はドルゾラミド塩酸塩点眼薬を漸減し、停止をめざす。しかし、虹彩の水晶体癒着では眼圧の低下が認められない場合も多い。この場合の根本

眼瞼閉鎖不全による角膜潰瘍初期。フルオレセイン試験で潰瘍部を染色した

さらに進行し、眼瞼の形状で角膜に痂皮様肥厚部が形成された

剃毛により眼瞼閉鎖不全の原因である蓄膿部を露出した

さらに進行し、角膜穿孔に至った

蓄膿部を切開し、圧迫排膿した

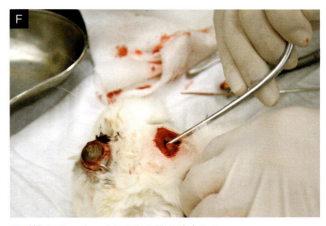
吸引機を用いて、できる限り膿を除去した

写真24-9　眼瞼閉鎖不全の治療

的解決は眼球摘出術であるが、著者はウサギの眼球摘出術を安全に実施できる自信がなく、食欲や元気に影響しない限りは勧めていない。

ぶどう膜炎や角膜炎などが併発している場合は、前述の治療法をあわせて実施する。

眼瞼閉鎖不全

眼球突出や顔面神経麻痺により眼瞼閉鎖不全を起こした場合、角膜は常に露出し、異物や外傷の危機にさらされる。そして、角膜炎や角膜潰瘍（**写真24-9A，B**）、ぶどう膜炎、前房蓄膿と進行することが多い。眼瞼閉鎖不全に至るほど眼球が突出する原因として最も多いの

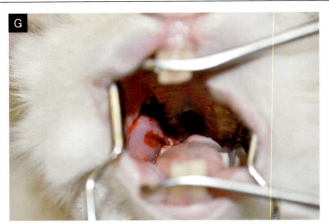
右側上顎臼歯を抜歯した

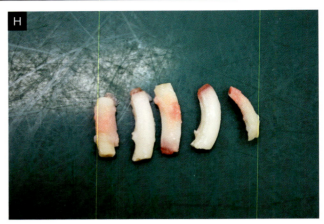
抜歯した臼歯

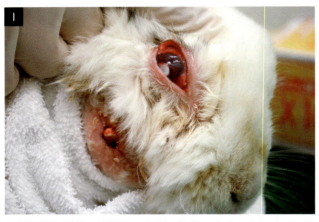
初回排膿処置後1週間目の患部。蓄膿は多少みられるが、眼瞼閉鎖は可能になった

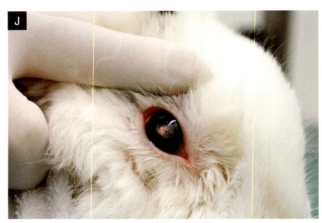
さらに3回排膿処置し、点眼を継続している。飼い主は眼球摘出を望まず、以降クロラムフェニコール点眼薬とヒアルロン酸ナトリウム点眼薬で維持している。

写真 24-9　眼瞼閉鎖不全の治療（つづき）

は不正咬合に由来する眼窩膿瘍であり（写真 24-9C），眼窩腫瘍も原因の一つとしてあげられる。顔面神経麻痺の主な原因は中・内耳炎である。

　治療により閉眼できるようになるまで，眼球の病状は急激に進行していくため，初期治療から角膜炎やぶどう膜炎の治療を並行する。ぶどう膜炎への進行と，角膜穿孔が避けられない場合がほとんどであるため（写真 24-9D），著者はクロラムフェニコール点眼薬とジクロフェナクナトリウム点眼薬，0.3％ヒアルロン酸ナトリウム点眼薬の組み合わせを多用している。以前は角膜穿孔を恐れ，ジクロフェナクナトリウム点眼薬ではなくプラノプロフェン点眼薬を選択していたが，いずれを選択したとしても穿孔を避けることは難しい。また，これらの点眼治療で進行を抑えながら，抗菌薬やNSAIDsの内服，眼窩膿瘍の膿排泄（写真 24-9E，F），不正咬合の抜歯（写真 24-9-G，H），眼窩腫瘍の摘出術など，眼瞼閉鎖不全の主原因に対する治療を積極的に行う。

　眼窩膿瘍に関して，抜歯が成功した場合は閉眼できるようになることもある（写真 24-9I，J）。ただし，抜歯がうまくいかなかった場合，眼窩腫瘍がみられた場合および顔面神経麻痺の改善が認められない場合の予後は悪い。

瞬膜疾患

　ウサギの場合，瞬膜疾患としては炎症が多く，これは結膜炎や眼瞼炎，鼻涙管閉塞などに併発することが多い。これ以外の瞬膜の異常として，瞬膜腺の過形成や蓄膿，腫瘍があげられるが，著者は瞬膜腫瘍に遭遇したことはない。

　細菌が関与しておらず，瞬膜の充血や浮腫のみで角膜

第24章 眼科疾患 －治療のポイント

A 瞬膜浮腫

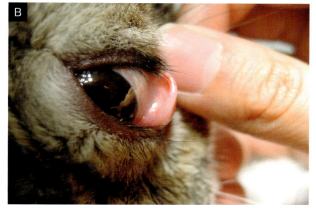
B デキサメタゾン点眼薬を投与しはじめて1週間後の状態

写真 24-10 瞬膜浮腫の治療

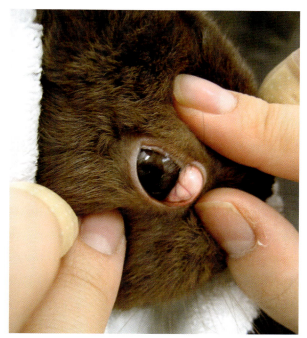
写真 24-11 瞬膜腺過形成

写真 24-12 角膜閉鎖症。この症例はこれ以上結膜の進展が起こらず，無処置とした

炎を伴わないものに対してはデキサメタゾン点眼薬による治療が非常に有効である（**写真 24-10**）。眼脂の増加など細菌感染が疑われる場合，あるいは角膜炎が併発している場合は，抗菌薬点眼薬とプラノプロフェン点眼薬を先行で使用し，改善がみられない時のみプラノプロフェン点眼薬に代えてデキサメタゾン点眼薬を使用する。

また、瞬膜腺の過形成（**写真 24-11**）と蓄膿の外観は非常に類似している（あるいは併発している）。いずれも点眼麻酔下で瞬膜に小切開を加え，圧迫排出を行って治療する。瞬膜腺過形成の際もこれを排出した後に乾性角結膜炎を発症した症例をみたことはないが，ウサギのシルマーティア試験自体信頼度が低く，単に診断できていないだけかもしれない。

角膜閉鎖症

角膜閉鎖症は結膜が進行性に角膜を覆うように内側に成長する疾患であり，未だ原因はわかっていない。軽度のものを含めるとよくみられる疾患であり，未処置のままでも自然にとまることが多いが（**写真 24-12**），まれに角膜全体を覆うように進行することがある。

治療方法として，伸展結膜の切除，輪部への結膜切除断面の縫合，切除後のシクロスポリン点眼薬，プレドニゾロン点眼薬，マイトマイシンC点眼薬など，さまざまな手技が報告されているが，再発率は高い。

著者も上記のさまざまな手法を試みたが，現在のところ，有効な手技は確認できず，どの手法においても完治と再発を経験している。したがって，中心部まで伸展したり，角膜炎が続発する場合以外は無処置としている

が，切除後約 1/3 の症例で再発をしなかったとの報告もあり，今後の研究が期待される。

眼瞼炎

眼瞼は眼の付属臓器ではあるが，治療方針決定の際には皮膚の一部として考えなければならない。そのため，主たる治療は点眼ではなく，抗菌薬の内服となる。炎症や疼痛が激しい場合は抗炎症薬を使用することもできるが，それほど多くない。ただし，眼瞼炎だけが発生していることはきわめてまれであり，角膜炎や鼻涙管閉塞，結膜炎などに伴う眼脂や流涙によって二次的に起こることがほとんどであり，基礎疾患に対する点眼治療は欠かせない。

まとめ

ウサギの診療は敷居の高いものでも，複雑なものでもない。犬や猫に用いる器具や薬剤で対応できる診療である。実際に、抗菌薬や抗炎症薬など、本章で紹介したものよりもベターな選択があるかもしれない。本章では一般診療でも有用かつ，手に入れやすい薬剤をあえて取り上げた。本稿により，この程度なら当院でもできる，意外と簡単ではないかと感じた先生が一人でもおられたら，幸いである。

付録-A

ウサギの来院理由として多い主訴とその鑑別診断リスト

犬や猫と同じように，ウサギの診療でも診断名の確定には大変な労力を要する。これを最も正確かつ効率的に行う方法として，症状に見合った疾患をいくつか想定し，稟告や検査などをもとに絞り込んでいく方法がある。

その参考としていただくため，「付録-1」ではウサギの来院理由として多い主訴とその鑑別診断リストを記載した。主訴は当院への来院理由数の多い順に，鑑別診断リストは当院で診断した症例数の多い順に記載した。掲載した主訴と鑑別診断リストにおいて，すべての疾患を網羅しているわけではないが，かなりの疾患はカバーしたのではないかと考えている。

ウサギの来院理由として多い主訴

1	食欲不振あるいは便秘を主訴とする疾患	付録 2
2	歯ぎしりを主訴とする疾患	付録 3
3	軟便や下痢を主訴とする疾患	付録 3
4	鼻汁やくしゃみを主訴とする疾患	付録 4
5	皮膚異常を主訴とする疾患	付録 4
6	跛行を主訴とする疾患	付録 4
7	元気消失を主訴とする疾患	付録 5
8	赤色尿を主訴とする疾患	付録 6
9	神経疾患を主訴とする疾患	付録 6
10	流涙を主訴とする疾患	付録 7
11	眼脂を主訴とする疾患	付録 8
12	腹囲膨満を主訴とする疾患	付録 8
13	盲腸便の食べ残し（軟便の誤認識）を主訴とする疾患	付録 9
14	「眼が小さくみえる」という主訴の疾患	付録 9
15	排尿障害を主訴とする疾患	付録 9
16	呼吸困難を主訴とする疾患	付録 10
17	眼球突出を主訴とする疾患	付録 10
18	「眼が白くみえる」という主訴の疾患	付録 11
19	「体表部に腫瘤がある」という主訴の疾患	付録 11
20	「耳に異常がある」という主訴の疾患	付録 12
21	多飲多尿を主訴とする疾患	付録 12
22	削痩を主訴とする疾患	付録 12
23	高 BUN 血症を主訴とする疾患	付録 13
24	浮腫を主訴とする疾患	付録 13

> 例
>
> **食欲不振あるいは便秘を主訴とする疾患** ←主訴
> 　消化管運動機能低下症（毛球症）……付録 14 ←鑑別診断リストおよび「付録-B」での記載のページ
> ・食欲不振／軟便，下痢便，異常便，便量減少／ ←主な症状，および確定診断に重要となる主な検査と特
> 　腹囲膨満，元気消失，歯ぎしり，呼吸促迫。　　　　徴

1　食欲不振あるいは便秘を主訴とする疾患

消化管運動機能低下症（毛球症）……付録 14
- 食欲不振／軟便，下痢便，異常便，糞便量減少／腹囲膨満，元気消失，歯ぎしり，呼吸促迫。

不正咬合……付録 15
- 食欲不振，削痩，歯ぎしり，口腔内涎増多，下顎脱毛／流涙，眼脂，眼球突出，くしゃみ，鼻汁，顎周辺膿瘍。

肝リピドーシス……付録 17
- 食欲不振／元気消失／高 TG 血症。

消化管内寄生虫症……付録 16
- 体重減少／軟便，下痢便，異常便，糞便量減少／食欲不振／元気消失。

＊5 カ月齢以下で多い。診断は，糞便検査で寄生虫を発見する。

子宮疾患……付録 26
- 黄色尿に一部血液が混じる，頻尿（−），潜血反応（＋）。

熱中症……付録 43
- 多飲多尿／食欲不振／元気消失／軟便，下痢，異常便／発作，昏睡，呼吸困難，ショック。

＊3 歳以上で多い。

排尿障害を主訴とする疾患……付録 9

呼吸困難を主訴とする疾患……付録 10

中耳炎および内耳炎……付録 29
- 斜頸，眼振，旋回運動，ローリング／食欲不振，元気消失／顔面神経麻痺，流涎，閉眼不全，流涙，眼脂／鼓膜破裂，耳道内蓄膿。

エンセファリトゾーン症……付録 28
- 斜頸，眼振，旋回運動，ローリング，麻痺，発作／食欲不振／白内障，ぶどう膜炎，前房蓄膿／高 BUN 血症，高 CRE 血症。

クロストリジウム性腸炎……付録 17
- 下痢，軟便／食欲不振／元気消失／歯ぎしり／腹囲膨満。

＊ウサギに使用すべきでない抗菌薬の投与歴および高炭水化物食の給餌を確認する。

体表膿瘍……付録 21
- チーズ様膿が蓄積した膿瘍／食欲不振。

足底皮膚炎……付録 23
- 後肢足底部の脱毛，紅斑，糜爛，潰瘍，膿瘍，骨髄炎／跛行／食欲不振／元気消失／敗血症。

脊椎骨折および脱臼……付録 32
- 後躯麻痺／食欲不振／元気消失／尿漏れ／陰部湿性皮膚炎。

＊診断は X 線検査に基づく。

骨盤骨折……付録31
- 片側あるいは両側後肢の脚弱，跛行／食欲不振。
*診断はX線検査に基づく。

肥満……付録43
- 運動不耐性／腹囲膨満／軟便，下痢便，盲腸便の食べ残し／陰部を中心とした湿性皮膚炎，足底皮膚炎。

中毒……付録44
- 食欲不振／元気消失／軟便，下痢／呼吸困難。

分娩異常……付録28
- 腹囲膨満／食欲不振／歯ぎしり，元気消失／陰部出血，排液，死亡胎子の露出。

腎不全……付録35
- 多飲多尿，重度で乏尿／食欲不振／元気消失／下痢／歩行失調，痙攣。

ハエウジ症……付録25
- 発赤，脱毛，湿性皮膚炎／食欲不振／元気消失／削痩。
*ハエウジは会陰部から殿部背側にかけて寄生する。

細菌性肝炎……付録17
- 食欲不振／元気消失／黄疸／高ALT血症，高ALP血症，高AST血症／浮腫，腹水。

糖尿病……付録44
- 食欲不振／元気消失，虚脱状態／高血糖／多飲多尿。

直腸腫瘍……付録18
- 軟便，下痢，排便障害／排尿障害／陰部周辺の湿性皮膚炎。

2　歯ぎしりを主訴とする疾患

不正咬合……付録15
- 食欲不振，削痩，歯ぎしり，口腔内涎増多，下顎脱毛／流涙，眼脂，眼球突出，くしゃみ，鼻汁，顎周辺膿瘍。

消化管運動機能低下症（毛球症）……付録14
- 食欲不振／軟便，下痢便，異常便，糞便量減少／腹囲膨満，元気消失，歯ぎしり，呼吸促迫。

クロストリジウム性腸炎……付録17
- 下痢，軟便／食欲不振／元気消失／歯ぎしり／腹囲膨満。
*ウサギに使用すべきでない抗菌薬の投与歴および高炭水化物食の給餌を確認する。

排尿障害を主訴とする疾患……付録9

脊椎骨折および脱臼……付録32
- 後躯麻痺／食欲不振／元気消失／尿漏れ／陰部湿性皮膚炎。
*診断はX線検査に基づく。

分娩異常……付録28
- 腹囲膨満／食欲不振／歯ぎしり，元気消失／陰部出血，排液，死亡胎子の露出。

ハエウジ症……付録25
- 発赤，脱毛，湿性皮膚炎／食欲不振／元気消失／削痩。
*ハエウジは会陰部から殿部背側にかけて寄生する。

3　軟便や下痢を主訴とする疾患

消化管運動機能低下症（毛球症）……付録14
- 食欲不振／軟便，下痢便，異常便，糞便量減少／腹囲膨満，元気消失，歯ぎしり，呼吸促迫。

消化管内寄生虫症……付録16

- 体重減少／軟便，下痢便，異常便，糞便量減少／食欲不振／元気消失。

＊5カ月齢以下に多い。診断は，糞便検査で寄生虫を発見する。

クロストリジウム性腸炎……付録17
- 下痢，軟便／食欲不振／元気消失／歯ぎしり／腹囲膨満。

＊ウサギに使用すべきでない抗菌薬の投与歴および高炭水化物食の給餌を確認する。

直腸腫瘍……付録18
- 軟便，下痢，排便障害／排尿障害／陰部周辺の湿性皮膚炎。

4　鼻汁やくしゃみを主訴とする疾患

不正咬合……付録15
- 食欲不振，削痩，歯ぎしり，口腔内涎増多，下顎脱毛／流涙，眼脂，眼球突出，くしゃみ，鼻汁，顎周辺膿瘍。

鼻炎および副鼻腔炎……付録18
- くしゃみ，鼻汁，呼吸困難，開口呼吸／食欲不振／元気消失。

下部呼吸器炎症……付録18
- 食欲不振／元気消失／呼吸困難，開口呼吸／くしゃみ，鼻汁。

トレポネーマ症……付録24
- 鼻孔，口唇，眼瞼，陰部，肛門周辺の紅斑，腫脹，痂疲／鼻汁，くしゃみ／流涙，眼脂／排尿障害。

5　皮膚異常を主訴とする疾患

外部寄生虫症……付録22
- 脱毛，発赤，鱗屑（特に頸部背側～胸部背側）。

湿性皮膚炎……付録21
- 脱毛，発赤，痂皮，潰瘍（内眼角，下顎，陰部，肛門周囲）。

毛抜き行動……付録23
- 脱毛（頸部腹側，陰部周囲）／発赤（－）。

皮膚糸状菌症……付録24
- 脱毛／紅斑，鱗屑，痂疲。

足底皮膚炎……付録23
- 後肢足底部の脱毛，紅斑，糜爛，潰瘍，膿瘍，骨髄炎／跛行／食欲不振／元気消失／敗血症。

注射反応性皮膚炎……付録26
- 背部皮膚の潰瘍，痂疲，壊死，膿瘍。

＊2カ月以内の注射治療歴を確認する。

トレポネーマ症……付録24
- 鼻孔，口唇，眼瞼，陰部，肛門周辺の紅斑，腫脹，痂疲／鼻汁，くしゃみ／流涙，眼脂／排尿障害。

ハエウジ症……付録25
- 発赤，脱毛，湿性皮膚炎／食欲不振／元気消失／削痩。

＊ハエウジは会陰部から殿部背側にかけて寄生する。

6　跛行を主訴とする疾患

中耳炎および内耳炎……付録29
- 斜頸，眼振，旋回運動，ローリング／食欲不振，元気消失／顔面神経麻痺，流涎，閉眼不全，流涙，眼脂／鼓膜破裂，耳道内蓄膿。

エンセファリトゾーン症……付録28

- 斜頸，眼振，旋回運動，ローリング，麻痺，発作／食欲不振／白内障，ぶどう膜炎，前房蓄膿／高BUN血症，高CRE血症。

四肢骨折……付録30
- 患肢の挙上，跛行／食欲（＋）。
- ＊診断はX線検査に基づく。

脊椎骨折および脱臼……付録32
- 後躯麻痺／食欲不振／元気消失／尿漏れ／陰部湿性皮膚炎。
- ＊診断はX線検査に基づく。

骨盤骨折……付録31
- 片側あるいは両側後肢の脚弱，跛行／食欲不振。
- ＊診断はX線検査に基づく。

四肢脱臼……付録33
- 患肢の挙上，跛行／食欲（＋）。
- ＊診断はX線検査に基づく。

足底皮膚炎……付録23
- 後肢足底部の脱毛，紅斑，糜爛，潰瘍，膿瘍，骨髄炎／跛行／食欲不振／元気消失／敗血症。

椎間板ヘルニア……付録32
- 疼痛／元気消失／四肢不全麻痺／飲水量減少。

関節炎……付録33
- 跛行／姿勢異常。
- ＊診断はX線検査に基づく。

開張症……付録44
- 後肢（まれに前肢）の開張姿勢。
- ＊4カ月齢以下で多い。慢性進行性である。

腎不全……付録35
- 多飲多尿，重度で乏尿／食欲不振／元気消失／下痢／歩行失調，痙攣。

7　元気消失を主訴とする疾患

消化管運動機能低下症（毛球症）……付録14
- 食欲不振，軟便，下痢便，異常便，糞便量減少／腹囲膨満，元気消失，歯ぎしり，呼吸促迫。

不正咬合……付録15
- 食欲不振，削痩，歯ぎしり，口腔内涎増多，下顎脱毛／流涙，眼脂，眼球突出，くしゃみ，鼻汁，顎周辺膿瘍。

消化管内寄生虫症……付録16
- 体重減少／軟便，下痢便，異常便，糞便量減少／食欲不振／元気消失。
- ＊5カ月齢以下で多い／診断は，糞便検査で寄生虫を発見する。

子宮疾患……付録26
- 黄色尿に一部血液が混じる，頻尿（－），潜血反応（＋）。

肝リピドーシス……付録17
- 食欲不振／元気消失／高TG血症。

熱中症……付録43
- 多飲多尿／食欲不振／元気消失／軟便，下痢，異常便／発作，昏睡，呼吸困難，ショック。
- 3歳以上で多い。

脊椎骨折および脱臼……付録32

- 後躯麻痺／食欲不振／元気消失／尿漏れ，陰部湿性皮膚炎。
- 診断はX線検査に基づく。

クロストリジウム性腸炎……付録17
- 下痢，軟便／食欲不振／元気消失／歯ぎしり／腹囲膨満。
- ウサギに使用すべきでない抗菌薬の投与歴および高炭水化物食の給餌を確認する。

呼吸困難を主訴とする疾患……付録10

跛行を主訴とする疾患……付録4

肥満……付録43
- 運動不耐性／腹囲膨満／軟便，下痢便，盲腸便の食べ残し／陰部を中心とした湿性皮膚炎，足底皮膚炎。

分娩異常……付録28
- 腹囲膨満および食欲不振／歯ぎしり，元気消失／陰部出血，排液，死亡胎子の露出。

腎不全……付録35
- 多飲多尿，重度で乏尿／食欲不振／元気消失／下痢／歩行失調，痙攣。

中毒……付録44
- 食欲不振／元気消失／軟便，下痢／呼吸困難。

ハエウジ症……付録25
- 発赤，脱毛，湿性皮膚炎／食欲不振／元気消失／削痩。

＊ハエウジは会陰部から殿部背側にかけて寄生する。

糖尿病……付録44
- 食欲不振／元気消失，虚脱状態／高血糖／多飲多尿。

細菌性肝炎……付録17
- 食欲不振／元気消失／黄疸／高ALT血症，高ALP血症，高AST血症／浮腫，腹水。

8　赤色尿を主訴とする疾患

色素尿……付録33
- 尿全体がオレンジ～褐色，時間とともに変色，頻尿（－），潜血反応（－）。

子宮疾患……付録26
- 黄色尿に一部血液が混じる，頻尿（－），潜血反応（＋）。

膀胱結石および尿道結石……付録34
- 尿全体が赤色，頻尿（＋），潜血反応（＋）。

膀胱炎……付録33
- 尿全体が赤色／頻尿（＋），潜血反応（＋）。

腎結石および尿管結石……付録35
- 尿全体が赤色，頻尿（－），潜血反応（＋）。

分娩異常……付録28
- 腹囲膨満／食欲不振／歯ぎしり，元気消失／陰部出血，排液，死亡胎子の露出。

膀胱腫瘍……付録36
- 尿全体が赤色，頻尿（＋），潜血反応（＋）。

9　神経症状を主訴とする疾患

中耳炎および内耳炎……付録29
- 斜頸，眼振，旋回運動，ローリング／食欲不振，元気消失／顔面神経麻痺，流涎，閉眼不全，流涙，眼脂／鼓膜破裂，耳道内蓄膿。

エンセファリトゾーン症……付録28
- 斜頸，眼振，旋回運動，ローリング，麻痺，発作／食欲不振／白内障，ぶどう膜炎，前房蓄膿／高BUN血症，高CRE血症。

脊椎骨折および脱臼……付録32
- 後躯麻痺／食欲不振／元気消失／尿漏れ，陰部湿性皮膚炎。
＊診断はX線検査に基づく。

椎間板ヘルニア……付録32
- 疼痛／元気消失／四肢不全麻痺／飲水量減少。

特発性てんかん……付録30
- 発作。
＊元気や食欲は正常な場合が多い。

熱中症……付録43
- 多飲多尿／食欲不振／元気消失／軟便，下痢，異常便／発作，昏睡，呼吸困難，ショック。
＊3歳以上で多い。

腎不全……付録35
- 多飲多尿，重度で乏尿／食欲不振／元気消失／下痢／歩行失調，痙攣。

鉛中毒
＊現時点で著者は確定診断したことがない。

脳腫瘍
＊現時点で著者は確定診断したことがない。

狂犬病

10　流涙を主訴とする疾患

鼻涙管狭窄，閉塞，および涙嚢炎……付録37
- 流涙または眼脂／内眼角皮膚炎。
＊鼻孔からのフルオレセイン試験液排出不全で確認する。

不正咬合……付録15
- 食欲不振，削痩，歯ぎしり，口腔内涎増多，下顎脱毛／流涙，眼脂，眼球突出，くしゃみ，鼻汁，顎周辺膿瘍。

角膜炎および角膜潰瘍……付録37
- フルオレセイン試験（＋）／流涙または眼脂（＋）／眼瞼痙攣／角膜透過性低下。

結膜炎……付録36
- 結膜充血，浮腫／流涙または眼脂（＋）／眼瞼痙攣。

ぶどう膜炎……付録38
- 結膜充血／眼瞼痙攣／流涙／フレア（＋）／眼球陥凹／角膜浮腫／縮瞳。
＊眼圧低下を伴うことが多い。

眼窩膿瘍……付録39
- 眼球突出／流涙，眼脂／眼圧正常／重度で食欲不振，元気消失。

緑内障……付録39
- 散瞳／結膜，強膜充血／眼圧上昇（30mmHg以上）／眼瞼痙攣／流涙。

トレポネーマ症……付録24
- 鼻孔，口唇，眼瞼，陰部，肛門周辺の紅斑，腫脹，痂疲／鼻汁，くしゃみ／流涙，眼脂／排尿障害。

角膜閉塞症……付録41
- 角膜中央に向け伸展する結膜／流涙，眼脂。

瞬膜腺（第三眼瞼線）過形成……付録42
- 瞬膜腫大／流涙，眼脂。

眼窩腫瘍……付録42
- 眼球突出／眼圧正常／流涙，眼脂。
* X線検査などにより不正咬合を除外する。

11　眼脂を主訴とする疾患

鼻涙管狭窄，閉塞，および涙嚢炎……付録37
- 流涙または眼脂／内眼角皮膚炎。
* 鼻孔からのフルオレセイン試験液排出不全で確認する。

不正咬合……付録15
- 食欲不振，削痩，歯ぎしり，口腔内涎増多，下顎脱毛／流涙，眼脂，眼球突出，くしゃみ，鼻汁，顎周辺膿瘍。

結膜炎……付録36
- 結膜充血，浮腫／流涙または眼脂（＋）／眼瞼痙攣。

角膜炎および角膜潰瘍……付録37
- フルオレセイン試験（＋）／流涙または眼脂（＋）／眼瞼痙攣／角膜透過性低下。

眼窩膿瘍……付録39
- 眼球突出／流涙，眼脂／眼圧正常／重度で食欲不振，元気消失。

緑内障……付録39
- 散瞳／結膜，強膜充血／眼圧上昇（30mmHg以上）／眼瞼痙攣／流涙。

トレポネーマ症……付録24
- 鼻孔，口唇，眼瞼，陰部，肛門周辺の紅斑，腫脹，痂疲／鼻汁，くしゃみ／流涙，眼脂／排尿障害。

眼球癆……付録42
- 眼球萎縮／眼脂／眼瞼痙攣。

角膜閉塞症……付録41
- 角膜中央に向け伸展する結膜／流涙，眼脂。

瞬膜腺（第三眼瞼線）過形成……付録42
- 瞬膜腫大／流涙，眼脂。

眼窩腫瘍……付録42
- 眼球突出／眼圧正常／流涙，眼脂。
* X線検査などにより不正咬合を除外する。

12　腹囲膨満を主訴とする疾患

消化管運動機能低下症（毛球症）……付録14
- 食欲不振／軟便，下痢便，異常便，糞便量減少／腹囲膨満，元気消失，歯ぎしり，呼吸促迫。

子宮疾患……付録26
- 黄色尿に一部血液が混じる，頻尿（－），潜血反応（＋）。

クロストリジウム性腸炎……付録17
- 下痢，軟便／食欲不振／元気消失／歯ぎしり／腹囲膨満。
* ウサギに使用すべきでない抗菌薬の投与歴や高炭水化物食の給餌を確認する。

肥満……付録43
- 運動不耐性／腹囲膨満／軟便，下痢便，盲腸便の食べ残し／陰部を中心とした湿性皮膚炎，足底皮膚炎。

呼吸困難を主訴とする疾患……付録10

付録-A　ウサギの来院理由として多い主訴とその鑑別診断リスト

排尿障害を主訴とする疾患……付録9
分娩異常……付録28
- 腹囲膨満／食欲不振／歯ぎしり，元気消失／陰部出血，排液，死亡胎子の露出。

細菌性肝炎……付録17
- 食欲不振／元気消失／黄疸／高ALT血症，高ALP血症，高AST血症／浮腫，腹水。

13　盲腸便の食べ残し（軟便の誤認識）を主訴とする疾患

軟便や下痢を呈する疾患の誤認識……付録3
＊飼い主が下痢や軟便を盲腸便の食べ残しと主張する場合が多い。

肥満……付録43
- 運動不耐性／腹囲膨満／軟便，下痢便，盲腸便の食べ残し／陰部を中心とした湿性皮膚炎，足底皮膚炎。

中耳炎および内耳炎……付録29
- 斜頸，眼振，旋回運動，ローリング／食欲不振，元気消失／顔面神経麻痺，流涎，閉眼不全，流涙，眼脂／鼓膜破裂，耳道内蓄膿。

脊椎骨折および脱臼……付録32
- 後躯麻痺／食欲不振／元気消失／尿漏れ，陰部湿性皮膚炎。
＊診断はX線検査に基づく。

椎間板ヘルニア……付録32
- 疼痛／元気消失／四肢不全麻痺／飲水量減少。

開張症……付録44
- 後肢（まれに前肢）の開張姿勢。
＊4カ月齢以下で多い。慢性進行性である。

14　「眼が小さくみえる」という主訴の疾患

角膜炎および角膜潰瘍……付録37
- フルオレセイン試験（＋）／流涙または眼脂（＋）／眼瞼痙攣／角膜透過性低下。

結膜炎……付録36
- 結膜充血，浮腫／流涙または眼脂（＋）／眼瞼痙攣。

ぶどう膜炎……付録38
- 結膜充血／眼瞼痙攣／流涙／フレア（＋）／眼球陥凹／角膜浮腫／縮瞳。
＊眼圧低下を伴うことが多い。

眼球癆……付録42
- 眼球萎縮／眼脂／眼瞼痙攣。

中耳炎および内耳炎……付録29
- 斜頸，眼振，旋回運動，ローリング／食欲不振，元気消失／顔面神経麻痺，流涎，閉眼不全，流涙，眼脂／鼓膜破裂，耳道内蓄膿。

15　排尿障害を主訴とする疾患

子宮疾患……付録26
- 黄色尿に一部血液が混じる，頻尿（－），潜血反応（＋）。

膀胱結石および尿道結石……付録34
- 尿全体が赤色，頻尿（＋），潜血反応（＋）。

膀胱炎……付録33

- 尿全体が赤色，頻尿（＋），潜血反応（＋）

トレポネーマ症……付録 24
- 鼻孔，口唇，眼瞼，陰部，肛門周辺の紅斑，腫脹，痂疲／鼻汁，くしゃみ／流涙，眼脂／排尿障害。

脊椎骨折および脱臼……付録 32
- 後駆麻痺／食欲不振／元気消失／尿漏れ，陰部湿性皮膚炎。
＊診断はX線検査に基づく。

陰嚢ヘルニア……付録 27
- 陰嚢腫大／排尿障害（＋）。

肥満……付録 43
- 運動不耐性／腹囲膨満／軟便，下痢便，盲腸便の食べ残し／陰部を中心とした湿性皮膚炎，足底皮膚炎。

ハエウジ症……付録 25
- 発赤，脱毛，湿性皮膚炎／食欲不振／元気消失／削痩。
＊ハエウジは会陰部から殿部背側にかけて寄生する。

直腸腫瘍……付録 18
- 軟便，下痢，排便障害／排尿障害／陰部周辺の湿性皮膚炎。

膀胱腫瘍……付録 36
- 尿全体が赤色，頻尿（＋），潜血反応（＋）。

16 呼吸困難を主訴とする疾患

鼻炎および副鼻腔炎……付録 18
- くしゃみ，鼻汁，呼吸困難，開口呼吸／食欲不振／元気消失。

下部呼吸器炎症……付録 18
- 食欲不振／元気消失／呼吸困難，開口呼吸／くしゃみ，鼻汁。

消化管運動機能低下症（毛球症）……付録 14
- 食欲不振／軟便，下痢便，異常便，糞便量減少／腹囲膨満，元気消失，歯ぎしり，呼吸促迫。

肺腫瘍……付録 19
- 呼吸困難，開口呼吸／食欲不振／元気消失，運動不耐性。

肺水腫……付録 20
- 呼吸困難，開口呼吸／失神／食欲不振／元気消失，運動不耐性。

胸腺腫……付録 19
- 両眼球突出，第三眼瞼突出／眼圧正常／呼吸困難。

心不全……付録 43
- 呼吸困難／失神／食欲不振／元気消失。
＊X線検査において心肥大，胸水，肺水腫，腹水を確認する。

横隔膜ヘルニア……付録 20
- 呼吸困難，開口呼吸／食欲不振／元気消失／削痩。
＊診断はX線検査に基づく。

中毒……付録 44
- 食欲不振／元気消失／軟便，下痢／呼吸困難。

17 眼球突出を主訴とする疾患

不正咬合……付録 15
- 食欲不振，削痩，歯ぎしり，口腔内涎増多，下顎脱毛／流涙，眼脂，眼球突出，くしゃみ，鼻汁，顎周辺膿瘍。

眼窩膿瘍……付録39
- 眼球突出／流涙，眼脂／眼圧正常／重度で食欲不振，元気消失。

緑内障……付録39
- 散瞳／結膜，強膜充血／眼圧上昇（30mmHg以上）／眼瞼痙攣／流涙。

胸腺腫……付録19
- 両眼球突出，第三眼瞼突出／眼圧正常／呼吸困難。

眼窩腫瘍……付録42
- 眼球突出／眼圧正常／流涙，眼脂。

＊X線検査などにより不正咬合を除外する。

心不全……付録43
- 呼吸困難／失神／食欲不振／元気消失

＊X線検査で心肥大，胸水，肺水腫，腹水を確認する。

18 「眼が白くみえる」という主訴の疾患

角膜炎および角膜潰瘍……付録37
- フルオレセイン試験（＋）／流涙または眼脂（＋）／眼瞼痙攣／角膜透過性低下。

ぶどう膜炎……付録38
- 結膜充血／眼瞼痙攣／流涙／フレア（＋）／眼球陥凹／角膜浮腫／縮瞳。

＊眼圧低下を伴うことが多い。

白内障……付録40
- 水晶体，水晶体嚢の白濁。

＊透照法による水晶体観察では白くみえる。

水晶体核硬化……付録40
- 水晶体中心部の白濁。

＊透照法による水晶体観察では灰白色半透明にみえる。

眼球癆……付録42
- 眼球萎縮／眼脂／眼瞼痙攣。

角膜瘢痕化……付録39
- 角膜上に形成される血管新生を伴った白色の瘢痕。

角膜閉塞症……付録41
- 角膜中央に向け伸展する結膜／流涙，眼脂。

19 「体表部に腫瘤がある」という主訴の疾患

体表膿瘍……付録21
- チーズ様膿が蓄積した膿瘍／食欲不振。

乳腺腫瘍……付録27
- 乳腺に形成される腫瘤／食欲（＋）／疼痛（－）。

体表腫瘍……付録21
- 腫瘤／食欲（＋）／疼痛（－）。

精巣腫瘍……付録27
- 精巣腫大／排尿障害（－）。

陰嚢ヘルニア……付録27
- 陰嚢腫大／排尿障害（＋）。

トレポネーマ症……付録24
- 鼻孔，口唇，眼瞼，陰部，肛門周辺の紅斑，腫脹，痂疲／鼻汁，くしゃみ／流涙，眼脂／排尿障害。

20 「耳に異常がある」という主訴の疾患
耳ダニ症……付録25
- 茶色痂皮様滲出物／耳介を掻く，耳道に足を入れる，頭を振る。

＊診断は，滲出物の鏡検により耳ダニを検出する。

細菌性外耳炎……付録25
- 白色クリーム状耳垢／耳介を掻く，耳道に足を入れる，頭を振る。

中耳炎および内耳炎……付録29
- 斜頸，眼振，旋回運動，ローリング／食欲不振，元気消失／顔面神経麻痺，流涎，閉眼不全，流涙，眼脂／鼓膜破裂，耳道内蓄膿。

21 多飲多尿を主訴とする疾患
飼育環境不備

＊環境温25℃以上，または環境湿度60％以上では，多飲多尿が発症する可能性が高くなる。

腎不全……付録35
- 多飲多尿，重度で乏尿／食欲不振／元気消失／下痢／歩行失調，痙攣。

熱中症……付録43
- 多飲多尿／食欲不振／元気消失／軟便，下痢，異常便／発作，昏睡，呼吸困難，ショック。

＊3歳以上で多い。

糖尿病……付録44
- 食欲不振／元気消失，虚脱状態／高血糖／多飲多尿。

22 削痩を主訴とする疾患
不正咬合……付録15
- 食欲不振，削痩，歯ぎしり，口腔内涎増多，下顎脱毛／流涙，眼脂，眼球突出，くしゃみ，鼻汁，顎周辺膿瘍。

子宮疾患……付録26
- 黄色尿に一部血液が混じる，頻尿（－），潜血反応（＋）。

消化管内寄生虫症……付録16
- 体重減少／軟便，下痢便，異常便，糞便量減少／食欲不振／元気消失。

＊診断は，糞便検査で寄生虫を発見する。

腎不全……付録35
- 多飲多尿，重度で乏尿／食欲不振／元気消失／下痢／歩行失調，痙攣。

膀胱結石および尿道結石……付録34
- 尿全体が赤色，頻尿（＋），潜血反応（＋）。

呼吸困難を主訴とする疾患……付録10

食欲不振を主訴とする疾患（慢性期）……付録2

ハエウジ症……付録25
- 発赤，脱毛，湿性皮膚炎／食欲不振／元気消失／削痩。

＊ハエウジは会陰部から殿部背側に寄生する。

23　高BUN血症を主訴とする疾患

腎不全……付録35
- 多飲多尿，重度で乏尿／食欲不振／元気消失／下痢／歩行失調，痙攣。

心不全……付録43
- 呼吸困難／失神／食欲不振／元気消失
* X線検査で心肥大，胸水，肺水腫，腹水を確認する。

排尿障害を主訴とする疾患……付録9

消化管運動機能低下症（毛球症）……付録14
- 食欲不振／軟便，下痢便，異常便，糞便量減少／腹囲膨満，元気消失，歯ぎしり，呼吸促迫。

不正咬合……付録15
- 食欲不振，削痩，歯ぎしり，口腔内涎増多，下顎脱毛／流涙，眼脂，眼球突出，くしゃみ，鼻汁，顎周辺膿瘍。

子宮疾患……付録26
- 黄色尿に一部血液が混じる，頻尿（−），潜血反応（＋）。

熱中症……付録43
- 多飲多尿／食欲不振／元気消失／軟便，下痢，異常便／発作，昏睡，呼吸困難，ショック。
* 3歳以上で多い。

麻酔による循環不全

24　浮腫を主訴とする疾患

食欲不振由来低タンパク血症……付録2

心不全……付録43
- 呼吸困難／失神／食欲不振／元気消失。
* X線検査で心肥大，胸水，肺水腫，腹水を確認する。

腎不全……付録35
- 多飲多尿，重度で乏尿／食欲不振／元気消失／下痢／歩行失調，痙攣。

細菌性肝炎……付録17
- 食欲不振／元気消失／黄疸／高ALT血症，高ALP血症，高AST血症／浮腫，腹水。

付録-B
ウサギにみられる主な疾患

　ウサギにみられる主な疾患について，診療中でも瞬時に目を通せるように，症状，診断ポイント，発症要因，および治療に関する概要をできるだけ簡潔にまとめた。消化管運動機能低下症や不正咬合など，特によくみられる疾患については本文で詳しく解説しているため，詳細を知りたい場合はそちらを参照していただきたい。

　疾患の掲載は著者の病院で診療件数の多い項目順に消化器疾患，皮膚疾患，生殖器疾患…とし，さらに個々の疾患についても消化管運動機能低下症，不正咬合，消化管内寄生虫症…と診療件数の多い順に並べた。また，診断法や治療法は著者が実際に行っている方法であり，より適切な診断法や治療法もあるかもしれない（あるいは，今後発案されるかもしれない）。そのため，本稿は参考程度に考えていただき，それぞれの獣医師の経験に基づき，よりよい疾患リストにすべく，日々アップデートしていただければ幸いである。

消化器疾患
消化管運動機能低下症（毛球症）……p.45, 55

症状

　食欲不振。消化管運動機能低下による軟便，下痢便，異常便，糞便量減少。胃膨満（**写真1**），腸管内ガス貯留（**写真2**）による腹囲膨満，元気消失，歯ぎしり，呼吸促迫。

診断

　どのような原因であれ24時間以上の食欲不振がみられた場合，消化管運動機能低下症（毛球症）を併発していると考える。X線検査で胃膨満（VD像において胃後縁が最後肋骨より尾側にある）または腸管内ガス貯留像を確認する。

発症に関連する要因

　換毛期。低繊維食の多給。あらゆる食欲不振疾患に続発する。

治療

- 水分摂取量が減少している場合，皮下輸液を毎日実施する。
- 抗菌薬（6カ月齢以下はトリメトプリム・サルファ合剤 30mg/kg，BID，7カ月齢以上はエンロフロキサシ

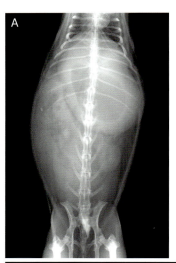
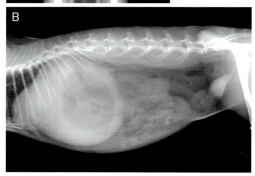

写真1　胃膨満により胃後縁が最後肋骨より尾側にある。VD像（A），ラテラル像（B）

ン 5mg/kg, BID), モサプリド (0.5mg/kg, BID), メトクロプラミド (0.5mg/kg, BID), およびシプロヘプタジン塩酸塩シロップ 0.04% (0.5〜1mL/頭, BID) を混和したものを処方する。

- 元気消失や歯ぎしりが認められる場合, メロキシカム (0.2mg/kg/日) とファモチジン (0.5〜1mg/kg, BID) を併用する。
- 発症時が換毛期の場合, 念のためにラキサトーン (1mg/kg, BID〜TID, PO) を併用する。
- 内服や輸液を行っても食欲の改善が認められない場合, 流動食の強制給餌を実施する。
- これらの内科療法に反応がない場合は胃切開術が必要となることもある。
- 発症初期に突然死する症例もあり (おそらく胃拡張による後大静脈圧迫, あるいは後大静脈圧迫解除時のショック死, クロストリジウム性腸炎などによる), 診察前に飼い主に十分に説明しておく必要がある。

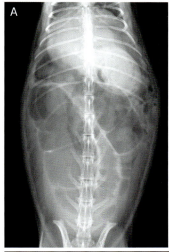
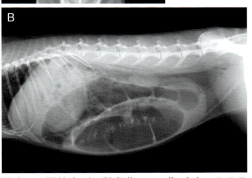

写真2 腸管内ガス貯留像。VD像 (A), ラテラル像 (B)

不正咬合……p.67, 77

症状
切歯, 臼歯の口唇, 口腔粘膜接触による食欲不振, 削痩, 歯ぎしり, 口腔内涎増多, 下顎脱毛。歯根過長, 炎症, 蓄膿による流涙, 眼脂, 眼球突出, くしゃみ, 鼻汁, 顎周辺膿瘍。

診断
切歯の不正咬合 (写真3-A) は容易に確認できる。臼歯不正咬合 (写真3-B) は耳鏡, 膣鏡などによる視診, または頭部X線検査が必要となるが, 麻酔下での開口検査が必要な場合もある (下顎後臼歯外側棘化など)。

発症に関連する要因
ドワーフ種やロップイヤー種などの短頭種の先天性異常。乾草供給不足。低繊維食の多給。

治療
- 歯科用ドリルによる過伸長部の切断, 切削。
- 口唇や口腔粘膜に炎症を認める場合, 抗菌薬 (6カ月齢以下はクロラムフェニコール 30mg/kg, BID, 7カ月齢以上はエンロフロキサシン 5〜10mg/kg, BID) を使用する。
- 食欲不振が解消されない場合, モサプリド (0.5mg/kg, BID), メトクロプラミド (0.5mg/kg, BID), およびシプロヘプタジン塩酸塩シロップ 0.04% (0.5〜1mL/頭, BID) を混和したものを処方する。また, 水分摂取量が減少している症例には皮下輸液を毎日実施し, 内服や輸液を行っても食欲不振が認められる場合は流動食の強制給餌を実施する。
- 元気消失や歯ぎしりが認められる場合, メロキシカム (0.2mg/kg/日) とファモチジン (0.5〜1mg/kg, BID) を併用する。
- 膿瘍が形成されている場合, 膿瘍被膜ごと完全摘出することが望まれるが, 炎症の源となる歯を抜歯しなければ再発することが多い。

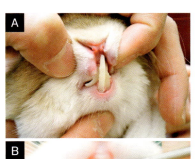

写真3 切歯 (A) および臼歯 (B) の不正咬合

消化管内寄生虫症

症状
5カ月齢以下での発症が多く，コクシジウムにおいては体重減少，軟便，下痢，食欲不振を示す。4カ月齢以下で発症した場合，死に至ることも珍しくない。蟯虫（**写真4**）が下痢や食欲不振につながることはまれである。また，成長期以降のウサギにおいて，ジアルジア単独で症状が出ることもまれである。

診断
糞便検査を行う。肉眼検査では蟯虫が，直接塗抹法ではジアルジアが，浮遊法ではコクシジウム（**写真5**）が検出されやすい。時に花粉（**写真6**）や*Cyniclomyces guttulatus*（**写真7**）をコクシジウムなどの寄生虫と誤認することがあるため，注意が必要である。*C. guttulatus*は酵母菌の一種であり，現在のところその増減に診断的意義はないといわれている。

発症に関連する要因
6週齢以下のウサギを強制離乳することによる免疫不全，および不適切な食餌内容による腸内細菌叢の撹乱が症状の重篤化にかかわる。

治療
- コクシジウムに対してはトリメトプリム・サルファ合剤（30mg/kg，BID，3週間）を，ジアルジアに対してはメトロニダゾール（25mg/kg，BID，3週間）を，蟯虫に対してはアルベンダゾール（10mg/kg，BID，3週間）を処方する。
- 食欲不振が解消されない場合，メロキシカム（0.2mg/kg/日），ファモチジン（0.5〜1mg/kg，BID），モサプリド（0.5mg/kg，BID），メトクロプラミド（0.5mg/kg，BID），およびシプロヘプタジン塩酸塩シロップ0.04%（0.5〜1mL/頭，BID）を混和したものを処方する。また，水分摂取量が減少している場合は，皮下輸液を毎日実施し，内服や輸液を行っても食欲不振が認められる場合は流動食の強制給餌を実施する。

写真5　コクシジウム

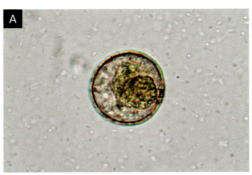

写真6　花粉（AおよびB）

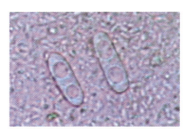
写真7　*C. guttulatus*

写真4　蟯虫（AおよびB）

クロストリジウム性腸炎

症状
下痢，軟便。腸管内ガス貯留による腹囲膨満，歯ぎしり。食欲不振。元気消失。4カ月齢以下のウサギにおいては致死的経過をたどることもある。

診断
低繊維質・高炭水化物食の多給，不衛生な飼育環境，ウサギに使用すべきでない抗菌薬（ペニシリン，リンコマイシン，アモキシシリン，アンピシリン，セファレキシン，クリンダマイシン，エリスロマイシン）使用についての稟告聴取。X線検査による腸管内ガス貯留。糞便検査による消化管内寄生虫疾患の除外。

発症に関連する要因
高炭水化物食の給餌。不衛生な飼育環境。不適切な抗菌薬使用。

治療
- メトロニダゾール（20mg/kg，BID，PO，3週間）の投与。
- 食欲不振が解消されない場合，モサプリド（0.5mg/kg，BID），メトクロプラミド（0.5mg/kg，BID），およびシプロヘプタジン塩酸塩シロップ0.04%（0.5〜1mL/頭，BID）を混和したものを処方する。また，水分摂取量が減少している場合は皮下輸液を毎日実施し，内服や輸液を行っても食欲不振が認められる場合は流動食の強制給餌を実施する。
- 元気消失や歯ぎしりが認められる場合，メロキシカム（0.2mg/kg/日），ファモチジン（0.5〜1mg/kg，BID）を併用する。

肝リピドーシス

症状
食欲不振，元気消失。

診断
稟告聴取による24時間以上の食欲不振の確認。高TG血症。超音波検査により，肝腫大，辺縁鈍化，肝腎コントラスト陽性（肝臓実質が右腎に比べ高エコーとなる）を確認する。

発症に関連する要因
肥満。あらゆる原因に起因する24時間以上の食欲不振。

治療
- 流動食の強制給餌。慢性化した場合，経鼻食道カテーテルの設置が有効である。
- 内服薬として，モサプリド（0.5mg/kg，BID），メトクロプラミド（0.5mg/kg，BID），およびシプロヘプタジン塩酸塩シロップ0.04%（0.5〜1mL/頭，BID）を混和したものを処方する。また，水分摂取量が減少している場合は，皮下輸液を毎日実施する。

細菌性肝炎

症状
食欲不振，元気消失。黄疸（**写真8**）。

診断
高ALT血症，高ALP血症，高AST血症。高GLOB血症がみられることもある。重度で高TBIL血症，低TP血症，浮腫，腹水，胸水を認めることがある。

発症に関連する要因
ステロイド使用，他疾患による食欲不振，低繊維食多給，飼育環境不備などによる免疫力低下。

治療
- エンロフロキサシン（10mg/kg，BID）などのニューキノロン系抗菌薬，ウルソ酸（10〜15mg/kg，BID，PO）の使用。
- 食欲不振が解消されない場合は，モサプリド（0.5mg/kg，BID），メトクロプラミド（0.5mg/kg，BID），およびシプロヘプタジン塩酸塩シロップ0.04%（0.5〜1mL/頭，BID）を混和したものを処方する。また，水分摂取量が減少している場合は皮下輸液を毎日実施し，内服や輸液を行っても食欲不振が認められる場合は流動食の強制給餌を実施する。

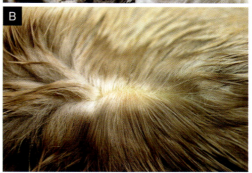

写真8　耳介（A）および皮膚（B）の黄疸

直腸腫瘍（写真9）

症状
軟便，下痢，排便障害により肛門や陰部周辺の湿性皮膚炎を併発することが多い。また，頻尿や尿漏れなどの排尿障害を伴うこともある。

診断
肛門の視診，触診。抗菌薬に反応しない排尿障害。

治療
- 腫瘍の完全摘出は困難であり，著者はメロキシカム（0.2mg/kg/日），ファモチジン（0.5～1mg/kg，BID）を使用している。
- 二次的に発生する泌尿器系炎症や湿性皮膚炎に対しては，エンロフロキサシン（5～10mg/kg，BID）などニューキノロン系抗菌薬を使用する。

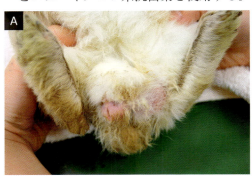
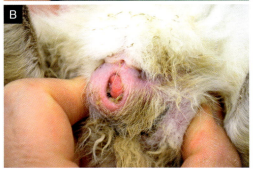

写真9　左側直腸腫瘍により肛門が右側に偏位している（A）。圧迫すると腫瘍が露出する（B）

呼吸器疾患

鼻炎および副鼻腔炎

症状
くしゃみ，鼻汁。重篤な場合，食欲不振，元気消失，開口呼吸，呼吸困難。

診断
くしゃみなどの臨床症状。胸部X線検査による下部呼吸器疾患の除外。

発症に関連する要因
不正咬合が関与している場合が非常に多い（**写真10**）。不衛生な飼育環境，および低繊維食の多給。

治療
- 抗菌薬の内服が中心となる。6カ月齢以下ではクロラムフェニコール（30mg/kg，BID），7カ月齢以上ではエンロフロキサシン（10mg/kg，BID）などのニューキノロン系抗菌薬を第一選択薬としている（可能であれば，感受性試験を実施して，抗菌薬を選択する）。
- 食欲不振が解消されない場合は，モサプリド（0.5mg/kg，BID），メトクロプラミド（0.5mg/kg，BID），およびシプロヘプタジン塩酸塩シロップ0.04%（0.5～1mL/頭，BID）を混和したものを処方する。また，水分摂取量が減少している場合は皮下輸液を毎日実施し，内服や輸液を行っても食欲不振が解消されない場合は流動食の強制給餌を実施する。
- 元気消失や歯ぎしりが認められる場合，メロキシカム（0.2mg/kg/日），ファモチジン（0.5～1mg/kg，BID）を併用する。

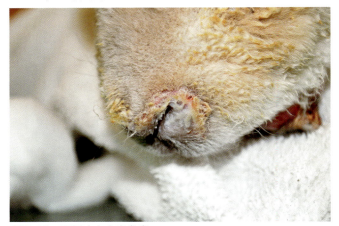

写真10　不正咬合由来鼻炎

下部呼吸器炎症

症状
食欲不振，元気消失，開口呼吸，呼吸困難。くしゃみ，鼻汁。

診断
胸部X線検査による気管支パターン，肺胞パターン，胸水などの確認。ただし，重度の呼吸困難が認められる際は酸素吸入を優先する。また，VD像やラテラル像が撮影困難な場合，保定せず，DV像のみ撮影する。

発症に関連する要因
基礎疾患として不正咬合，慢性鼻炎，および副鼻腔炎が関与している場合が非常に多い。

治療
- 重度の症状が認められる場合，酸素室でのケージレス

- 内服薬は抗菌薬が中心となる。6カ月齢以下ではクロラムフェニコール（30mg/kg, BID）を，7カ月齢以上はエンロフロキサシン（10mg/kg, BID）などのニューキノロン系抗菌薬を第一選択薬としている。
- 食欲不振が解消されない場合，モサプリド（0.5mg/kg, BID），メトクロプラミド（0.5mg/kg, BID），およびシプロヘプタジン塩酸塩シロップ0.04%（0.5〜1mL/頭, BID）を混和したものを処方する。また，水分摂取量が減少している場合は皮下輸液を毎日実施し，内服や輸液を行っても食欲不振が解消されない場合は流動食の強制給餌を実施する。
- 元気消失や歯ぎしりが認められる場合，メロキシカム（0.2mg/kg/日），ファモチジン（0.5〜1mg/kg, BID）を併用する。
- ただし，飼い主がこの症状に気づいて来院した時点ですでに症状はかなり重篤化しており，予後不良が多い。

肺腫瘍

症状
呼吸困難，開口呼吸。食欲不振。元気消失，運動不耐性。

診断
X線検査で肺野のマス像を確認する。

発症に関連する要因
著者の経験した症例は乳腺腫瘍や子宮腫瘍（**写真11**）の転移がほとんどであり，いずれも基礎疾患発症後約1年で発見された。

治療
- プレドニゾロン（0.5mg/kg/日）ファモチジン（0.5〜1mg/kg, BID），エンロフロキサシン（5mg/kg, BID），モサプリド（0.5mg/kg, BID），シプロヘプタジン塩酸塩シロップ0.04%（0.5〜1mL/頭, BID）を混和したものを処方する。著者はNSAIDsよりもプレドニゾロンのほうが状態のよい期間が長いと感じているが，単に副作用として食欲増進作用が現われているだけかもしれない。

胸腺腫 （写真12）

症状
静脈圧上昇による両眼球突出，第三眼瞼突出。眼圧正常。呼吸困難。

診断
X線検査で，前縦隔腫瘤や胸水を確認する。眼圧正常。

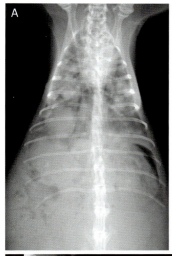
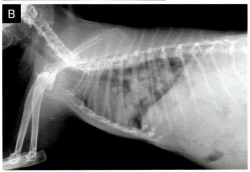

写真11　子宮腺癌肺転移像。VD像（A），ラテラル像（B）

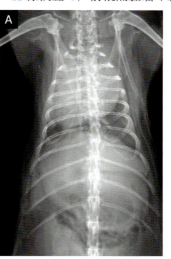
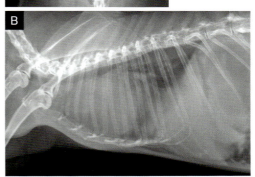

写真12　胸腺腫。VD像（A），ラテラル像（B）

眼球超音波検査において眼窩に異常所見を認めない。
治療
- プレドニゾロン（0.5mg/kg/日），ファモチジン（0.5〜1mg/kg, BID），エンロフロキサシン（5mg/kg, BID），モサプリド（0.5mg/kg, BID），およびシプロヘプタジン塩酸塩シロップ0.04％（0.5〜1mL/頭, BID）を混和したものを継続投与する。

肺水腫
症状
呼吸困難，開口呼吸。失神。食欲不振。元気消失，運動不耐性。
診断
X線検査で肺野透過性の低下を確認する。鼻炎症状を伴わない肺炎との鑑別は困難である。
発症に関連する要因
心不全，低タンパク血症（慢性食欲不振，腎不全，肝不全，消化器疾患）で発症することが多い。電気コードを噛むことによる感電で発症することもある。
治療
- フロセミド（1〜2mg/kg, BID〜TID, IMまたはSC）を使用し，酸素室におけるケージレストを優先する。
- 肺炎との鑑別診断は困難であるため，著者はエンロフロキサシン（10mg/kg, BID）を併用している。
- 低タンパク血症が認められない場合はACE阻害剤を使用する。著者はアラセプリル（1mg/kg, SID, PO）を用いているが，文献上記載されているのはエナラプリル（0.25〜0.5mg/kg, SID〜EOD, PO）が多い。
- 食欲不振が解消されない場合は，モサプリド（0.5mg/kg, BID），メトクロプラミド（0.5mg/kg, BID），およびシプロヘプタジン塩酸塩シロップ0.04％（0.5〜1mL/頭, BID）を混和したものを処方する。
- 内服を行っても食欲の改善が認められない場合は，流動食の強制給餌を実施する。
- 水分摂取量が少ない場合は輸液を検討すべきだが，肺水腫などの増悪を招くおそれがあるために必要最小限にとどめるべきである。

横隔膜ヘルニア（写真13）
症状
呼吸困難，開口呼吸。食欲不振，元気消失，削痩が認められる症例と認められない症例のいずれもみられる。
診断
X線検査で診断可能である。
発症に関連する要因
落下事故などの外傷。先天性横隔膜ヘルニアも考えられるが，著者は確認したことはない。
治療
- v-gelまたは気管切開による挿管を実施し，陽圧呼吸麻酔を実施する。剣状突起から尾側に腹部正中切開を行い，胸腔内に貫入した臓器の整復と横隔膜ヘルニアの閉鎖を行う。
- ただし，外傷を受傷直後の手術は死亡率が高く，食欲がある場合は受傷後1週間経過した時点で実施したほうが生存率は高い。受傷後長期間経過した場合も手術による死亡率は高く，受傷症後2週間以内の手術を目指す。

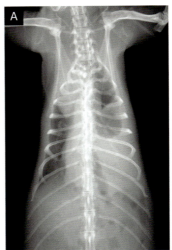
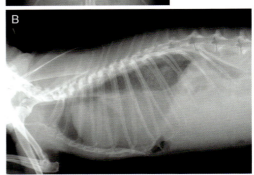

写真13　横隔膜ヘルニア。胸腔内にガスを含む消化管が認められる。VD像（A），ラテラル像（B）

皮膚疾患
体表膿瘍
症状
線維性被膜に覆われたチーズ様膿瘍。全身に発生する

が，顔面周囲に最も多い。食欲不振に至ることもある。

診断
粘土様の軟らかい腫瘤が触知されたら，18G針を装着したシリンジによる吸引バイオプシーを実施し，チーズ様膿の蓄積を確認する（写真14）。

発症に関連する要因
不正咬合（上顎膿瘍，下顎膿瘍，眼窩膿瘍，眼窩下膿瘍）。外耳炎，中耳炎，内耳炎，鼻炎，副鼻腔炎（耳根膿瘍，写真15）。外傷，咬傷，異物，医原性（皮下膿瘍）。

治療
- 基本は，被膜を含めた完全摘出である（p.99）。ただし，不正咬合など発症原因となる疾患がある場合，膿瘍のみ摘出しても再発することが多い（不正咬合由来の膿瘍を完治させるためには，ほとんどの場合で抜歯が必要となる）。
- 内服薬は抗菌薬が中心となる。6カ月齢以下はクロラムフェニコール（30mg/kg，BID），7カ月齢以上はエンロフロキサシン（10mg/kg，BID）などニューキノロン系抗菌薬を第一選択薬としている（可能であれば，感受性試験を実施し，その結果に基づき抗菌薬を選択する）。
- 食欲不振が解消されない場合，メロキシカム（0.2mg/kg/日），ファモチジン（0.5～1mg/kg，BID），モサプリド（0.5mg/kg，BID），メトクロプラミド（0.5mg/kg，BID），およびシプロヘプタジン塩酸塩シロップ0.04%（0.5～1mL/頭，BID）を混和したものを処方する。また，水分摂取量が減少している場合は皮下輸液を毎日実施し，内服や輸液を行っても食欲不振が解消されない場合は，流動食の強制給餌を実施する。

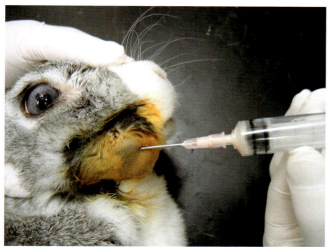

写真14　下顎膿瘍に蓄積したチーズ様膿

体表腫瘤

症状
腫瘤形成。基底細胞腫（写真16），扁平上皮癌などが多い。通常，疼痛は伴わず，転移や挫傷がなければ，食欲も元気も正常である。

診断
硬い腫瘤が触知されたら，23G針を装着したシリンジによる吸引バイオプシーを実施し，腫瘍細胞の確認，あるいは膿瘍の除外診断を行う。

治療
- 体表腫瘤摘出術を実施する（p.99）。

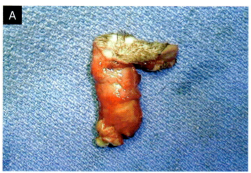

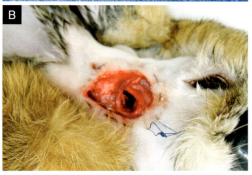

写真15　耳根膿瘍。被膜ごと摘出した組織（A）と摘出後の創傷（B）

写真16　基底細胞腫

湿性皮膚炎

症状
内眼角，下顎，陰部，肛門周囲を中心とした脱毛，発

赤，痂皮。

診断
セロハンテープ法による外部寄生虫の除外。真菌培養検査による皮膚糸状菌症の除外。

発症に関連する要因
眼科疾患（内眼角周囲）。不正咬合（下顎周囲，**写真17**）。肥満，飼育環境不備，泌尿器疾患，生殖器疾患，姿勢異常（**写真18**），消化器疾患（陰部，肛門周囲）。

治療
- 抗菌薬の内服が中心となる。6カ月齢以下はクロラムフェニコール（30mg/kg，BID），7カ月齢以上はエンロフロキサシン（5〜10mg/kg，BID）などニューキノロン系抗菌薬を第一選択薬としている。
- また，これにあわせ，基礎疾患の確定および治療が重要となる。

外部寄生虫症

症状
ツメダニ（**写真19**），ズツキダニ（**写真20**），ヒゼンダニ，耳ダニ，ノミ（**写真21**），シラミなどによる脱毛，発赤，鱗屑が認められる。全身に発症するが，特に頸部背側〜胸部背側に多い。痒みについては，痒みのほとんどないものから痒みを伴うものまでさまざまである。

診断
セロハンテープ法による虫体，虫卵の確認。

発症に関連する要因
頸部背側〜胸部背側に多く認められるのは，おそらくグルーミングしにくい部位だからと思われる。したがっ

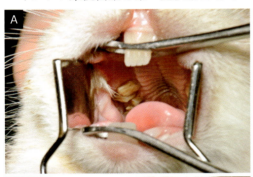
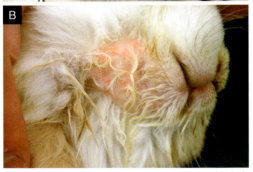

写真17　不正咬合（A）による下顎の湿性皮膚炎（B）

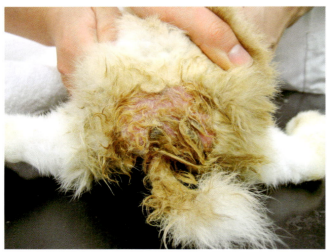

写真18　開張症による肛門周囲の湿性皮膚炎

写真19　ツメダニ

写真20　ズツキダニ（AおよびB）

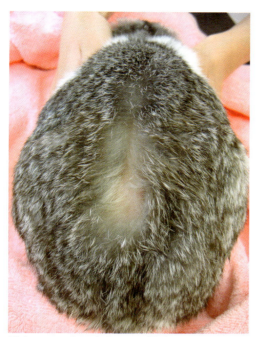

写真21　ノミの寄生による脱毛

て，肥満，跛行，姿勢異常を伴う疾患で併発しやすい。

治療
- セラメクチン（6〜12mg/kg，頸背部滴下，30日ごと2〜3回）が有効である。

毛抜き行動

症状
自分で被毛を引き抜く自傷行為であり，頸部腹側や陰部周囲に多く認められる。脱毛は認められるが，発赤を伴うことは少なく，時に自咬跡が認められる。また，引き抜いた被毛を摂食することで，毛球症に至る場合もある。

診断
セロハンテープ法による外部寄生虫の除外。真菌培養検査による皮膚糸状菌症の除外。発赤を伴わない頸部腹側や陰部周囲の脱毛。

発症に関連する要因
妊娠，あるいは偽妊娠による雌の巣づくり行動。飼育環境不備，低繊維食の多給，他の疾患による疼痛など，さまざまなストレス。

治療
- 根本治療は，発症要因となっているストレスの解消である。稟告聴取により飼育環境不備や低繊維食の多給が確認された場合は飼育指導を行う。他の疾患がみつかった場合は，それぞれの疾患に応じた治療を実施する。

足底皮膚炎（写真22）

症状
後肢足底部に炎症が起き，脱毛，紅斑，糜爛，潰瘍，膿瘍，骨髄炎の順に進行していく。重度で跛行，食欲不振，元気消失を示し，敗血症に進行することもある。

診断
足底部の視診。

発症に関連する要因
肥満。飼育環境不備。運動性低下に至る疾患。

治療
- 抗菌薬の内服が中心となる。6カ月齢以下はクロラムフェニコール（30mg/kg，BID），7カ月齢以上はエンロフロキサシン（10mg/kg，BID）などのニューキノロン系抗菌薬を第一選択薬としている（可能であれば，感受性試験を実施し，その結果に基づき抗菌薬を選択する）。
- 中性電解水などの刺激の少ない消毒薬で洗浄し，デブリードマンする。壊死組織の減少が認められたら，外科用接着剤により創傷部位をコーティングする。
- 食欲不振が解消されない場合は，メロキシカム（0.2mg/kg/日），ファモチジン（0.5〜1mg/kg，BID），モサプリド（0.5mg/kg，BID），メトクロプラミド（0.5mg/kg，BID），およびシプロヘプタジン塩酸塩シロップ0.04%（0.5〜1mL/頭，BID）を混和したものを処方する。また，水分摂取量が減少している場合は皮下輸液を毎日実施し，内服や輸液を行っても食欲不振が解消されない場合は，流動食の強制給餌を実施する。

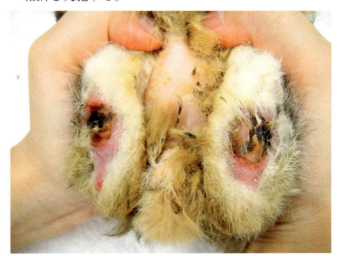

写真22　足底皮膚炎

皮膚糸状菌症

症状
脱毛（**写真23**）。皮膚の乾燥，鱗屑，痂疲，紅斑を認めることもある。痒みを伴わないことも多い。

診断
真菌培養（**写真24**）。

発症に関連する要因
不衛生な飼育環境。外部寄生虫疾患や細菌性皮膚疾患に併発することが多い。

治療
- 多くの皮膚糸状菌症は，飼育環境の改善，外部寄生虫疾患や細菌性皮膚疾患などの併発疾患に対する治療，および中性電解水などの抗真菌作用のある消毒薬の使用により治癒する。内服薬を使用する場合，イトラコナゾール（5mg/kg, SID, PO）を3〜4週間実施する。

トレポネーマ症

症状
鼻孔（**写真25**），口唇，眼瞼，陰部（**写真26**），肛門周辺の紅斑，腫脹，痂疲。また，鼻孔症状に付随してく

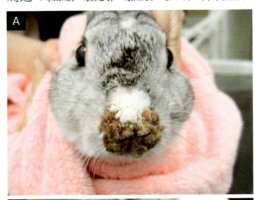

写真25　鼻孔周囲に発症したトレポネーマ症の治療前（A）と治療後（B）

写真23　皮膚糸状菌症による脱毛

写真24　真菌培養検査。左から，検査前培地，糸状菌（−），（＋）

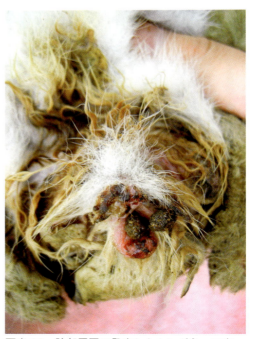

写真26　陰部周囲に発症したトレポネーマ症

しゃみ，鼻汁が，眼瞼症状に付随して流涙，眼脂が，陰部症状に付随して排尿障害が併発する場合もある。

診断
特徴的な外観所見。皮膚掻把試験による疥癬の除外。

治療
- 症状消失後，クロラムフェニコール（55mg/kg，BID，PO）をさらに2週間投与する（通常3〜4週間）。
- 食欲不振が解消されない場合は，モサプリド（0.5mg/kg，BID），メトクロプラミド（0.5mg/kg，BID），およびシプロヘプタジン塩酸塩シロップ0.04%（0.5〜1mL/頭，BID）を混和したものを処方する。また，水分摂取量が減少している場合は皮下輸液を毎日実施し，内服や輸液を行っても食欲不振が解消されない場合は流動食の強制給餌を実施する。

耳ダニ症

症状
茶色痂皮様滲出物。耳介を掻く，耳道に足を入れる，頭を振る。

診断
滲出物の鏡検による耳ダニ検出。

発症に関連する要因
ペットショップからの購入，あるいは多頭飼育環境からの引き取り後1年以内の発症が多い。

治療
- セラメクチン（6〜12mg/kg，頸背部滴下，30日ごと3〜4回）が有効である。
- イベルメクチン（0.1〜0.2mg/kg，SC，14日ごと3回）でも駆虫可能であるが，過去に使用後に痙攣や元気消失をみた症例を経験したことがある。
- 耳垢除去は基本的には必要なく，実施するにしても耳道に障害を与えない程度に行う。

細菌性外耳炎

症状
白色でクリーム状の耳垢。耳介を掻く，耳道に足を入れる，頭を振る。鼓膜が破れると中耳炎に発展する。

診断
耳垢鏡検による耳ダニの除外。

発症に関連する要因
ロップイヤー種で多い。また，前庭疾患，脊椎疾患，開張症，後肢脱臼，骨癒合不全などによる姿勢異常に起因する場合も多い。

治療
- 抗菌薬の内服が中心となる。6カ月齢以下はクロラムフェニコール（30mg/kg，BID），7カ月齢以上はエンロフロキサシン（10mg/kg，BID）などニューキノロン系抗菌薬を第一選択薬としている（可能であれば，感受性試験を実施し，その結果に基づき抗菌薬を選択する）。
- 点耳薬はステロイドを含まないものを選択する。著者は，6カ月齢以下はクロラムフェニコール点眼薬（一日2回点耳），7カ月齢以上はオフロキサシン点眼薬（一日2回点耳）を使用している。犬猫用のステロイドを含有する点耳薬を使用すると，増悪する場合が多い。
- ウサギの鼓膜は非常に脆弱であり，耳道処置には細心の注意が必要である。著者はヒト用のステンレス製耳かきで耳垢の掻き出しを行っている。洗浄処置を実施する場合，生理食塩水や中性電解水などの耳道内に残存あるいは中耳内に侵入しても問題のないものを使用する。

ハエウジ症

症状
会陰部（写真27）から臀部背側にかけて（写真28）認めることが多く，ハエウジ寄生，発赤，脱毛，湿性皮膚炎が認められる。基礎疾患の関与を含め，食欲不振，元気消失，削痩を認める。

診断
視診によるハエウジの確認。

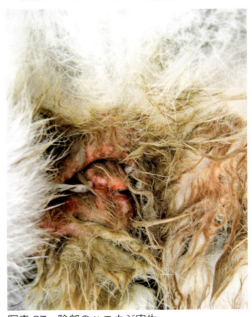

写真27　陰部のハエウジ寄生

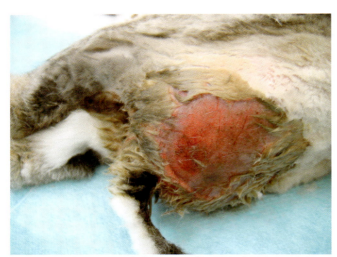

写真28　陰部ハエウジ寄生とそれに伴う臀部背側皮膚の欠損

発症に関連する要因
飼育環境の不衛生。肥満。姿勢異常，排尿障害，湿性皮膚炎。

治療
- プレドニゾロン 1mg/kg，SC 30分後イベルメクチン 400μg/kg，SC。鎮静あるいは麻酔下における幼虫摘出，皮膚損傷部の剃毛，中性電解水などによる洗浄が治療の中心となるが，全身状態の悪い症例においては状態回復が優先される。
- 内服薬としてエンロフロキサシン（10mg/kg，BID），モサプリド（0.5mg/kg，BID），メトクロプラミド（0.5mg/kg，BID），およびシプロヘプタジン塩酸塩シロップ0.04％（0.5～1mL/頭，BID）を混和したものを処方する。また，水分摂取量が減少している場合は皮下輸液を毎日実施し，内服や輸液を行っても食欲不振が解消されない場合は流動食の強制給餌を実施する。

注射反応性皮膚炎
症状
背部皮膚（特に胸部背側）の潰瘍，痂疲，壊死，膿瘍。
診断
発症部位における2カ月以内の注射歴の確認。
発症に関連する要因
ニューキノロン系抗菌薬の皮下投与に起因することが多いが，他の注射剤や輸液でも起こりうる。
治療
- 病変部の剃毛，中性電解水などの低刺激性消毒薬による消毒で治癒するが（ほとんどの症例で消毒すら必要ないが），膿瘍を形成している場合は摘出が必要な場合もある。

生殖器疾患
子宮疾患
症状
無出血のこともあるが，尿に一部血が混じることが多い（**写真29**）。出血が激しい場合は尿全体が赤色尿となる。通常，頻尿は認められないが，子宮が腫大し泌尿器を圧迫すると物理的閉塞により頻尿や排尿障害を示す

写真29　子宮からの出血が正常尿に混ざって排出される

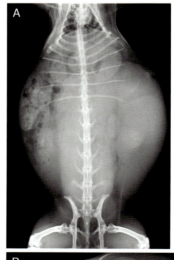

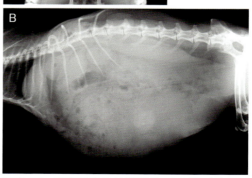

写真30　子宮腺癌のX線所見。VD像（A），ラテラル像（B）

こともある。初期は食欲不振を示さず，体重減少のみが認められることもある。食欲不振に至っている場合，出血による貧血，子宮腫大による多臓器圧迫，転移などの二次的な問題が併発していることが多い。

診断
X線検査や超音波検査で，子宮腫大や石灰沈着などを確認する（写真30）。

発症に関連する要因
子宮腫瘍は4歳以上で多発する。ただし，2歳以上で避妊手術を実施すると子宮内膜過形成などの何らかの異常所見が認められることが多いため，2歳以上の雌は常に可能性を考慮する。

治療
- 卵巣子宮全摘出術（p.109）を実施する。

乳腺腫瘍（写真31）
症状
乳腺に腫瘍が形成される。通常，疼痛は伴わず，転移や挫傷がなければ，食欲も元気も正常である。悪性で未治療の場合は約1年間で転移することが多い。

診断
硬い腫瘍が触知されたら，23G針を装着したシリンジによる吸引バイオプシーを実施し，腫瘍細胞の確認，あるいは膿瘍の除外診断を行う。

発症に関連する要因
- 症例は，12カ月齢以下で避妊を行わなかった場合がほとんどである。乳腺腫瘍摘出術と同時に卵巣子宮全摘出術を実施すると，何らかの卵巣子宮疾患がみつかることが多いが，乳腺腫瘍との関連は不明である（単に，乳腺腫瘍がみられる年齢のウサギはすべて卵巣子宮疾患を有しているだけかもしれない）。

治療
- 乳腺腫瘍摘出術（p.104）を実施する。

精巣腫瘍（写真32）
症状
精巣腫大。基本的に排尿障害は生じない。しかし，大きくなり接地するようになると，尿が陰部を汚染し，湿性皮膚炎を起こすことがある。

診断
X線検査や超音波検査による陰嚢ヘルニアの除外診断（膀胱が腹腔内にあるかどうか）。

治療
- 精巣摘出術（p.121）の実施。

写真32　精巣腫瘍（➡）

陰嚢ヘルニア（写真33）
症状
陰嚢腫大。ウサギの陰嚢ヘルニアにおいては，膀胱がヘルニア内容物であることが多く，排尿障害，膀胱内スラッジ（泥状尿結晶）貯留（写真34），膀胱炎の併発を認めることが多い。

写真31　乳腺腫瘍

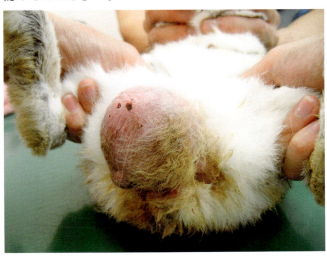

写真33　陰嚢ヘルニア

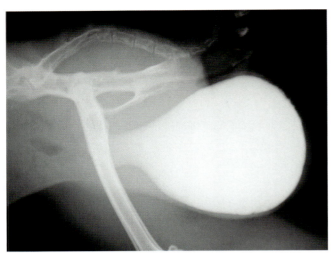

写真34 ヘルニア内容物として，スラッジが貯留した膀胱

診断
X線検査や超音波検査による陰囊内容物の確認。精巣腫瘍との鑑別が重要となる。

治療
- 陰囊切開により膀胱を腹腔内に戻す（p.125）。あわせて去勢手術を実施し，総鞘膜を根部で結紮し再発を防ぐ。

分娩異常
症状
36日間以上の長期妊娠，難産，死亡胎子の残留，子宮破裂などによる腹囲膨満，食欲不振，元気消失。陰部から出血や排液がみられることがある。死亡胎子が陰部より露出し，子宮脱と誤認されて来院することもある（写真35）。

診断
X線検査や超音波検査による胎子の確認。雄ウサギと接触しうる環境にあるかどうかの聴取。

写真35 陰部より露出した死亡胎子

発症に関連する要因
肥満。過去の骨盤骨折。頻繁な出産，4歳以上での出産。不適切な出産環境（飼い主の接触過剰。巣箱などの準備不足。雄を含めた他ウサギと隔離していないなど）。

治療
- 超音波検査により胎子の死亡が確認された場合，卵巣子宮全摘出術が必要となる。食欲不振に至っている症例は，ほとんどの場合で胎子は死亡しているが，生存が確認された場合は帝王切開が必要となる。
- 術後も食欲不振が解消されない場合，モサプリド（0.5mg/kg，BID），メトクロプラミド（0.5mg/kg，BID），およびシプロヘプタジン塩酸塩シロップ0.04%（0.5〜1mL/頭，BID）を混和したものを処方する。また，水分摂取量が減少している場合は皮下輸液を毎日実施し，内服や輸液を行っても食欲不振が解消されない場合は流動食の強制給餌を実施する。
- 元気消失や歯ぎしりが認められる場合はメロキシカム（0.2mg/kg/日），ファモチジン（0.5〜1mg/kg，BID）を併用する。

神経疾患
エンセファリトゾーン症
症状
Encephalitozoon cuniculi による肉芽腫性脳炎，脊髄神経根炎（運動失調，斜頸〈写真36-A〉，眼振，麻痺，発作）。食欲不振。胎内感染による水晶体寄生（白内障，ぶどう膜炎，前房蓄膿〈写真36-B〉）。高BUN血症，高CRE血症。

診断
抗体価検査で感染の有無は確認できるが，感染していても無症状の場合が多く，陽性＝発症の原因とは限らない。

発症に関連する要因
飼育環境の不備。他疾患による衰弱，ステロイドの使用などによる免疫力低下。

治療
- 確定診断は困難であるため，著者はエンセファリトゾーン症が疑われる症例（前庭症状や水晶体破砕性ぶどう膜炎）にはアルベンダゾール（10mg/kg，BID，3週間）を使用している。
- 前庭症状が認められる症例には，抗菌薬（6カ月齢以下はクロラムフェニコール30mg/kg，BID，7カ月齢

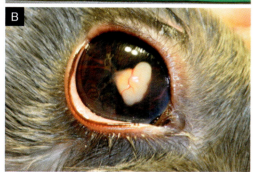

写真36　エンセファリトゾーン寄生による斜頸（A），前房蓄膿（B）

写真37　平衡覚異常による斜頸およびローリング

写真38　左側中耳炎による斜頸および左側顔面神経麻痺。顔の左右不対称性。左側眼瞼反射は低下し，鼻孔，触毛の動きも左側は不活発となる。

以上はエンロフロキサシン 10mg/kg，BID），モサプリド（0.5mg/kg，BID），およびシプロヘプタジン塩酸塩シロップ 0.04％（0.5〜1mL/頭，BID）を混和したものを処方する。また，水分摂取量が減少している場合は皮下輸液を毎日実施し，内服や輸液を行っても食欲不振が解消されない場合は流動食の強制給餌を実施する。

- 水晶体破砕性ぶどう膜炎が認められる症例には，メロキシカム（0.2mg/kg/日），ファモチジン（0.5〜1mg/kg，BID）を併用し，点眼薬としてNSAIDs点眼薬（角膜に損傷が認められない場合はジクロフェナクナトリウム点眼薬一日3回点眼，損傷が認められる場合はプラノプロフェン点眼薬一日3回点眼），抗菌薬点眼薬（6カ月齢以下の場合はクロラムフェニコール点眼薬一日3〜5回点眼，7カ月齢以上の場合はオフロキサシン点眼薬一日3〜5回点眼）を使用する。

中耳炎および内耳炎

症状

内耳炎による平衡覚異常により斜頸，眼振，旋回運動，ローリングなどが起こる（写真37）。中耳炎による顔面神経障害により同側の眼瞼，口唇，外鼻孔，耳の麻痺が起こり，それに伴い閉眼不全，角膜潰瘍，流涙，眼脂が併発する（写真38）。平衡感覚障害による食欲不振，元気消失が急性期に認められることが多い。

診断

CT検査による中耳内，鼓室胞内の滲出物貯留，鼓室胞肥厚，骨融解像などの確認。外耳道観察による鼓膜破裂，蓄膿の確認（外耳炎由来の中耳炎や内耳炎よりも，耳管を介しての口や鼻咽頭腔からの感染や血行性波及のものが多く，外耳炎が併発していないことも多い）。

発症に関連する要因

外耳炎由来の発症はロップイヤー種で多い。著者の経験では不正咬合由来の慢性鼻炎，副鼻腔炎，口内炎を基礎疾患として有していたことも多い。

治療

- 前庭症状が認められる症例には，抗菌薬（6カ月齢以下はクロラムフェニコール 30mg/kg，BID，7カ月齢以上はエンロフロキサシン 10mg/kg，BID），モサプリド（0.5mg/kg，BID），メロキシカム（0.2mg/kg/日），およびシプロヘプタジン塩酸塩シロップ 0.04％（0.5

〜 1mL/頭，BID）を混和したものを処方する。確定診断できない場合は，エンセファリトゾーンの可能性を考慮し，アルベンダゾール（10mg/kg，BID，3週間）を併用している。
- 閉眼不全を併発している場合は，抗菌薬点眼薬としてクロラムフェニコール点眼薬（一日3〜5回点眼），角膜保護剤としてヒアルロン酸ナトリウム点眼薬0.3%（一日3〜5回点眼）を併用する。

特発性てんかん

症状
著者が経験した症例はすべて全身性発作であったが，部分的発作に飼い主が気づいていない可能性もある。年に1，2回程度起きるものから，月数回起きるものまでさまざまであり，なかにはてんかん重積状態に至る症例もある。ほとんどの場合で，発作時以外の元気や食欲に異常は認められない。

診断
てんかん様の症状を示す他の疾患の除外診断を行う。外耳道を観察して，鼓膜破裂や蓄膿がないことを確認する。X線検査や超音波検査により心疾患を除外する。血液検査で異常値がないことを確認する（重度貧血，電解質異常，低GLU血症，高NH₃血症，低Ca血症，高CPK血症，高BUN血症，高TG血症，高TCHO血症などが認められないか）。CT検査により中耳内や鼓室胞内の滲出物貯留や鼓室胞肥厚，骨融解像などを確認する。CT静脈造影撮影を実施し，側脳室拡張や脳腫瘍，浮腫，出血，梗塞を除外する。しかし，ここまで実施しても，細菌性脳炎，エンセファリトゾーン症の除外は困難であり，実際は試験的治療に対する反応で判断することが多い。

発症に関連する要因
白色で眼の青いウサギは特発性てんかんがみられる頻度が高いという報告がある。

治療
- 著者は，治療初期は細菌性脳炎やエンセファリトゾーン症の治療を実施している（鑑別が困難であるため）。具体的には抗菌薬（6カ月齢以下はクロラムフェニコール30mg/kg，BID，7カ月齢以上はエンロフロキサシン10mg/kg，BID，4週間），アルベンダゾール（10mg/kg，BID，3週間）を使用している。この治療期間中に再度てんかん様発作が認められ，かつ食欲不振，元気消失，前庭疾患などが認められなかった際に治療を要する特発性てんかんを疑い抗けいれん薬を使用している。具体的にはジアゼパム（0.5mg/kg，BID，PO），フェノバルビタール（2〜4mg/kg，BID，PO）を2週間併用し，症状が認められなければジアゼパムを終了する。ただし，著者が経験した症例ではジアゼパムを使用中止すると症状が再発するものが多く，生涯併用している場合がほとんどである。
- てんかん重積に至った際は，ジアゼパム1mg/kg，IV（困難であればIM）を5分ごとに発作がとまるまで繰り返し行う。5回投与しても発作が継続する場合は，イソフルランの吸入麻酔による全身麻酔を実施し，血管確保を実施する。静脈輸液を開始し，フェノバルビタール（2〜4mg/kg，緩徐にIV）を併用する。

整形外科疾患

四肢骨折

症状
患肢の挙上，跛行。食欲はある場合が多い。適切な治療を行わないと変形癒合（**写真39**）や偽関節の形成が起き，将来的には姿勢異常とこれに伴う関節炎，脊椎湾曲，湿性皮膚炎などを併発する。

診断
X線検査による骨折の確認。

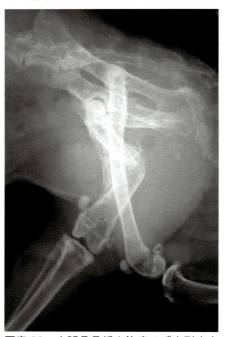

写真39 大腿骨骨折を治療せず変形癒合を起こした症例

発症に関連する要因

高齢のウサギや削痩傾向のウサギで起こりやすい。何らかのきっかけでパニックに陥り骨折することが多い。爪切り，外傷処置，投薬，強制給餌の保定など，ウサギが嫌う行為に抵抗して起きることもある。

治療

- 上腕骨や大腿骨（**写真40**）はピンニング（p.157）やプレート固定手術が必要となる。基本的に外固定は禁忌であるが，どうしても手術ができない場合には吊り包帯（p.175）を実施する。
- 橈尺骨や脛腓骨の骨折（**写真41**）は骨折端のずれが少なければ，ギプス包帯や副子固定が選択可能である（p.141）。ずれが大きい場合はピンニング，創外固定，プレート固定手術が必要となる。
- 足根骨，手根骨およびその遠位の骨折はギプス包帯や副子固定で対応できることが多い。
- 骨腫瘍由来の骨折は整復治療することは基本的に不可能である。手術を実施するとしたら断脚となる（ただし，延命効果はないと思われる）。

骨盤骨折（**写真42**）

症状

両側，あるいは片側の後肢跛行。食欲不振または摂食障害。力なく座り込むことが多く，脊椎骨折と症状が似ている。

診断

X線検査による骨盤骨折の確認。

発症に関連する要因

高齢のウサギ，削痩傾向のウサギで起こりやすい。何らかのきっかけでパニックに陥り骨折することが多い。爪切り，外傷処置，投薬，強制給餌の保定など，ウサギが嫌う行為に抵抗して起きることもある。

治療

- 基本的に，ケージレストのみで2～3カ月後には歩行可能となる。寛骨臼骨折の場合，状態安定後骨頭切除術（p.169）が必要となることがある。排便障害を呈することはまれである（著者は経験がない）。
- 食欲不振が解消されない場合，メロキシカム（0.2mg/

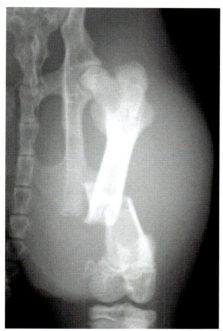

写真40　大腿骨骨折

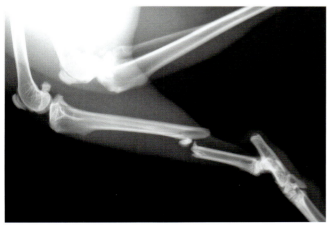

写真41　脛腓骨骨折

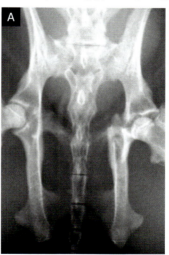

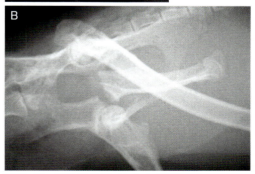

写真42　寛骨臼骨折（AおよびB）

kg/日)，ファモチジン（0.5〜1mg/kg，BID)，モサプリド（0.5mg/kg，BID)，メトクロプラミド（0.5mg/kg，BID)，およびシプロヘプタジン塩酸塩シロップ 0.04％（0.5〜1mL/頭，BID）を混和したものを処方する。また，水分摂取量が減少している場合は皮下輸液を毎日実施し，内服や輸液を行っても食欲不振が解消されない場合は流動食の強制給餌を実施する。

脊椎骨折および脱臼
症状
第六，第七腰椎の骨折が非常に多く，これにより後躯麻痺となる。多くは食欲不振，元気消失を伴う。自力排尿ができなくなることが多く，これにより，尿漏れ，泌尿器系炎症，腎不全，陰部湿性皮膚炎が併発する。
診断
X線検査による脊椎骨折，脱臼の確認。
発症に関連する要因
高齢のウサギや削痩傾向のウサギで起こりやすい。何らかのきっかけでパニックに陥り，骨折することが多い。爪切り，外傷処置，投薬，強制給餌の保定など，ウサギが嫌う行為に抵抗して起きることもある。
治療
- 状態が安定化するまで入院（通常1週間）させると生存率が上がる（おそらく強制給餌や圧迫排尿などの管理が徹底できるからだと思われる）。
- 抗菌薬（6カ月齢以下はクロラムフェニコール 30mg/kg，BID，7カ月齢以上はエンロフロキサシン 5〜10mg/kg，BID)，モサプリド（0.5mg/kg，BID)，メロキシカム（0.2mg/kg/日)，ファモチジン（0.5〜1mg/kg，BID)，およびシプロヘプタジン塩酸塩シロップ 0.04％（0.5〜1mL/頭，BID）を混和したものを投与する。
- 一日3〜4回圧迫排尿を行い，食欲が戻るまで，皮下輸液や流動食の強制給餌を毎日実施する。
- 状態安定後，飼い主に圧迫排尿を指導し，実施可能となるまで入院，あるいは通院を継続する。
- メロキシカムは排尿が滞り，体内に蓄積すると副作用を呈する可能性が高いため，基本的に使用は入院期間に限るべきである。
- 湿性皮膚炎や泌尿器系炎症が併発することが多く，抗菌薬は休薬できないことが多い。

椎間板ヘルニア
症状
疼痛，元気消失。四肢不全麻痺。頸椎椎間板ヘルニアの場合，前肢挙上，給水ボトルによる飲水量減少（おそらく頸部痛によるものと思われる）がみられることが多い。飲水量の減少が続くと腎不全に進行することもある。
診断
X線CT検査による椎間板ヘルニアの確認（**写真43**）。X線検査により変形性脊椎症が確認されたとしても，椎間板ヘルニアになっているとは限らない（変形性背椎症は基本的に無症状である，**写真44**)。
発症に関連する要因
3歳以上のウサギで多い。
治療
- プレドニゾロン（1mg/kg/日)，ファモチジン（0.5〜1mg/kg，BID)，エンロフロキサシン（5〜10mg/kg，BID)，モサプリド（0.5mg/kg，BID)，およびシプロヘプタジン塩酸塩シロップ 0.04％（0.5〜1mL/頭，BID）を混和したものを1週間投与し，改善が認められなければ終了する。
- 改善が認められた場合もプレドニゾロンを 0.5mg/kg/日に減じて継続し，症状に変化がなくなった時点で，漸減終了する。
- 頸椎椎間板ヘルニアの場合，給水ボトルの他に頭部を

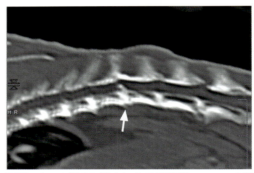

写真43　X線CT検査による椎間板ヘルニアの診断

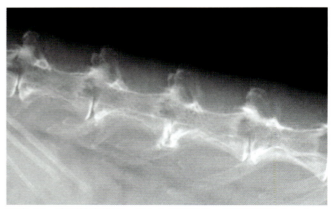

写真44　変形性脊椎症。ほとんどの場合，症状は認められない

上下しなくとも飲水できる位置に給水用食器を設置する。

関節炎
症状
患肢の挙上，姿勢異常（接地位置の左右不対称性），跛行。食欲（＋）。
診断
X線検査による骨棘，関節鼠の確認。X線検査やX線CT検査による他疾患の除外診断。
発症に関連する要因
肥満。過去の骨折，脱臼，靱帯損傷，脊椎疾患などの他の整形外科疾患の病歴をもつことも多い。
治療
- メロキシカム（0.2mg/kg, SID, PO），ファモチジン（0.5〜1mg/kg, BID）を1週間投与し，症状の改善が認められなければ終了する。
- NATURAL SCIENCE 関節（1粒/455g〜1.8kg）などグルコサミンサプリメントを継続投与する。
- 肥満症例においてはダイエットを指導する。

四肢脱臼
症状
患肢の挙上，跛行。食欲はある場合が多い。
診断
X線検査による脱臼の確認。
発症に関連する要因
何らかのきっかけでパニックに陥り，骨折することが多い。爪切り，外傷処置，投薬，強制給餌の保定など，ウサギが嫌う行為に抵抗して起きることもある。
治療
- 股関節脱臼は，可能であれば非観血的整復および吊り包帯。困難である場合，あるいは再発する場合は骨頭切除術が必要となる。
- 膝関節脱臼は造溝術や脛骨粗面転移術の併用が必要な場合が多い。十字靱帯の断裂を伴う場合もあり，この場合 Tree-in-one 法など関節安定化手術の併用が必要となる。
- 肩関節や肘関節の脱臼はまれであるが，ほとんどの場合で観血的整復が必要となる。

泌尿器疾患
色素尿
症状
尿全体がオレンジあるいは朱色〜褐色（写真45）であり，排尿直後から時間の経過とともに色が濃くなることが多い。
診断
尿試験紙で潜血反応が（−）であれば，確定となる。
治療
- ポルフィリンなどの赤色系色素が尿に排出されている状態であり，疾患とはいえない。
- 野菜の給餌中止やペレット，乾草の変更で改善するとは限らず，飼い主には疾患ではない旨を説明し，理解が得られれば治療はしない。

写真45　色素尿

膀胱炎
症状
尿全体が均一の赤色尿（血尿）を示すことが多い。多くは頻尿を伴い，重篤になると食欲不振や元気消失を示す場合もある。
診断
尿試験紙で潜血反応（＋）であり，X線検査（可能であれば超音波検査を追加）で尿石やスラッジ（泥状尿結晶）を認めない場合は可能性が高い。
発症に関連する要因
床材の不衛生。ペット用オムツの長時間使用。肥満。膀胱結石。排尿障害（子宮腫瘍による尿道圧迫，尿道結石，陰嚢ヘルニア，膣炎，膣腫瘍，脊椎疾患，トレポネーマ症など）による古い尿の残留。
治療
- 抗菌薬の内服が中心となる。著者は，6カ月齢以下は

クロラムフェニコール（30mg/kg, BID），7カ月齢以上はエンロフロキサシン（5〜10mg/kg, BID）など，ニューキノロン系抗菌薬を第一選択薬としている（可能であれば，感受性試験を実施し，その結果に基づき抗菌薬を選択する）。

- 食欲不振が解消されない場合，モサプリド（0.5mg/kg, BID），メトクロプラミド（0.5mg/kg, BID），およびシプロヘプタジン塩酸塩シロップ0.04%（0.5〜1mL/頭, BID）を混和したものを処方する。また，水分摂取量が減少している場合は皮下輸液を毎日実施し，内服や輸液を行っても食欲不振が解消されない場合は流動食の強制給餌を実施する。
- 元気消失や歯ぎしりが認められる場合，メロキシカム（0.2mg/kg/日）やファモチジン（0.5〜1mg/kg, BID）を併用する。ただし，排尿障害が著しい場合，NSAIDsの体内残留により腎不全が増悪するおそれがあるため，注意が必要である。排尿障害がある場合，著者は単回皮下投与のみとしている。

膀胱結石および尿道結石

症状
尿全体が均一の赤色尿（血尿）を示すことが多い。多くは頻尿を伴い，排尿障害が24時間以上続けば腎不全に，48時間以上続けば生命の危機に至る。

診断
尿試験紙で潜血反応（＋）があり，X線検査（可能であれば超音波検査も）で膀胱結石（**写真46**）やスラッジ（泥状尿結晶）を認める。ウサギの尿道結石の多くは炭酸カルシウム結石である。ウサギの尿は正常時でもアルカリ性であり，炭酸カルシウム結晶が多く認められる。したがって，顕微鏡下で結晶の確認は診断的意義が乏しい。

発症に関連する要因
アルファルファを主原料とする高カルシウムペレット，おやつ，乾草の多給。肥満。雄が多いが，雌でも発症する。

治療
- 膀胱内スラッジのみの場合，著者は低カルシウム食への切り替え（イネ科乾草の多給，チモシーを主原料するペレットへの変更，おやつの給与停止）とウロアクト（半粒/頭/日, PO）の投与を行っている。ウロアクトはゆるやかな利尿効果があり，フロセミドなどに比べ安全かつ長期的に使用できる。尿検査

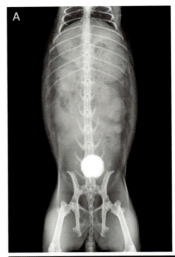

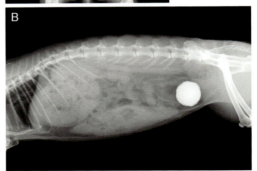

写真46　膀胱結石。VD像（A），ラテラル像（B）

で潜血反応が（−）であれば，抗菌薬は投与していない。
- X線検査で確認可能な膀胱結石は膀胱切開術（p.189）を実施する。
- 尿道結石（**写真47**）の場合，可能であれば，全身麻酔下でカテーテルを用いて膀胱内に尿石を押し戻し，膀胱切開術で取り除く。不可能な場合（雄で尿石が骨盤よりも遠位に移動している場合）尿道切開術を行う。この際，尿道の切開・縫合後，4〜5Frの栄養チューブを尿道内に設置し（先端は膀胱内とする），チャイニーズフィンガートラップ法で10日間皮膚に固定する。
- 内科療法としては，抗菌薬の内服がメインとなる。著者はエンロフロキサシン（5〜10mg/kg, BID）などニューキノロン系抗菌薬を第一選択薬としている（可能であれば，感受性試験を実施し，その結果に基づき抗菌薬を選択する）。抗菌薬は尿の正常化から追加2週間は投与すべきである。
- 食欲不振が解消されない場合，モサプリド（0.5mg/kg, BID），メトクロプラミド（0.5mg/kg, BID），およびシプロヘプタジン塩酸塩シロップ0.04%（0.5〜1mL/頭, BID）を混和したものを処方する。また，

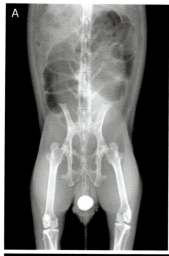

写真47 尿道結石。VD像（A），ラテラル像（B）

水分摂取量が減少している場合は皮下輸液を毎日実施し，内服や輸液を行っても食欲不振が解消されない場合は流動食の強制給餌を実施する。
- 元気消失や歯ぎしりが認められる場合，メロキシカム（0.2mg/kg/日）やファモチジン（0.5〜1mg/kg, BID）を併用する。ただし，排尿障害が著しい症例においては，NSAIDsの体内残留により腎不全が増悪するおそれがあるため，注意が必要である。排尿障害がある場合，著者は単回皮下投与のみとしている。

腎不全

症状
多飲，多尿，重度で乏尿。食欲不振，元気消失，軟便，下痢，歩行失調，痙攣。

診断
高BUN血症，高CRE血症，高リン血症。

発症に関連する要因
頸椎疾患による給水ボトルによる飲水困難。尿石症。尿路感染。中毒。ショック。熱中症。心不全。敗血症。麻酔時循環不全。

治療
- 急性腎不全では，生理食塩水100mL/kgを4時間で静脈内輸液する。排尿が認められない場合，追加25mL/kgを1時間で静脈内輸液する。それでも排尿が認められない場合，フロセミド（1〜4mg/kg, IV）とともに生理食塩水をさらに追加し，25mL/kgを1時間で静脈内輸液する。排尿が認められた場合，BUNやCREの値の正常化が確認されるまで100mL/kg/日で静脈内輸液（困難であれば皮下輸液）を実施する。
- 慢性腎不全では，乳酸加リンゲル液100mL/kg/日を毎日（不可能であれば隔日）皮下輸液する。
- 食欲不振が解消されない場合，内服薬としてファモチジン（0.5〜1mg/kg, BID），モサプリド（0.5mg/kg, BID），およびシプロヘプタジン塩酸塩シロップ0.04％（1mL/頭, BID）を混和したものを処方する。内服や輸液を行っても食欲の改善が認められない場合，流動食の強制給餌を実施する。

腎結石および尿管結石（写真48）

症状
尿全体が均一の赤色尿（血尿）を示す。外観上黄色透明で，潜血反応のみ（＋）のことも多い。頻尿を伴うことはほとんどなく，片側性の場合は無症状のことも多い。食欲不振や元気消失を示す場合もある。その場合，炎症を起こして，疼痛を訴えたり，あるいは腎不全に至っていることが多い。

診断
尿試験紙で潜血反応が（＋）であり，X線検査で腎盂や尿管に尿石を認める。結晶の大きさや種類によっては，超音波検査やX線CT検査でなければ診断できないこともある。

発症に関連する要因
アルファルファを主原料とする高カルシウムペレットやおやつの多給。肥満。

治療
- 肉眼で血尿が確認できるほど出血が著しい場合や元気消失が認められる場合，エンロフロキサシン（5〜10mg/kg, BID）などニューキノロン系抗菌薬を使用する。
- 食欲不振が解消されない場合は抗菌薬に加え，モサプリド（0.5mg/kg, BID），メトクロプラミド（0.5mg/kg, BID），およびシプロヘプタジン塩酸塩シロップ0.04％（0.5〜1mL/頭, BID）を混和したものを処方する。また，水分摂取量が減少している場合は皮下

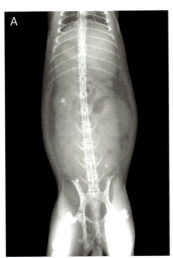
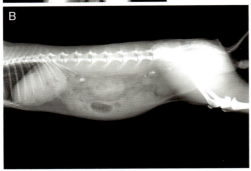

写真48　腎結石および尿道結石。VD像（A），ラテラル像（B）。左腎は水腎症に至っている

輸液を毎日実施し，内服や輸液を行っても食欲不振が解消されない場合は流動食の強制給餌を実施する。
- 疼痛が著しい場合，メロキシカム（0.2mg/kg/日）などのNSAIDsを使用してもよい。ただし，腎不全を併発している場合は体内に蓄積して重篤な副作用を起こす場合もあるため，事前に血液検査でBUNやCREの値の上昇がないかを確認しておくか，あるいは短期使用に制限する。
- 尿管結石により水腎症に至っており，これらの内科療法で改善がみられず，かつBUNやCREの値が正常であれば，腎臓摘出術を実施する。

膀胱腫瘍
症状
著者は1例しか経験がない。そのため，これが膀胱腫瘍に共通する症状かは不明であるが，その症例においては尿全体が均一の赤色尿（血尿）を示し，頻尿を伴っていた。また，末期には陰部湿性皮膚炎，食欲不振，元気消失を示し，死に至った。
診断
尿試験紙で潜血反応が（＋）であり，超音波検査で腫瘍を確認する。著者が経験した症例では膀胱三角部に腫瘤を認めた。
治療
- BUNやCREの値の上昇がないことを確認し，メロキシカム（0.2mg/kg/日），ファモチジン（0.5〜1mg/kg，BID），エンロフロキサシン（5mg/kg，BID），モサプリド（0.5mg/kg，BID），メトクロプラミド（0.5mg/kg，BID），シプロヘプタジン塩酸塩シロップ0.04%（1mL/頭，BID）を混和したものを処方した。ただし来院から3カ月で死に至ったため，この治療法が最良かどうかは不明である。

眼科疾患
結膜炎
症状
結膜の充血，腫脹，浮腫（写真49）。疼痛による眼瞼痙攣が認められることがあり，流涙または眼脂が認められる。
診断
結膜の充血をもって診断する。ただし，他の疾患の併発の有無を精査する必要がある。
発症に関連する要因
外傷。異物。鼻炎，副鼻腔炎。不正咬合。アレルギー。角膜炎，鼻涙管狭窄，涙嚢炎，眼瞼炎，ぶどう膜炎など他の眼科疾患。
治療
- 抗菌薬点眼薬として6カ月齢以下の場合はクロラムフェニコール点眼薬（一日3〜5回点眼）を，7カ月齢以上の場合はオフロキサシン点眼薬（一日3〜5回点眼）などのニューキノロン系抗菌薬点眼薬を第一

写真49　結膜浮腫を伴った結膜炎

選択薬とする。

角膜炎および角膜潰瘍

症状
疼痛による眼瞼痙攣が認められることが多く，流涙または眼脂が認められる。結膜炎の併発は角膜潰瘍の重症度に比例する。角膜の透過性が低下する。

診断
フルオレセイン試験（＋，写真50）。

発症に関連する要因
外傷。眼周囲組織異常に対する自傷行為。前庭疾患時のローリングや，顔面神経麻痺による擦過傷。

治療
- 抗菌薬点眼薬として6カ月齢以下の場合はクロラムフェニコール点眼薬（一日3～5回点眼）を，7カ月齢以上の場合はオフロキサシン点眼薬（一日3～5回点眼）などのニューキノロン系抗菌薬点眼薬を第一選択薬とする。
- 角膜保護剤としてヒアルロン酸ナトリウム点眼薬0.3％（一日3～5回点眼）を併用する。

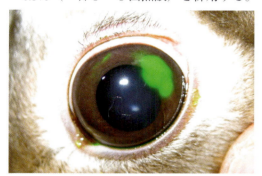
写真50 角膜潰瘍部。フルオレセイン液で染色されている

鼻涙管狭窄，閉塞，および涙嚢炎

症状
流涙または眼脂が認められ，それにより内眼角を中心とした湿性皮膚炎を併発する。

診断
フルオレセイン試験実施。試験液滴下後，3分間経過しても鼻孔からフルオレセイン試験液が排出されない場合，これらの疾患を疑う。

発症に関連する要因
不正咬合に由来することが多く，特に切歯根尖過長による鼻涙管圧迫が多い（写真51）。

治療
- 鼻涙管洗浄を実施する（P.211，写真52）。

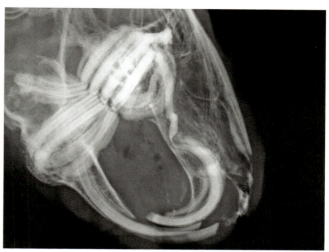
写真51 切歯歯根による鼻涙管の圧迫（ヨード造影剤による鼻涙管造影）

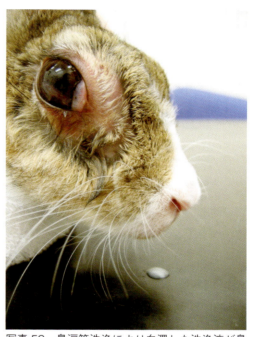
写真52 鼻涙管洗浄により白濁した洗浄液が鼻孔より排泄される

- 慢性化している場合，初期治療として，3～4日ごとに鼻涙管洗浄を実施し，徐々に洗浄間隔を広げていく。
- 抗菌薬点眼薬として6カ月齢以下の場合はクロラムフェニコール点眼薬（一日3～5回点眼）を，7カ月齢以上の場合はオフロキサシン点眼薬（一日3～5回点眼）などのニューキノロン系抗菌薬点眼薬を第一選択薬とする。

ぶどう膜炎

症状
結膜充血。疼痛による眼瞼痙攣，縮瞳，流涙，眼球陥

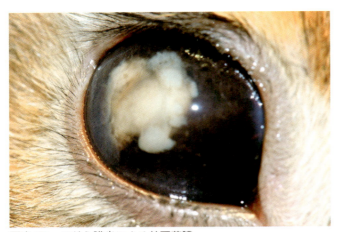

写真53 ぶどう膜炎による前房蓄膿

凹。角膜浮腫。前房蓄膿（**写真53**）。

診断
眼圧低下を伴うことが多い。生体顕微鏡で前房フレア，出血，蓄膿などの異常内容物を確認する。

発症に関連する要因
エンセファリトゾーン由来の白内障に併発することが多い。その他，眼球への直接的な外傷，重度角膜炎，角膜潰瘍から発症することもあり，これらの場合は基礎疾患として不正咬合や前庭疾患が関与していることも多い。

治療
- 点眼薬として，NSAIDs を使用する。角膜に損傷が認められない場合はジクロフェナクナトリウム点眼薬（一日3回点眼）を，角膜に損傷が認められる場合はプラノプロフェン点眼薬（一日3回点眼）を使用する。ウサギのぶどう膜炎は無菌性のものが多いが，念のためクロラムフェニコール点眼薬（一日3〜5回点眼）など眼球内への浸透性のよい抗菌薬点眼薬を併用する。
- 内服薬としてメロキシカム（0.2mg/kg/日）を使用する。白内障を併発している場合，あるいは斜頸などの前庭疾患が併発している場合，著者はアルベンダゾール（10mg/kg，BID，3週間）を併用している。
- 内科療法での改善が乏しく，前房蓄膿が多く残存する場合は組織プラスミノーゲンアクチベータ（tPA）25μgの眼房内注射で効果が得られる場合がある（**写真54，55**）。具体的には27G針を1mLシリンジに装着し，針を角膜輪部から4mm離れた部位から刺入，ベベル部を上に向け，結膜下を輪部から1.5mmの強膜部まで進める。さらに強膜を貫通し，虹彩の前方へ針を進め，0.2mL眼房水を除去する。この針を眼球

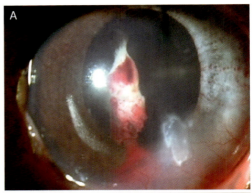

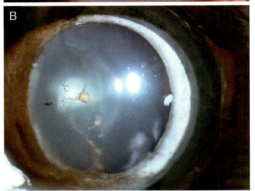

写真54 点眼，内服，tPA眼内注射治療前（A），治療後（B）

写真55 tPA眼房内注射

内に残した状態でtPAを充填したシリンジに付け替え，注入する。針を引き抜く時は小さな鉗子で刺入部を鉗圧し，眼房水の漏出を最少限にとどめる。

眼窩膿瘍
症状
眼球突出。流涙，眼脂（**写真56**）。重篤では食欲不振，元気消失。

診断
眼圧正常。不正咬合の確認（耳鏡や膣鏡などによる視診または頭部X線検査）。

写真 56　臼歯の不正咬合により眼窩膿瘍と下顎膿瘍が併発した症例。正面（A），側面（B）

発症に関連する要因

不正咬合。

治療

- 眼球周囲皮膚，あるいは結膜切開による眼窩膿瘍の排出。可能であれば原因歯の抜歯を実施する（ただし，この処置により原因歯の前後の臼歯が動揺し，さらに不正咬合が悪化する可能性があることを飼い主に説明しておく必要がある）。
- 治療のメインはエンロフロキサシン（10mg/kg, BID）など抗菌薬の高用量投与が中心となる。
- 流涙や眼脂が認められる場合，オフロキサシン点眼薬（一日3〜5回点眼），ヒアルロン酸ナトリウム点眼薬0.3%（一日3〜5回点眼）の併用が必要となる。
- 食欲不振が解消されない場合，モサプリド（0.5mg/kg, BID），メトクロプラミド（0.5mg/kg, BID），およびシプロヘプタジン塩酸塩シロップ0.04%（0.5〜1mL/頭, BID）を混和したものを処方する。また，水分摂取量が減少している場合は皮下輸液を毎日実施し，内服や輸液を行っても食欲不振が解消されない場合は流動食の強制給餌を実施する。
- 元気消失や歯ぎしりが認められる場合，メロキシカム（0.2mg/kg/日），ファモチジン（0.5〜1mg/kg, BID）を併用する。

角膜瘢痕化

症状

角膜潰瘍部に発生する瘢痕（**写真57**）。周囲に血管新生が認められる。

診断

フルオレセイン試験（－）。血管新生が角膜潰瘍部に到達して形成される瘢痕であり，視診で診断可能。眼圧正常。

発症に関連する要因

重度角膜潰瘍。

治療

- 大きな瘢痕形成は消失せず残存することがある。本来角膜潰瘍の治療は血管新生が潰瘍部に到達し，瘢痕を形成する前に完結させる必要がある。しかし，瘢痕化が起これば潰瘍部の治癒はある意味完了したこととなり，視界の妨げにはなるがこれ以降悪化することはほとんどない。理想の治癒終了形態ではないが，安定した形であり，瘢痕化後治療が必要なことは少ない。

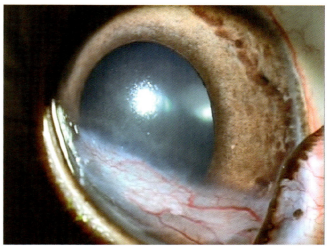

写真 57　角膜潰瘍後の瘢痕化

緑内障

症状

疼痛による流涙や眼瞼痙攣が認められることが多く，結膜と強膜の充血を認める。通常，瞳孔散大が認められるが，虹彩癒着に由来する緑内障においては縮瞳している場合もある。

診断

眼圧30mmHg以上（**写真58**）。

発症に関連する要因

エンセファリトゾーン由来あるいはぶどう膜炎由来

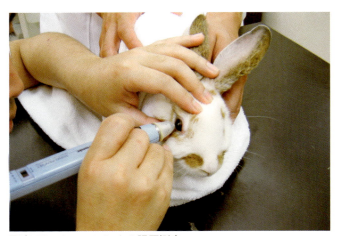

写真 58　トノペンによる眼圧測定

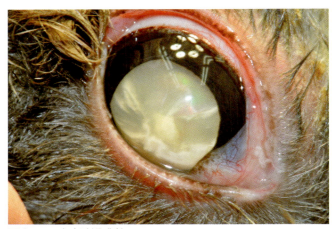

写真 59　白内障過成熟

の虹彩癒着が関与することが多い。ニュージーランド・ホワイト種における遺伝性緑内障が報告されている。

治療

- 緑内障治療剤としてドルゾラミド塩酸塩点眼薬（一日2回点眼），チモロールマレイン酸塩点眼薬（一日2回点眼），鎮痛剤としてジクロフェナクナトリウム点眼薬（一日2回点眼）を使用する。角膜炎，あるいは眼脂が認められる際はクロラムフェニコール点眼薬（一日3回点眼）を併用する。チモロールマレイン酸塩点眼薬を使用する場合は最後に点眼する。エンセファリトゾーン感染が疑われる場合は内服薬としてアルベンダゾール（10mg/kg, BID）を使用する。
- 食欲不振が認められる場合はエンロフロキサシン（5mg/kg, BID），メロキシカム（0.2mg/kg/日），ファモチジン（0.5～1mg/kg, BID），モサプリド（0.5mg/kg, BID），メトクロプラミド（0.5mg/kg, BID），およびシプロヘプタジン塩酸塩シロップ0.04%（0.5～1mL/頭, BID）を混和したものを処方する。また，水分摂取量が減少している場合は皮下輸液を毎日実施し，内服や輸液を行っても食欲不振が解消されない場合は流動食の強制給餌を実施する。

白内障

症状

水晶体や水晶体嚢が濁る。進行すると視力が障害され，膨張し虹彩を前方に偏位させると緑内障に進行することがある。過成熟（**写真59**）に至り水晶体嚢が破れると，水晶体内容物が眼房内に漏出しブドウ膜炎に進行する。

診断

透照法による水晶体観察では白内障は白くみえ，検眼鏡による反帰光線法では黒くみえる。

発症に関連する要因

高齢性の場合もあるが，多くは外傷，ぶどう膜炎，エンセファトゾーン感染に由来する。

治療

- 基本的には乳化吸引による水晶体除去手術が唯一の治療法であるが，著者は実施したことがない。
- エンセファリトゾーンの関与が疑われた場合（過成熟に至る前に水晶体嚢破裂が起き，これに伴うブドウ膜炎，前房蓄膿などがみられた場合），念のためアルベンダゾール（10mg/kg, BID, 3週間）を投薬している。

水晶体核硬化

症状

加齢による水晶体中心部の硬化（**写真60**），白濁であり，白内障との鑑別が重要となる。

診断

透照法による水晶体観察では核は灰白色半透明にみえ，検眼鏡による反帰光線法では水晶体は透明でタペタ

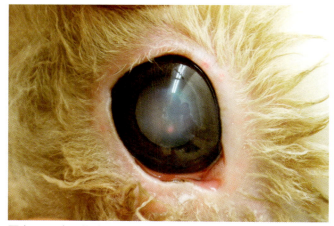

写真 60　水晶体核硬化

ム反射がみられる。
発症に関連する要因
加齢。
治療
- 治療は要しない。

角膜閉塞症
症状
結膜が角膜上を覆う疾患である（**写真 61-A**）。基本的には炎症を伴わない。そのため，角膜との間に毛などの異物が入らない限り，流涙や眼脂などをみることはない。点眼などの治療を行わなくても，自然に伸展がとまることが多い。
診断
視診で診察可能。
発症に関連する要因
先天性とも，パピローマウイルス感染由来ともいわれるが，実際の原因は不明である。

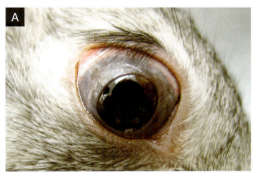
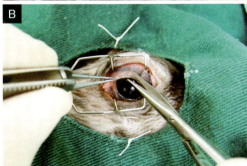
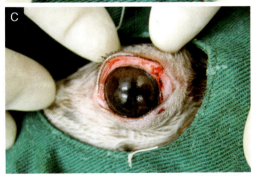

写真 61　角膜閉塞症（A）。治療は，余剰結膜の切断部を輪部結膜に縫合する（B，C）

治療
- 流涙や眼脂が認められる場合，あるいは角膜全体を覆うまで進行する場合は治療が必要となる。
- 角膜表面に進展する結膜を切除する。この結膜と角膜とは癒着を起こさないため，切除は容易であるが，再発することが多い。再発防止として，切除後，輪部に結膜切断面を縫合する方法（**写真 61-B，C**）や，サイクロスポリン，プレドニゾロン，あるいはマイトマイシンCなどの点眼も試みられているが，それでもなお再発することが多い。進展した結膜を切除せず，中心から放射線状に切開するのみという術式も試みられているようだが，現時点では著者はこの術式の経験がない。

外傷性眼球突出
症状
外傷による眼球突出。流涙，慢性化で眼脂を伴う。
診断
眼圧は正常の症例が多い。急性の突出。他の動物の存在など事故が起こる可能性のある環境の聴取。超音波検査による眼窩膿瘍や腫瘍などの他の眼球突出疾患の除外診断。
発症に関連する要因
他の動物による咬傷。
治療
- フルオレセイン試験によって，角膜の損傷が確認されない場合，眼瞼閉鎖術を（**写真 62**）行う。全身麻酔下で，中性電解水または生理食塩水による眼球の洗浄，眼窩への還納を行い，5-0 ナイロン糸で上眼瞼と下眼瞼をマットレス縫合で閉鎖，縫合する。この時，3〜4mm に切断したシリコンチューブ（延長チューブなど）を間にはさむと眼瞼への圧が分散される。

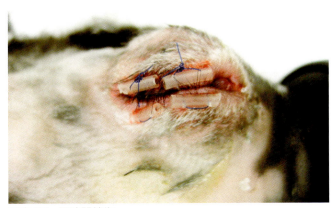

写真 62　眼瞼閉鎖術

- 点眼薬として，クロラムフェニコール点眼薬（一日3〜5回点眼）を使用する。内服薬は，6カ月齢以下ではクロラムフェニコール（30mg/kg，BID）を，7カ月齢以上ではエンロフロキサシン（5mg/kg，BID）などのニューキノロン系抗菌薬を使用する。
- 食欲不振が解消されない場合，モサプリド（0.5mg/kg，BID），メトクロプラミド（0.5mg/kg，BID），およびシプロヘプタジン塩酸塩シロップ0.04%（0.5〜1mL/頭，BID）を混和したものを処方する。また，水分摂取量が減少している場合は皮下輸液を毎日実施し，内服や輸液を行っても食欲不振が解消されない場合は流動食の強制給餌を実施する。
- 元気消失や歯ぎしりが認められる場合，メロキシカム（0.2mg/kg/日）やファモチジン（0.5〜1mg/kg，BID）を併用する。

瞬膜腺（第三眼瞼腺）過形成（写真63）

症状
瞬膜腺（第三眼瞼腺）が腫大する。充血や炎症を伴うことは少ない。角膜に接するほど大きくなると，流涙や眼脂を伴う。

診断
視診で診察可能である。抗菌薬の点眼や抗炎症薬の点眼薬には反応しない。

発症に関連する要因
テストステロンやサイロキシンの関与が示唆されており，未去勢雄に多発。

治療
局所麻酔下で瞬膜腺切開（瞬膜腺を切開し，内容物の圧迫排出を行う），あるいは全身麻酔下で瞬膜腺摘出を行う。未去勢雄の場合，あわせて去勢手術の実施が必要となる。10〜14日間オフロキサシン点眼薬（一日3〜5回点眼）を使用し，治療を終了する。再発した場合は同様の治療を繰り返すが，再発しない場合も多い。

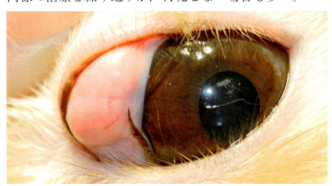

写真63　瞬膜腺過形成

眼窩腫瘍

症状
眼球突出。閉眼不全に至ると角膜炎による流涙や眼脂が認められる。

診断
眼圧は正常。口腔内検査，X線検査による不正咬合由来眼窩膿瘍の除外診断。超音波検査やX線CT検査による腫瘍の確認。

治療
- リンパ腫が最も多い。
- プレドニゾロン（0.5mg/kg/日），ファモチジン（0.5〜1mg/kg，BID），エンロフロキサシン（10mg/kg，BID），モサプリド（0.5mg/kg，BID），およびシプロヘプタジン塩酸塩シロップ0.04%（0.5〜1mL/頭，BID）を混和したものを継続投与する。

眼球癆（写真64）

症状
角膜混濁を伴う眼球萎縮。眼瞼内反，眼脂，乾性角結膜炎，疼痛を伴う場合もある。

診断
重度のぶどう膜障害後に発生する小眼球症。

発症に関連する要因
重度外傷。全眼球炎。慢性緑内障。

治療
- 炎症が鎮静化（安定化）した状態ともいえ，疼痛や眼

写真64　眼球癆により右側眼球が萎縮している。
正面（A），側面（B）

脂を伴わなければ，治療は要しない。疼痛を伴う場合，プラノプロフェン点眼薬（一日3回点眼）を，眼脂を伴う場合はクロラムフェニコール点眼薬（一日3～5回点眼）を使用する。

循環器疾患
心不全
症状
呼吸困難。失神。食欲不振。元気消失，運動不耐性。
診断
X線検査で心肥大を認める。重度症例で胸水，肺水腫，腹水を認めることがある。聴診器での心雑音聴取は難しい。
治療
- ACE阻害剤を使用する。著者はアラセプリル（1mg/kg，SID，PO）を用いているが，文献の記載はエナラプリル（0.25～0.5mg/kg，SID～EOD，PO）のほうが多い。
- 肺水腫，胸水，腹水が認められ，呼吸困難に至っている場合はフロセミド（1～2mg/kg，BID～TID，IMまたはSC）を使用し，酸素室におけるケージレストを優先する。
- 食欲不振が解消されない場合は，モサプリド（0.5mg/kg，BID），メトクロプラミド（0.5mg/kg，BID），およびシプロヘプタジン塩酸塩シロップ0.04%（0.5～1mL/頭，BID）を混和したものを処方する。内服を行っても食欲の改善が認められない場合は，流動食の強制給餌を実施する。水分摂取量が少ない場合は輸液を検討すべきだが，肺水腫などの増悪を招くおそれがあるため，必要最小限にとどめる。

その他の疾患
熱中症
症状
初期で多飲，多尿。進行すると食欲不振。元気消失。軟便，下痢，異常便。重篤な場合は，発作，昏睡，呼吸困難，ショックに至る。
診断
飼育環境の聴取。環境温25℃以上（特に3歳以上）。湿度が60%以上の場合，環境温が25℃以下でも発症することがある。

発症に関連する要因
飼育不備。肥満。他の疾患による衰弱。高齢（若齢でも発症するが，3歳以上で多く，高齢になるとともに発症しやすく，かつ治りにくくなる）。
治療
- エアコンなどにより環境温24℃以下，湿度60%未満を24時間維持できるように飼育指導する。
- 食欲不振が解消されない場合，抗菌薬（6カ月齢以下はクロラムフェニコール30mg/kg，BID，7カ月齢以上はエンロフロキサシン5～10mg/kg，BID）とともにモサプリド（0.5mg/kg，BID），メトクロプラミド（0.5mg/kg，BID），およびシプロヘプタジン塩酸塩シロップ0.04%（0.5～1mL/頭，BID）を混和したものを処方する。また，水分摂取量が減少している場合は皮下輸液を毎日実施し，内服や輸液を行っても食欲不振が解消されない場合は流動食の強制給餌を実施する。
- 重症症例においては，血管確保設置後にデキサメサゾン（0.1mg/kg，IV），ファモチジン（0.5～1mg/kg，BID），環境温の5%ブドウ糖100mL/kgを4時間で静脈輸液する。冷水で濡らしたタオルを背部にのせ（特に頭頸部の冷却を行う），体温が39.5℃に下がるまでタオルを交換する。

肥満
症状
運動不耐性。低繊維食による軟便，下痢便，食欲不振。盲腸便の摂取が困難となり，糞便および尿による陰部の持続的汚染が起きる。これにより陰部を中心として，湿性皮膚炎や足底皮膚炎が併発する。
診断
食餌内容の聴取。肋骨の触診（適正体重の場合，胸部側面を両手で触れると圧迫しなくとも肋骨が容易に触知できる）。X線検査により皮下および内臓の脂肪を評価し，腹水および腹腔内マスなどの他疾患の除外もあわせて行う。血液検査により低ALB血症（浮腫の可能性），高血糖（糖尿病の可能性）を含めた他の疾患を除外する。
発症に関連する要因
繊維質16%未満の低繊維質のペレットの使用。果物やおやつの多給。ペレットの過剰投与（1歳以上のウサギにおいては適正体重の1.6%/日以上を与えている場合）。

治療

- 乾草やペレット以外の食物を一切与えないように指導する。この後，チモシーなどのイネ科乾草を常にケージに入れ，ペレットを適正体重の1.5%／日まで漸減する。1カ月経過しても体重が減少しない場合は定期的に体重を測定しながら1.25%／日まで漸減する。
- ペレットを減量する場合，急激な減量は肝リピドーシスをもたらすおそれがあるため，時間をかけてゆっくり漸減する。

開張症

症状

4カ月齢以下で発症することが多く，肢の接地位置が正常位置を保てず，外側に広がっていく。症状は徐々に進行することが多い。後肢が多い（**写真65**）が，前肢でも発症することがある。両側性の場合もあれば，片側性の場合もある。

診断

X線検査で，股関節，膝蓋骨，肩関節の脱臼，大腿骨，上腕骨，脛腓骨の捻転などを認める。ただし，初期にはX線検査に異常が認められないことも多い。発症時の事故の有無，年齢，徐々に進行するなどの臨床症状をもって仮診断とする。

発症に関連する要因

遺伝性疾患の可能性が高いといわれている。

治療

- 肩幅，あるいは股関節の幅より10%広い幅で，下腿部遠位（または前腕遠位）をテーピング固定する。テーピングは1〜2週間間隔で除去し，再設置する。ただし，テーピングで改善あるいは進行の抑制ができない場合が多い。

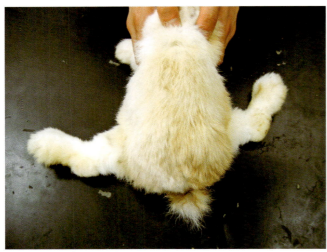

写真65　後肢の開張症

糖尿病

症状

食欲不振。元気消失，虚脱状態（**写真66-A**）。多飲多尿が認められない場合もある。

診断

高血糖300mg/dL以上（著者が経験した症例はすべて500mg/dL以上であった，**写真66-B**）。自宅で採取した尿血糖（＋）。

発症に関連する要因

重度の肥満。

治療

- 食欲不振という主訴で来院した時点で，すでに末期状態である。著者が経験した症例はインスリン加静脈輸液，インスリン皮下注射，インスリン不使用静脈輸液のいずれの治療においても24時間生存させることができなかった。

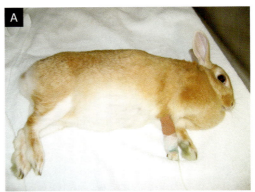

写真66　血糖値500mg/dL以上で虚脱状態のウサギ（A）。高TG血症でもあった（B）

中毒

症状

食欲不振。元気消失。軟便，下痢，黒色便。除草剤中毒では呼吸困難。

診断

発症4日前までさかのぼった摂食物と使用薬剤の聴取。

発症に関連する要因
　フィプロニル製剤の使用。毒性のある植物（ネギ属植物。観葉植物でも多く認められる）の摂取。除草剤の散布された植物の摂取。

治療
- 活性炭（1g/kg，BID，PO）。
- 食欲が正常化するまで皮下輸液を毎日実施する。内服薬としてメトロニダゾール（20mg/kg，BID，PO），モサプリド（0.5mg/kg，BID），およびシプロヘプタジン塩酸塩シロップ0.04％（0.5〜1mL/頭，BID）を混和したものを処方する。内服薬の投与は活性炭投与から1時間以上間隔を開ける。内服や輸液を行っても食欲の改善が認められない場合，流動食の強制給餌を実施する。

付録-C
ウサギについての基礎知識

「ウサギの診療は犬や猫の診療とは大きく異なる」と思っている獣医師は多い。しかし，ウサギの診療に必要となる器具や技術は犬や猫の診療に必要なものとほぼ同じであり，ウサギについての基礎知識さえもちあわせていれば，すべてではないが，多くの疾患と戦うことができる。
　そして，ウサギの基礎知識として知っておくべきこととして，以下のようなことがあげられる。これは，ウサギを診療する上で最小限知っておくべき知識であり，飼い主から質問されることの多い項目でもある。ウサギの特徴，適切な食餌，飼育環境，診療上注意すべき点，犬や猫との違いなどが把握できれば，あとはそれぞれの診療手法に応用し，実践するだけである。

ウサギの特徴

ウサギの診療を行う上で，最低限把握しておくべきウサギの特徴を以下に記す。

- ウサギはウサギ目であり，齧歯目ではない。
- 成長期は生後5～7カ月で終了する。
- ヒトの年齢（歳）への換算式は，22＋（ウサギの年齢－1）×6。
- 12歳で約86歳。きちんとケアすれば不可能ではない。
- 本来は夜行性であるが，飼育していると飼い主の生活にあわせるようになることが多い。
- 正常心拍数は130～250／分だが，緊張などで容易に上昇する。
- 正常呼吸数は30～60／分だが，緊張などで容易に上昇する。正確な呼吸数は安静時や睡眠時に測定する。
- 直腸温は38.0～39.6℃だが，緊張などで容易に上昇する。
- 生後3～6カ月で性成熟に至るが，個体差が大きい。
- 生後3～4カ月で睾丸が降りてくる。それ以前の雌雄鑑別は，尿道口と肛門の間の長さ（雄は雌に比べ長い）か，陰部の形状（雄は尿道口が円形で，雌の膣口は縦のスリット状）（**写真1～3**）のみであり，3カ月齢以下での雌雄は判断が難しい。
- 子宮は重複子宮で，それぞれが独立して膣に開口している。
- 睾丸は圧迫されることにより容易に腹腔内に入る。
- 周年繁殖の交尾排卵動物である。つまり，発情・排卵を周期的に繰り返すのではなく，交尾により排卵を行う。
- 1～2日くらいの休止期と4～17日の許容期が繰り返される。
- 妊娠期間は約29～35日。
- 出産数は4～10頭。
- 分娩後の交配で排卵，妊娠が可能である。
- 偽妊娠が比較的多く，乳腺が発達したり，巣づくり行動をすることがある。期間は15～17日。
- 通常一日1回，数分程度しか授乳しないため，育児放棄していると勘違いする飼い主が多い。
- 3週齢で固形物を食べはじめるが，完全に離乳できるのは6～8週齢であり，この期間授乳を受けないと非常に免疫力の弱い個体となる。したがって，親と隔離するのは6～8週齢まで待つべきである。
- 切歯，臼歯ともに常生歯（伸びつづける歯）である。
- 永久歯の歯式はI（2/1），C（0/0），PM（3/2），M（3/3）で計28本である。
- 嘔吐はできない。口より胃内容物が排出された場合は嘔吐というよりも逆流であり，非常に危険な状態である。

- ウサギの胃酸はpH1.0〜2.0で強酸である。摂取物に付着していた細菌のほとんどはここで死滅する。しかし，軟便や下痢を発症している場合，pHは上昇する。
- 硬便と盲腸便の2種類の糞便を排出する。
- 盲腸便は高タンパク質かつ高ビタミン（特にビタミンB群が多い）で軟らかい。盲腸便の摂取は正常な行為であり，長期間摂取できない状態が続くと栄養的トラブルが発生する。
- ウサギは盲腸糞を夜間から早朝にかけ肛門から直接摂取するため，飼い主がこれを観察できる機会は少ない（摂取していないという訴えがあっても，床に落ちていなければおそらく摂取している）。
- 骨は非常に軽く，骨折しやすい。
- 視野は広く，背後までみえるが，立体視できる範囲は狭く，視力はあまりよくない。
- 胸腔は非常に小さく，ウサギの全身麻酔のリスクが高い要因の一つとなっている。
- 胸腺は成長してもあまり萎縮しない。
- 顎，肛門部，および鼠径部に臭腺（**写真4**）をもつ。
- 雌の下顎には発達した肉垂があり，出産時はこの部位

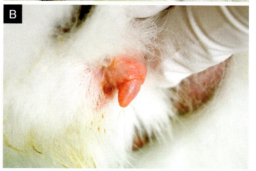

写真3 雄の陰部（A）。包皮をめくって陰茎を露出したところ（B）

写真1 雌の膣口。縦のスリット状

写真2 雄の陰部。陰茎の頭側に陰嚢がある

写真4 臭腺

の毛を抜いて巣づくり行動を行う。
- ウサギの正常尿はアルカリ性であり，炭酸カルシウムを中心とし，シュウ酸カルシウムやリン酸塩など多くの結晶成分が鏡検で確認される。
- 白血球の増加は必ずしも感染症を示すわけではない。
- 好中球はエオジン好酸性顆粒を含む偽好酸球である。

ウサギの食餌

- 完全草食動物であるウサギにとって最も重要な栄養源は繊維質である。
- 繊維質は腸内細菌叢の維持と消化管の蠕動運動を促進する。これに対し高炭水化物・高タンパク質・高

脂肪の食餌は腸内細菌叢の攪乱につながる。ウサギの健康を維持するためには高繊維質・低炭水化物・低タンパク質・低脂肪の食生活を目指す必要がある。気をつけなければいけないのは，高炭水化物・高タンパク質・高脂肪の食べ物をウサギは好むという点である。
- 基本的に「ウサギが喜ぶものは体に悪い」。クッキー風のおやつ，えん麦などの穀物，果物，ニンジン，イモ類などの高炭水化物の野菜，種子類などの高脂肪の食物は，嗜好性は非常によいが与えないほうがよい。

水
- 常に途切れることなく常備しておく必要がある。
- 「生後間もないウサギに水を与えると，下痢になるので与えてはいけない」と指導するペットショップもあるようだが，迷信である。どの年齢のウサギにおいても，水は必要である。水を飲んで下痢をした場合，下痢の原因は別にある。

乾草
- 乾草はウサギにとっても最も重要な繊維質供給源である。また，正常な歯の摩耗を維持するために必要不可欠な食餌でもある。極論ではあるが，ウサギはペレットなしでも生きていけるが，乾草なしには生きていけない。
- 乾草は常に摂食できるようにしなければならない。飼い主が不在時であっても乾草が途切れることは許されず，1つの牧草フィーダー（**写真5**）で不足する場合，2〜3個の牧草フィーダーを設置する必要がある。
- 市販の乾草で入手しやすいのはアルファルファとチモシーである。
- アルファルファはマメ科植物であり，タンパク質とカルシウムの含量が多い。したがって，5〜6カ月齢までの成長期用乾草に適している。ただし，成長期をすぎた後も与えつづけていると，高タンパク質であるため，肥満や消化器疾患を発症する可能性が高くなる。また，カルシウムのほとんどを尿中に排泄するウサギにとって，カルシウム含量の高いアルファルファは尿石症の原因にもなる。ただし，何らかの疾患でペレットを採食できなくなった場合，ペレットに代わるカロリー源として使用することもある。具体的には，前庭疾患などで姿勢が保てなくなってペレットを採食できなくなったウサギに著者はよく利用している。この時，アルファルファを与える量はペレットと同じ重量としている。
- チモシーはイネ科植物であり，タンパク質やカルシウムの含量は少ない。したがって，6カ月齢以上の維持期用乾草に適している。ただし，イネ科植物はマメ科植物に比べ嗜好性が低いため，切り替えは1カ月程度かけ，ゆっくり行う必要がある。また，可能であれば，成長期の段階からアルファルファに1割程度チモシーを混ぜ，味を覚えさせておくとよりスムーズに切り替えできる。
- 乾草には，1番刈り，2番刈りという種類がある。春から初夏にかけて刈りとったものが1番刈りであり，この後もう一度生えてきたものを夏の終わりに刈りとったものが2番刈りである。1番刈りに比べ2番刈りは軟らかい。ウサギには基本的に1番刈りを与えるべきであり，2番刈りを覚えると1番刈りの乾草を嫌うようになるウサギもいる。ただし，乾草をまったく食べないウサギに，導入用乾草として2番刈りを使用することはある。

ペレット
- ペレットは乾草で不足する栄養素の補助として使用すべきであり，主食であってはならない。嗜好性の高いものほど低繊維質のものが多く，飼い主には嗜好性だけではなく，繊維質の量や主原料を確認して購入するように指導する。
- 成長期用ペレットは主成分がアルファルファで，繊維質が16％以上のものが望ましい。5カ月齢から維持期用ペレットに徐々に切り替えていき，6カ月齢には完全に切り替わるように指導する。一日当たりの給与量はそのウサギの理想体重（診療時の体重ではなく，診療時の骨格から適切と思われる体重）の5％まで（1kgのウサギで50g/日まで）とする。
- 6カ月齢以上で使用する維持期用ペレットは主成分が

写真5　固定式牧草フィーダー

付録-C　ウサギについての基礎知識

チモシーで，繊維質が18%以上（できれば20%以上）のものが望ましい。6カ月齢～1歳までの一日給与量は理想体重の2.5%までとし，1歳以上は理想体重の1.5%までとする。
- 基本的に，乾草よりもペレットを好むウサギが多く，給餌量を制限しないと乾草を食べないウサギとなってしまう。乾草をほとんど食べないという稟告があった場合，その原因の多くはペレットの過剰給与である。

野菜
- 基本的には必要ない。
- 野菜はヒトの歯で噛み切れる程度の繊維質しか含まず，90%以上が水分である。したがって，ウサギの繊維質の供給源にはなりえない。しいて与える意味があるとすれば，飼い主のおやつを与えたい欲求に応えるため（ビスケットなどを与えるよりはよい），あるいは食欲不振になった時に与える最後の砦（好物）という位置づけになる。
- 与える場合でも，キュウリ，レタス，白菜などの特に水分の多い野菜，あるいはニンジン，イモ類，カボチャなどの炭水化物の多い野菜は避ける。与える場合は，せめて繊維質の多いニンジン菜，ダイコン菜などを少量と指導する。野菜の大量摂食は，乾草を摂食できる量が減るだけであり，むしろ有害となる。この点，飼い主に強く説明しておく必要がある。

生牧草
- 基本的には必要ない。
- 生牧草は水分を多く含み，乾草よりも野菜に近い。長期保存も困難であり，与える場合はおやつという位置づけとなる。ただし，乾草よりも嗜好性が高いため，乾草をまったく食べないうさぎに対し，味を覚えさせるための導入牧草として使用することは可能である。まったく乾草を受けつけないウサギに対してさまざまな産地の生牧草を与え，食べてくれる生牧草をみつけた後，1年近くかけて同じ牧場の乾草を食べてくれるようになった例を経験したことがある。

野草
- 基本的には必要ない。
- 生牧草同様，水分が多く，繊維質の供給源とはならない。また，野草によっては薬効効果や毒性のあるものもあり，過剰摂取はトラブルの元である。

ウサギのおやつ
- 与えないほうがよい。
- 特に果物類（ドライフルーツを含む），種子類，穀物，クッキー状の低繊維質のものは与えるべきではない。

ウサギの飼育方法
飼育環境内の温度および湿度
- 飼育環境の理想的温度は18.3～23.9℃，湿度は30～50%である。したがって，日本で12歳以上長生きさせたい場合，屋外飼育は難しい。
- ウサギは基本的に，暑さにも寒さにも，急激な気温変化にも弱い。特に暑さには非常に弱い。3歳以上のウサギでは25℃を超えると食欲不振に至る場合があり，たとえ3歳以下のウサギでも28℃を超えると食欲不振に至る場合が多い。また，温度が許容範囲であったとしても，湿度が60%に近づくと熱中症に至る場合がある。したがって，可能であれば通年この温度範囲に収まるように冷暖房機器により管理することが望ましい。しかし，これが不可能な場合，せめて梅雨や夏の温度・湿度管理だけでも徹底する。冬は室温が5℃を下まわる時だけでも暖房機器を使用するか，それも困難な場合はケージの周囲を段ボールなどで囲い，隙間風を遮断する。冷暖房機器を使用する場合は，直接ケージに風が当たらないように注意する。

ケージ
- 約1kgのウサギで50cm×50cm，約2kgのウサギで80cm×50cmの広さは必要である（**写真6**）。
- 床は金網ではなくスノコが理想的であり，できればプラスチックや樹脂製スノコ（**写真7**）付属のケージを購入する。木製のスノコでも問題はないが，この場合毎日洗浄の際に乾燥したものと交換できるよう3枚は用意しておく（樹脂製などであれば，洗浄後拭き取ればよい）。ケージの天井部分は大きく開く構造が理想的であり，投薬などの処置で強制的にウサギをケージから出す際に有用である。
- 給水器はケージに取り付けられるものを利用し，給水ボトルは使用しない。給水ボトルは高齢になり頸椎疾患が発生すると飲水できなくなるウサギが多く，腎不全の原因になりうる。体重1kg当たり100～200mL/日を飲水するウサギもいるため，24時間分の水を賄える器を用意する必要がある。ペレットを入

写真6 イージーホーム。幅810mm×奥行き505mm×高さ550mm。2kgのウサギでも十分な広さが確保できる。樹脂製スノコが付属している。天井も大きく開き，利便性がよい

写真7 樹脂製スノコ

写真8 固定式食器

写真9 トイレ

れる食器（**写真8**）も給水器と同じように固定式のものがウサギにひっくり返されるなどのトラブルが少なく有用である。

- 牧草フィーダーは飼い主がウサギを観察できない時間も乾草が途切れないよう，常に余るようにしておく必要があり，1つで不足するようであれば，2～3個設置する。
- トイレ（**写真9**）は固定式のものを水やペレットの食器から最も遠い場所（対角線上）に設置し，一日2回清掃する。一日1回の清掃では食欲不振により排便量が減少したとしても，発見が遅れる。ウサギの食欲不振の治療において，24時間以内に治療開始できるかどうかは非常に重要な要素となる。
- トイレを覚えさせるため，ウサギがトイレを学習するまで尿を滲み込ませたティッシュや糞便をトイレのスノコ下に入れておく。ウサギは比較的容易にトイレを覚えるが，なかには生涯トイレを覚えないウサギもいる。

しつけ

- ウサギは，犬と同じように群れのなかで序列を決めて生きる動物である。甘やかして育てると，さまざまな問題行動を起こすようになる。
- 飼い主から頻繁に相談される問題として，ケージのかじり癖があげられる。通常はウサギがケージをかじっている時にそれをとめようして，飼い主がケージの扉を開けて外に出したり，あるいはおやつを与えたりして，「ケージをかじること＝メリットの発生」

と解釈し，それをきっかけにケージのかじり癖が定着する。ケージのかじり癖は不正咬合につながりかねない問題であるが，矯正は難しい。かじる対象として代わりにヘチマ（**写真10**）などをケージに設置し，ウサギがケージをかじっている間は無視する。かじることをやめた瞬間に野菜を与えたり，ケージから出したり，ご褒美を与えることで，「ケージをかじらないこと＝メリットの発生」と覚えさせていくしかない。

- ケージから外（部屋）に出している時間が長すぎたり，複数の部屋を自由に行き来できるようにしていたり，ソファーやベッド，座布団など人間がつくべきポジションに登っても怒らないような飼い方をしていると，飼い主よりも上位であると勘違いし，問題行動を起こすことがある。具体的には，飼い主が部屋に入ってきただけで攻撃したり，あるいは足にしがみついて乗駕行為をするようになる（雌でも）。爪切りや投薬，抱っこを過剰に嫌がるようになるケースも多く，治療の妨げとなる。そのため，ケージから出す時間や場所を制限する，人間のポジションに登ってきたらケージに戻し30分ほど閉じ込めるなどの対処が必要でなる。

写真10 固定ヘチマ棒

（写真5～10の写真協力：三晃商会）

付録-D
ウサギについてよくある質問

　ウサギの診療を行っていると，飼い主よりさまざまな質問を投げかけられる。この質問は，たとえその時診療している疾患とまったく無縁なものであっても決しておろそかにはできない。なぜなら，この質疑応答によって，飼い主はその獣医師が本当にウサギの診療を行う知識，技量，熱意があるのかを推し量っているからである。ウサギに対する質問に丁寧かつ正確に返答できれば，飼い主は獣医師が実施する検査や治療に容易に同意する。逆に，その質疑応答に満足できなければ，たとえ正当な検査や治療であっても，飼い主は懐疑の目でそれをみる。

　ここでは著者が診療現場で飼い主から質問されることの多い質問と，それに対する返答例を記載した。前章に示した「ウサギについての基礎知識」を把握し，これらの質疑応答に適切に対応できれば，飼い主から「○○先生はウサギの診療ができる」という評価を得られるはずである。

飼育方法について

Q
ウサギを飼育しはじめたが，いつ健康診断に連れていけばよいか。
A
可能であれば1週間以内。それが無理な場合はせめて便検査だけでも行う。

Q
ウサギは寂しいと死ぬ？
A
死なない。ただし，何らかの問題で食欲不振になった時，24時間以上も気づかず放置していれば，死にかかわる状況になりうる。

Q
複数のウサギを飼いたいが可能か。
A
縄張り意識の強い動物であるため，基本的には単独飼育が理想である。どうしても，複数同時に飼うのであれば，去勢手術や避妊手術が前提となる。雌同士であっても避妊手術をしないとケンカすることが多い。

Q
耳掃除は必要か。
A
健康なウサギでは基本的に必要ない。ただし，ロップ系のウサギは健康でも必要になることがある。この場合は動物病院で処置してもらったほうが安全である。

Q
爪切りの間隔は？
A
基本的に2～3カ月に1回。動物病院で実施し，体重測定や定期検診なども一緒に行うとよい。

Q
臭腺の処置は必要か。
A
基本的には必要ない。ウサギがそれを気にする場合，何らかの疾患に至っている可能性があるため，動物病院での診察を受けさせる。

Q
子ウサギの人工保育は可能か。
A
人工保育するとしたら，小動物用粉ミルクを使用することになるが，生後10日未満の子ウサギの人工保育は難しい。

Q
動物病院に連れていく時の移動方法は？
A
必ずキャリーケースを用いる。キャリーケースは天井が大きく開くタイプのものを選択する（**写真1**）。日頃使っているケージを撮影しておいてもらうとよい。

写真1 キャリーケース

食餌について

Q
野菜はどの程度与えてよいか。
A
与えなくてもよいが，与えるなら一日当たり体重の0.5％未満（1kgのウサギで5gまで）とする。

Q
小松菜はカルシウムが多いと聞くが，与えてはいけないか。
A
カルシウム含量はアルファルファのほうが多いため，それ自体は問題にならない。ただし，小松菜は約90％が水分であるため，与えすぎると乾草摂食の妨げになる。与えるとしたら少量とする。

Q
果物は何を与えたらよいか。
A
何も与えないほうがよい。

Q
乾草は食べるが，ペレットを食べなくなった。または，ペレットは食べるが乾草を食べなくなった。どうしたらよいか。
A
不正咬合などの疾患の可能性がある。受診が必要である。

行動について

Q
異物をかじる癖があるが，直せるか。
A
ウサギの基本的な習性であり，直せない。かじられない生活環境を整える。

Q
特定の人にしがみつき，腰を振るがやめさせられるか。
A
発情行為であれば避妊手術や去勢手術で収まることがある。その人を自分よりも下の身分であると思い，上下関係を示すための乗駕行為をしているのであれば，手術をしても収まらない可能性がある。その場合はしつけが必要である。

Q
あくびをするが問題ないか。
A
頻発する場合，呼吸器疾患などの可能性がある。受診の必要がある。

Q
かじり木をかじらないが，問題ないか。
A
かじり木は乾草と違い縦噛みでかじるので，歯を正常に保つ効果はない。かじらなくとも問題ない。

Q
餌入れ（あるいはベッド）に尿をするが直せるか。
A
その餌入れ（ベッド）をトイレと誤認している可能性がある。形のまったく異なる餌入れに交換する。また，設置場所も変えてみる。

予防について

Q
避妊手術は必要か。
A
犬や猫の避妊手術に比べるとリスクは高いが，4歳以上になるとかなりの高率で子宮疾患になる。そのため，子供を産ませないのであれば，実施したほうがよい。

Q
去勢手術は必要か。
A
雄では，雌の子宮癌ほど，精巣腫瘍は発生しない。そのため，病気の予防という意味合いは少ない。ただし，室内でのスプレー行動などの問題行動で困っている場合は実施する価値はある。

Q
去勢手術をするとおとなしくなるか。
A
縄張り意識は弱くなるが，あまり変わらないことがほとんどである。

Q
避妊手術は卵巣摘出のみでよいか。
A
12カ月齢以下であれば卵巣摘出術で問題はない。1歳以上のウサギでは軽度の子宮疾患に至っている場合があるため，卵巣子宮全摘出術を実施したほうが無難である。ただし，麻酔の状態が安定しない場合は，手術の安全性を優先し卵巣摘出術のみにすべきである。

Q
出産経験は病気の予防になるか。
A
おそらく予防にならない。

疾患について

Q
元気だが食欲が落ちている。様子をみてよいか。
A
ウサギの元気がなくなるのは死に近づいているサインであり，安心の判断材料にはならない。食欲が落ちている時点でかなり危険な状態である。直ちに受診させるべきである。

Q
歯ぎしりをしているが大丈夫か。
A
不正咬合など歯そのものの問題か，何らかの原因で疼痛を感じている可能性が高い。直ちに受診させるべきである。

Q
お腹が鳴っているが？
A
何らかの原因で消化管内にガスが溜まっている。消化管運動機能低下症に至っている（あるいはこれから至る）可能性が高いため，直ちに受診させるべきである。

Q
お尻が汚れているが洗ってよいか。
A
お尻が汚れている場合，排便異常や排尿異常，姿勢異常が考えられる。洗ってきれいにすればよいという問題ではない。直ちに受診させるべきである。

Q
ウサギが便秘になっていて，食欲がない。浣腸してよいか。
A
ウサギは排便できないために食欲が落ちることはない。何らかの食欲不振により，消化管運動機能が低下し，糞便が出ないだけである（飼い主の思う便秘ではない）。食欲不振の治療が必要であるため，直ちに受診させるべきである。

Q
盲腸便を食べ残すが，どうしたらよいか。
A
盲腸便を食べ残す場合，姿勢異常疾患に罹患している可能性がある。あるいは盲腸便ではなく，軟便や下痢の初期症状かもしれない。その糞便を持って，直ちに受診させるべきである。

Q
ウサギが吐きたそうであるが，吐かない。
A
ウサギはそもそも吐かない。呼吸器疾患など重篤な疾患をもっている可能性がある。直ちに受診させるべきである。

Q
異物をかじった。どのように処置をすればよいか。
A
催吐処置で吐かせることはできないため，糞便中に出ることを祈るしかない。消化管運動機能亢進薬を使うのは腸閉塞のリスクが高くなるため，危険である。薬剤を使用するとしたら，ラキサトーン（1mL/kg, BID ～ TID, PO）があげられる。かじったものの残りを持って受診させるべきである。

Q
中毒物質を飲んだ。どのように処置をすればよいか。
A
催吐処置で吐かせることはできないため，活性炭の投薬や点滴などで対応するしか方法はない。直ちに受診させるべきである。

Q
電気コードをかじってしまった。大丈夫か。
A
電気カーペットやこたつなどのコードは通電していた場合，肺水腫や電気性熱傷を発症し，生命にかかわる場合もある。直ちに受診させるべきである。

Q
尿が赤いが？
A
赤くとも色素尿という正常なケースもあるが，外観では判断が難しい。脱脂綿やペットシーツに尿を染み込ませ，受診させるべきである。

Q
尿が白いが？
A
おそらくカルシウムを多く含んだ尿が出ている。それだけでは病気とは限らない。尿検査やX線検査を実施すべきである。

Q
食欲や元気はあるが，水を大量に飲む。どのように対応すべきか。
A
腎疾患や糖尿病などの疾患の可能性がある。24時間の飲水量を計り，受診時に報告してもらう。

Q
治療のために，エリザベスカラーをつけている。食糞できないが問題はないか。
A
2～3週間程度であれば問題ない。数カ月単位の場合，理想的には手でとって食べさせたい。

付録-E

飼育管理アンケートと今後の予定説明シート

　ウサギの診療では，自作のリーフレットが非常に有効となる。日進月歩のウサギ獣医学において，ベストといわれる飼育方法や食餌内容，治療方法は日々変わっていく。自作のリーフレットであれば，それにあわせて随時新しい情報に差し替えることができる。また，手づくり感のあるものは，その病院がウサギのリーフレット作成に時間を割いている証明にもなる。

　当院で現在使用しているリーフレットを次ページ以降に掲載するが，これはそれぞれの獣医師の考え方や好みでどのように変更してもよい。形式の参考とご理解いただきたい。

飼育管理アンケート

　このアンケートは救急疾患以外，初診時に必ず記載してもらっている。ウサギの診療において，飼育環境や食餌内容の把握は重要であり，このアンケートに記入してもらうことによって，診察室に入る前にある程度の病気をリストアップすることができる。また，アンケートの回答内容の詳しさから，飼い主のウサギに対する知識レベルやこだわりなどを把握することもでき，飼育指導の内容を診療前にシミュレートできる。

今後の予定

　診療中，飼育指導や病状説明に力が入ると飼い主に伝えたいことがどんどん多くなり，飼い主のキャパシティを簡単にオーバーしてしまう。そのため，飼い主に「この病院はウサギに詳しいことはわかったけれど，今後どうしたらいいのか・・・」という感覚をもたれないようにする必要がある。当院では，今後の方針をまとめたリーフレットに，実際に行う食餌管理や投薬スケジュール，来院予定などを飼い主に説明しながら記入し，診療を終了する。このリーフレットは原本を飼い主に渡し，コピーを病院に保存しておく。

　リーフレットの上段の表は食餌内容の切り替え計画であり，急激な食餌変化を嫌うウサギでいては，たとえ診療開始時の食餌内容にどれほど問題があったとしても急激な食餌変更はできない。急激に食餌を変更することにより，食欲不振に陥る場合も珍しくないからである。ペレットや乾草の切り替えにしろ，おやつの制限にしろ，具体的な数字を記入し，明確な変更プランを提示したほうが説明や治療を効率よく進めることができる。

　リーフレットの下段は年齢や体重当たりのペレット量の早見表で，飼い主のためというよりはスタッフの診療効率向上という意味合いのほうが強い。また，この表により，年齢によってペレット量は大きく異なるとともにペレット量はグラム単位で考える綿密なものであるということを飼い主に示すこともできる。数値は著者が現在飼育指導している目安であり，生後6カ月未満は体重の5%，6カ月以上12カ月未満は2.5%，1歳以上は1.5%，避妊や去勢したものは1.25%として計算している。

ウサギ飼育管理アンケート

下記のアンケートにわかる範囲でお答えください

1. 牧草は与えていますか？
    はい ・ いいえ
    種類　　　　：アルファルファ ・ チモシー ・ イタリアングラス ・ その他（　　　　　　　　　　）
    量　　　　　：常に余るよう ・ 食べきって空になっていることがある ・ 入れているがあまり食べない

2. どのようなフード（ペレット）を与えていますか？
    ブランド名　　：
    商品名　　　：
    繊維質　　　：　　　　　　　　％（フードによっては粗繊維、fiberと書かれている場合もあります）
    主成分　　　：アルファルファ ・ チモシー

3. 上記のフードを1日にどのくらい与えていますか？
    量　　　　　：　　　　g　（200ml計量カップ　　　　　　カップ）

4. フードの給与法はどのようにしていますか？
    1日　　回　、　時間帯：朝　　時　、昼〜夕　　時　、夜　　時
    食器は　　　：食べ終わるまで置いておく ・ 一定時間が過ぎたら食べ残しがあっても片付ける ・
    　　　　　　　なくなったら追加する

5. 何かサプリメントを与えていますか？
    はい ・ いいえ
    種類　　　　：乳酸菌製剤 ・ パパイヤタブレット ・ その他（　　　　　　　　　　　　　　）
    量　　　　　：1日　　　個（　　　g）

7. 野菜は与えていますか？
    はい ・ いいえ
    種類　　　　：チンゲン菜 ・ レタス ・ キュウリ ・ 白菜 ：水分が多く与えてはいけない野菜
    　　　　　　　イモ類 ・ カボチャ ・ ニンジン ：炭水化物が多く与えてはいけない野菜
    　　　　　　　小松菜 ・ 大根菜 ・ 人参菜 ・ その他（　　　　　　　　　　　　　　）
    頻度　　　　：ほとんど毎日 ・ 1日おき ・ 週に1回 ・ 月に1〜3回
    量　　　　　：半枚 ・ 1枚 ・ 2枚以上 ・ その他（　　　　　　　　　　　　　　）

6. おやつは与えていますか？
    はい ・ いいえ
    種類　　　　：ビスケット ・ 果物 ・ 乾燥フルーツ ・ 種子類 ・ 穀物 ・ 乾燥野菜
    　　　　　　　その他（　　　　　　　　　　　　　　　　　　　　　　　　　　）
    量　　　　　：1日　　　個（　　　g）

8. 食餌を与えている人は誰ですか？
    （　　　　　　　　　　　　　　　　　　　　　　　　　　　　　　　　　　　）

9. ウサギの生活環境について
    場所　　　　：室内 ・ 屋外 ・ 玄関 ・ 屋外 ・ その他（　　　　　　　　　　　　）
    飼育温度　　：病院の室温より低い ・ 病院の室温と同じくらい ・ 病院の室温より高い
    もしわかれば：14℃以下 ・ 15〜19℃ ・ 20〜24℃ ・ 25〜27℃ ・ 28℃以上

10. 同居している動物はいますか？
    種類　　　　：ウサギ　　匹、ハムスター　　匹、イヌ　　匹、ネコ　　匹、その他（　　　匹）
    いつから　　：
    場所　　　　：同じケージ ・ 同じ部屋 ・ 別の部屋だが声や音は聞こえる ・ 遠くの部屋

11. ここ2週間の間に何らかのストレスになりうることはありましたか？
    はい ・ いいえ
    いつ頃　　　：
    内容　　　　：

　　　　　　　　　　　　　　　　　　　　　　　　　　記入日　　　年　　月　　日

今後の予定

カルテNo. ＿＿＿＿＿　　　　　　　　　　　　　　　　　　　　　　　＿＿＿月＿＿＿日

	今日	/	/	/	/	/
今のペレット	g	g	g	g	g	g
新しいペレット	g	g	g	g	g	g
アルファルファ	％	％	％	％	％	％
チモシー	％	％	％	％	％	％
野菜（　　　）	枚	枚	枚	枚	枚	枚
おやつ	個	個	個	個	個	個
流動食	cc　回	cc　回	cc　回	cc　回	cc　回	cc　回

薬　　　　　　（　今日　、　明日　）の（　朝　、　昼　、　夜　）から使用してあげてください。

次回来院は　　（　薬がなくなる前　、　明日　、　3日後　、　7日後　、　10日後　、　2週間後　、　1カ月後　、
　　　　　　　　症状が再発したとき　、　必要ありません　、その他　　　　　　　　　　　　　　　　　　）

ただし、以下のいずれかの状態の場合は、明日連れてきてあげてください。
明日以降　　　（　食欲がいつもの半分以下　、　元気がない　、　水を飲まない　、　尿をしない　、
　　　　　　　　下痢が続く　、　今日よりも状態が悪化している　、　その他　　　　　　　　　　　）
または　　　　　　＿＿＿＿日後に完治していない場合

次回持ってくる物（　便　、　尿　、　フード（袋も必ず）　、　牧草　、　飼育ケージ　、　他院での検査結果　）

牧草　　　　　家を留守にする時間も含め、常に有り余るように入れておいてあげてください。

ペレット　　　上記の量を1日2～3回に分けて与えてください。
　　　　　　　与えすぎると、牧草を食べる量が減ってしまい、不正咬合や消化管運動能低下症の
　　　　　　　原因となります。

野菜　　　　　野菜は人間でも食べられる「軟弱な繊維質」です。与えすぎには注意をしましょう。

水　　　　　　家を留守にする時間も含め、常に有り余るように入れておいてあげてください。

与えないほうがよいもの
　　　　　　　炭水化物過剰　：ビスケット（ウサギ用のものも含め）、パン、ごはん、イモ、かぼちゃ、
　　　　　　　　　　　　　　　にんじん、果物、穀物（えん麦など）
　　　　　　　水分過剰　　　：レタス、キュウリ、ハクサイ、チンゲンサイ
　　　　　　　蛋白質過剰　　：豆類
　　　　　　　脂肪過剰　　　：種子類（ひまわりの種など）
　　　　　　　毒性が強い　　：ネギ、ニンニク、アスパラガスなどの野菜、スズラン、スイセン、
　　　　　　　　　　　　　　　アサガオなどの身近な植物にも有害なものがたくさんあります。

体重(g)	200	400	600	800	1000	1200	1400	1600	1800	2000	2500	3000
6カ月未満	10	20	30	40	50	60	70	80	90	100	125	150
6～12カ月	5	10	15	20	25	30	35	40	45	50	63	75
1歳以降	3	6	9	12	15	18	21	24	27	30	37	45
避妊去勢済み	3	5	8	10	13	15	18	20	23	25	31	38

付録-F

ウサギの診療に使用している薬剤・サプリメントなど

表1 ウサギの診療に使用している薬剤・サプリメントなど

主成分	商品名	規格	製造販売元	使用目的
クロラムフェニコール	クロロマイセチン錠	250mg	第一三共株式会社	成長期を含めたウサギへの抗菌薬投与，トレポネーマ症
エンロフロキサシン	エンロクリア錠	50mg	共立製薬株式会社	生後7カ月以降使月抗菌薬
エンロフロキサシン	エンロフロキサシン注25	2.5g/100mL	共立製薬株式会社	生後7カ月以降使月抗菌薬
マルボフロキサシン	ゼナキル錠	25mg	ゾエティス・ジャパン株式会社	生後7カ月以降使月抗菌薬
マルボフロキサシン	マルボシル	2％（20mg/mL）	Meiji Seika ファルマ株式会社	生後7カ月以降使月抗菌薬
ドキシサイクリン塩酸塩水和物	ビブラマイシン錠	50mg	ファイザー株式会社	成長期を含めたウサギへの抗菌薬投与
スルファメトキサゾール・トリメトプリム	ダイフェン配合顆粒	スルファメトキサゾール400mg・トリメトプリム80mg/g	鶴原製薬株式会社	コクシジウム駆虫，下痢治療
スルファメトキサゾール・トリメトプリム	バクトラミン注	スルファメトキサゾール400mg・トリメトプリム80mg/5mL	中外製薬株式会社	コクシジウム駆虫，下痢治療
メトロニダゾール	フラジール内服錠	250mg	塩野義製薬株式会社	クロストリジウム性腸症，ジアルジア，中毒，嫌気性菌感染症の治療
アルベンダゾール	エスカゾール錠	200mg	グラクソ・スミスクライン株式会社	エンセファリトゾーン，ジアルジア，蟯虫駆虫
イベルメクチン	アイボメック注	10mg/mL	メリアル・ジャパン株式会社	耳ダニ駆虫
セラメクチン	レボリューション	6％（60mg/mL）	ゾエティス・ジャパン株式会社	耳ダニ，ツメダニ，ズツキダニ，ヒゼンダニ，ノミ，シラミ駆虫
イトラコナゾール	イトラコナゾール錠	50mg	日医工株式会社	皮膚糸状菌症
モサプリドクエン酸塩水和物	ガスモチン散	1％（10mg/g）	大日本住友製薬株式会社	消化管運動機能改善薬
塩酸メトクロプラミド	メトクロプラミド細粒	2％（20mg/g）	鶴原製薬株式会社	消化管運動機能改善薬
塩酸メトクロプラミド	エリーテン注	10mg/2mL	高田製薬株式会社	消化管運動機能改善薬
ファモチジン	ファモチジン散「トーワ」	2％（20mg/g）	東和薬品株式会社	急性胃炎，慢性胃炎，消化管潰瘍
ファモチジン	ファモチジン注	20mg/A	東和薬品株式会社	急性胃炎，慢性胃炎，消化管潰瘍
ラニチジン	ラニチジン錠	75mg	鶴原製薬株式会社	急性胃炎，慢性胃炎，消化管潰瘍
ラニチジン	ラニチジン注射液「タイヨー」	50mg/2mL	テバ製薬株式会社	急性胃炎，慢性胃炎，消化管潰瘍

付録-F　ウサギの診療に使用している薬剤・サプリメントなど

著者がウサギの診療で頻繁に使用している薬剤やサプリメントなどを**表1**に示した。ウサギ用として認可されているわけではないため，すべて効能外使用になる。また，同じ成分で掲載以外の商品が存在する場合もあるが，掲載商品に特別なこだわりがあるわけではない。診療の際の一助としていただければ，幸いである。

1回投与量	投与方法	投与回数	投与期間	8日投与量（使用量/kg）	備考
30～50mg/kg	PO	BID		3錠/8日	トレポネーマ症の際は55mg/kg，BID，PO，3～4週間
5～20mg/kg	PO	BID		1.5錠/8日	エンロクリアは粉末にしやすく，溶解性も高い。ただし，ウサギや齧歯類に対する嗜好性はバイトリルのほうが高い
5～20mg/kg	SC	BID		0.2mL/kg（5mg/kg）	SCの際，希釈して使用しないと無菌性皮膚炎を起こすことがある
5～10mg/kg	PO	BID		4錠/8日	
5～10mg/kg	IV，SC	BID		0.5mL/kg（10mg/kg）	静脈投与に耐える。著者はIV，SCともに念のため，2倍に希釈して使用している（無菌性皮膚炎の可能性を懸念するため）
2.5mg/kg	PO	BID		1錠/8日	静菌作用
30mg/kg	PO	BID		1g（1包）/8日	ウサギに対する嗜好性は悪い
30mg/kg	SC，IM	BID		0.3mL/kg	
20～25mg/kg	PO	BID		2錠/10日（25mg/kg，BID）	ウサギに対する嗜好性は非常に悪い。高用量長期間使用で前庭障害や骨髄抑制などの副作用の危険性がある
10mg/kg	PO	BID	3週間	1錠/10日	長期使用により骨髄抑制の危険性がある。エンセファリトゾーン症に関してはおそらく完全駆虫は困難
0.1～0.4mg/kg	PO，SC	14日ごと	2～3回	0.04mL/kg（0.4mg/kg）	ハエウジ症に際してはイベルメクチン0.4mg/kg，SC
6～12mg/kg	頸背部滴下	30日ごと	2～3回	0.2mL/kg（12mg/kg）	0.1mL/kg滴下
5mg/kg	PO	SID	3～4週間	1錠/10日	
0.5mg/kg	PO	BID～TID		0.8g/8日	食道から大腸まで広域に作用。液薬にして食道カテーテルで投与する場合，目詰まりを起こしやすい
0.5mg/kg	PO	BID～TID		0.4g/8日	上部消化管への効果が中心。猫やヒトにおいて脱水時使用で神経症状発症の報告があるため，神経疾患使用時はクエン酸モサプリドを第一選択としている
0.1～0.5mg/kg	SC	BID～TID		0.1mL/kg（0.5mg/kg）	
0.5～1mg/kg	PO	BID		0.4g/8日	胃排出亢進作用はない
0.5～1mg/kg	IV，SC，IM	BID		0.1mL/kg（0.5mg/kg）	胃排出亢進作用はない。1Aを4mLに溶解して使用（5mg/mL）
2mg/kg	PO	BID		0.5錠/8日	胃排出亢進作用も有するが，イヌにおいて3mg/kg投与で低血圧になりうるとの報告があるため，注意が必要である
2mg/kg	SC	BID		0.08mL/kg（2mg/kg）	

表1 ウサギの診療に使用している薬剤・サプリメントなど（つづき）

主成分	商品名	規格	製造販売元	使用目的
シプロヘプタジン塩酸塩水和物	シプロヘプタジン塩酸塩シロップ「タイヨー」	0.04%（0.4mg/mL）	テバ製薬株式会社	薬の溶剤，食欲増進薬
流動パラフィン，白色ワセリン	ラキサトーン		フジタ製薬株式会社	胃うっ滞，異物誤飲時使用
ジメチコン	ガスコンドロップ内用液	2%（20mg/mL）	キッセイ薬品株式会社	消化管内ガス消泡薬
エンテロコッカス・フェシウム	プロコリン・プラス	15mL	株式会社プロミクロス	下痢，軟便
吸着活性炭	動物用マイメジン細粒	400mg	株式会社インターベット	中毒物質吸着
ヨード系造影剤イオヘキソール	イオベリン300注	ヨードとして3g/10mL	テバ製薬株式会社	消化管造影検査
ウルソデオキシコール酸	ウルソデオキシコール酸錠	100mg	東和薬品株式会社	肝不全
アラセプリル	アラセプリル錠	12.5mg	日医工株式会社	高血圧，うっ血性心不全の治療（ACE阻害薬）
エナラプリルマレイン酸塩	エナラプリルマレイン酸塩錠	2.5mg	日医工株式会社	高血圧，うっ血性心不全の治療（ACE阻害薬）
フロセミド	フロセミド錠	40mg	テバ製薬株式会社	利尿薬
	フロセミド注	20mg/2mL	東和薬品株式会社	
ドキサプラム塩酸塩水和物	ドプラム注射液	20mg/mL	キッセイ薬品株式会社	呼吸賦活薬
エピネフリン	ボスミン注	1mg/mL	第一三共株式会社	ショック時，心停止時使用
デキサメタゾン	デキサメサゾン注	10mg/10mL	共立製薬株式会社	ショック時使用
プレドニゾロン	プレドニゾロン錠	5mg	杏林製薬株式会社	脊椎疾患，胸腺腫，リンパ腫
メロキシカム	メタカム経口懸濁液	0.15%（1.5mg/mL）	ベーリンガーインゲルハイム ベトメディカ ジャパン株式会社	抗炎症薬（NSAIDs）
	メタカム注射液	0.2%（2mg/mL）		
フェノバルビタール	フェノバール錠	30mg	第一三共株式会社	抗痙攣薬
	フェノバール注射液	100mg/mL		
ジアゼパム	ジアゼパム錠	2mg	東和薬品株式会社	抗痙攣薬
	ホリゾン注射液	10mg/2mL	丸石製薬株式会社	
メデトミジン塩酸塩	メデトミン注	1.0mg/mL	Meiji Seika ファルマ株式会社	麻酔前全投与（鎮静，鎮痛，筋弛緩作用）
アチパメゾール塩酸塩	メパチア注	5.0mg/mL	Meiji Seika ファルマ株式会社	メデトミジン塩酸塩拮抗薬
ケタミン塩酸塩	ケタミン注	5%（50mg/mL）	フジタ製薬株式会社	解離性麻酔薬
ブピバカイン塩酸塩水和物	マーカイン注	0.5%（5mg/mL）	アストラゼネカ株式会社	長時間作用性局所麻酔薬
グルコサミン	NATURAL SCIENCE 関節		株式会社川井	関節疾患サプリメント
ウラジロガシエキス，クランベリーパウダー，など	ウロアクト		日本全薬工業株式会社	膀胱内スラッジ排泄充進サプリメント
グリセリン，ヒドロキシエチルセルロース	K-Yルブリケーティングゼリー		レキットベンキーザー・ジャパン株式会社	潤滑ゼリー
リドカイン塩酸塩	キシロカインゼリー	2%（20mg/mL）	アストラゼネカ株式会社	粘滑・表面麻酔薬
キチン，キトサン	キチンクリーム	25g	株式会社キトサンコーワ	足底潰瘍，外傷などの皮膚組織再生促進
ヨウ化銀錯塩	シルビナ		共立製薬株式会社	抗菌点耳薬

付録-F　ウサギの診療に使用している薬剤・サプリメントなど

1回投与量	投与方法	投与回数	投与期間	8日投与量（使用量/kg）	備考
0.5〜1mL/頭	PO	BID〜TID		16mL/8日	
1mL/kg	PO	BID〜TID		16mL/8日	飼い主宅で2mLシリンジに分注してもらい投与
1mL/kg	PO	TID〜QID		24mL/8日	
0.1〜0.2mL/kg	PO	SID〜BID		1mL/8日	プレバイオティクス＋プロバイオティクス。2mLシリンジに分注し処方する
1g/kg	PO	BID		20包/8日	液に溶解しないので，流動食などに混ぜて経口投与する
5〜8mL/頭	PO				状態が悪く規定量を飲ませられない場合，著者は1〜2mL/頭のみ投与して検査を行っている
10〜15mg/kg	PO	BID		2錠/8日	
1mg/kg	PO	SID〜BID		1錠/12日	
0.25〜0.5mg/kg	PO	SID〜BID		1錠/8日	
1〜5mg/kg	PO	BID		1錠/8日	
1〜5mg/kg	IV, SC, IM	BID		0.1mL/kg（2mg/kg）	
2〜5mg/kg	IV, SC, IM			0.1mL/kg（2mg/kg）	
0.2mg/kg	IV, IM			0.2mL/kg	
0.1〜2mg/kg	SC	BID		1mL/kg（1mg/kg）	著者はショック状態時のみ1mg/kgで使用している
0.5〜1mg/kg	PO	SID		1錠/8日	胸腺腫で1年以上，0.5mg/kgで内服を続けて副作用のないウサギもいるが，基本的にウサギはステロイドに対して弱いという報告が多いため，注意が必要である
0.2mg/kg	PO	SID		1mL/8日	重度肝不全や腎不全の際は体内に蓄積するリスクがあるため，注意が必要である
0.2mg/kg	SC	SID		0.1mL/kg	
2〜4mg/kg	PO	BID		1錠/8日	
2〜4mg/kg	IV, IM	BID		0.04mL/kg（4mg/kg）	
0.5〜5mg/kg	PO	BID		4錠/8日	
0.5〜5mg/kg	IV, SC, IM	BID		0.1mL/kg（0.5mg/kg）	
0.1〜0.5mg/kg	IV, SC, IM			0.25mL/kg（0.25mg/kg）	著者は通常0.25mg/kg，SC，麻酔開始10分前に使用している
0.5〜1.25mg/kg	IV, SC, IM			0.25mL/kg（1.25mg/kg）	著者はメデトミジン投与量（mL）と同量投与している
5〜50mg/kg	IV, IM			0.1mL/kg（5mg/kg）	メデトミジン前投与の場合，5mg/kg，IMで導入麻酔可能
0.5〜1mL	局所に散布，SC			1mL	整形外科手術などの局所疼痛を伴う手術で使用している
1粒/455g〜1.8kg	PO	SID		8粒/8日	
1粒/5kgまで	PO	SID		4粒/8日	
					刺激性が少なく，眼球超音波検査用のゼリーとしても使用可能
					経鼻カテーテルや尿道カテーテルの挿入時に使用する
	患部に塗布				医薬部外品
1滴/耳	点耳				

表1 ウサギの診療に使用している薬剤・サプリメントなど（つづき）

主成分	商品名	規格	製造販売元	使用目的
クロラムフェニコール	クロラムフェニコール点眼液	0.5％（5mg/mL）	日東メディック株式会社	生後6カ月齢以下使用抗菌薬
オフロキサシン	ファルキサシン点眼液	0.3％（3mg/mL）	キョーリンメディオ株式会社	生後6カ月齢以下使用抗菌薬
精製ヒアルロン酸ナトリウム	ヒアールミニ点眼液	0.3％（3mg/mL）	キョーリンメディオ株式会社	角膜保護薬
精製ヒアルロン酸ナトリウム	ヒアルロン酸ナトリウム点眼液「TS」	0.3％（3mg/mL）	テイカ製薬株式会社	角膜保護薬
ジクロフェナクナトリウム	ジクロスターPF点眼液	0.1％（1mg/mL）	株式会社日本点眼薬研究所	NSAIDs点眼薬，角膜に損傷が認められない際のぶどう膜炎
プラノプロフェン	ムルキナ点眼液	0.1％（1mg/mL）	日東メディック株式会社	NSAIDs点眼薬，角膜に損傷が認められる際のぶどう膜炎
プレドニゾロン	ＰＳゾロン点眼液	0.11％（1mg/mL）	株式会社日本点眼薬研究所	NSAIDs点眼薬でコントロールできない炎症で使用
デキサメタゾンメタスル安息香酸エステルナトリウム	D・E・X点眼液T	0.1％（1mg/mL）	日東メディック株式会社	NSAIDs点眼薬でコントロールできない炎症で使用
アルテプラーゼ（遺伝子組換え）	グルトパ注	600万 I.U./瓶（10mg/瓶）	田辺三菱製薬株式会社	前房蓄膿フィブリン融解
ドルゾラミド塩酸塩	トルソプト点眼液	0.5％（5mg/mL）	参天製薬株式会社	緑内障治療薬
チモロールマレイン酸塩	チモロール点眼液テイカ	0.25％（2.50mg/mL）	日東メディック株式会社	緑内障治療薬
トロピカミド	サンドールMY点眼液	0.4％（4mg/mL）	株式会社日本点眼薬研究所	散瞳薬，眼底検査時使用
オキシブプロカイン塩酸塩	ネオベノール点眼液	0.4％（4mg/mL）	株式会社日本点眼薬研究所	眼科用表面麻酔薬，眼圧測定，鼻涙管洗浄，眼球超音波検査時使用

　表には1回分の投与量のほかに8日分の投与量も記載したが，それは以下のような理由による．著者は通常，再診の間隔を7日ごととしている．したがって，内用薬は7日分処方することが多く，また，飼い主が投薬しやすいように液薬として処方している．具体的には処方したいすべての薬剤8日分を粉末にし，これをシプロヘプタジン塩酸塩水和物0.04％16mLに溶解して，1mL，BID，7日分として処方している．なぜ，8日分を7日分として処方しているかというと，飼い主の投与ミスなどにより7日目の薬剤が不足することがあるためである．したがって，このロス分を考慮し，8日分の薬剤を作成し，内容袋には7日分と記載し，飼い主に渡している（正確に投与している場合は1日分余ることとなるが，薬が余ったというクレームは出たことがない）．
　このような方法で飼い主に薬剤を渡しているため，当院ではスタッフ全員がすべての薬剤について1日当たり何mg/kg投与すべきか理解しておく必要がある．また，あわただしい診療の合間に7日分（厳密には8日分）の必要量を瞬時に計算できるよう，著者の病院ではそれぞれの薬剤の1回分投与量と8日分投与量を早見表として作成し，全獣医師でこれを共有している．8日分の投与量というのはそのような意味合いの投与量である．

1回投与量	投与方法	投与回数	投与期間	使用量/kg	備考
1滴	点眼	3〜5回			眼内移行に優れる
1滴	点眼	3〜5回			
1滴	点眼	3〜6回			防腐剤無添加。重度角膜疾患に使用する。他薬と同時に使用する場合，最後に点眼する
1滴	点眼	3〜6回			防腐剤添加。他薬と同時に使用する場合は最後に点眼する
1滴	点眼	3〜4回			防腐剤無添加。角膜損傷が著しい場合は使用をひかえる
1滴	点眼	3回			角膜損傷が激しい場合は，角膜治癒を優先してから使用する
1滴	点眼	3回			角膜浸透性が高く，抗炎症効果は強い。角膜損傷がある時や細菌感染が疑われる時は使用しない
1滴	点眼	3回			角膜浸透性は低く，抗炎症効果は強い。角膜損傷がある時や細菌感染が疑われる時は使用しない
25μg	眼房内注射	1回		0.1mL/回	1バイアル（10mg）を注射用水10mLで溶解し，この溶解液を生理食塩水30mLに混和する（250μg/mL）。これを0.3mL（75μg）ずつシリンジに分け，冷凍保存する
1滴	点眼	2回			
1滴	点眼	2回			他薬と同時に使用する場合は最後に点眼する
1滴	点眼	10分おきに2回			投与後約20分で最大効果が得られる。眼圧上昇時は使用しない
1滴	点眼	1〜2回			

付録-G

ウサギの診療に使用している器具・器材

表1 ウサギの診療に使用している器具・器材

	商品名	規格
聴診器	リットマン ステソスコープ クラシックⅡ（小児用/新生児用）	ダイヤフラム直径30mm
駆血器	岸上式静脈駆血器	2号
カテーテルチップシリンジ	ニプロカテーテル用シリンジ	30mL
採血用注射器	インスリン皮下投与針付注射筒BDロードーズ	1/2mL 29G 12.7mm
異物摘出鉗子	異物摘出鉗子	No.5（200mm）
栄養カテーテル	アトム栄養カテーテル	3〜5Fr
臨床化学分析装置	ベトスキャンVS2	
簡易ICU	ペルパ	
切開用ドレープ	ステリ-ドレープ	28×25cm
切開用ドレープ	アイオバン スペシャル インサイズ ドレープ	15×20cm
気管チューブ	ウサギ用v-gel	R1（0.6-1.5kg），R2（1-2kg），R3（1.8-3.5kg）
呼吸回路	ユニバーサルF	100 L
吸引器	ミニックS-Ⅱ	
外科用吸引管	日影吸引管	8mm径
ステープラー	プリサイス ビスタ ライト	7.1mm×4.1mm
吸収性モノフィラメント縫合糸	モノディオックス	1/2円形逆角針付3-0
外科用接着剤	アロンアルファA「三共」	0.5g
吸収性マルチフィラメント縫合糸	バイクリル	1/2円形丸針付3-0
切歯カッター	清水式ウサギ用切歯カッター	
臼歯カッター	清水式ウサギ用臼歯カッター	
開口器	開口器（DL-RG）	113×27
頬拡張器	頬拡張器（DL-RDL）	
舌圧子	舌圧子	全長185mm
マイクロエンジン	オサダサクセス-40	
歯科用多目的超音波治療器	オサダエナック10W	
抜歯用チップ	抜歯用ゴルツチップ	ST70

著者がウサギの診療，検査，治療で頻繁に使用している器具・器材を**表1**に示した。掲載した器具のほとんどは，犬や猫用のものである。著者が使用しているものが製造中止になり，新しいバージョンしか購入できないものも一部ある。そのため，表には現在購入可能な器具・器材を主に示した。

販売元	用途	備考
スリーエムヘルスケア販売株式会社	一般診療	ウサギのほか，幼犬・幼猫にも使用可能
株式会社津川洋行	一般診療	肘関節を固定するとともに橈側皮静脈を圧迫怒張させ，採血を容易にする
ニプロ株式会社	一般診療	流動食強制給餌
日本ベクトン・ディッキンソン株式会社	一般診療	採血用注射器。内筒を外し，ヘパリン0.03mLを入れ，内筒を取り付けて余剰ヘパリンを針から排出した後に使用する
株式会社津川洋行	一般診療	耳垢除去に使用する
アトムメディカル株式会社	一般診療	経鼻食道カテーテルや経鼻気管カテーテルに使用する
輸入販売元：株式会社セントラル科学貿易	一般診療	全血0.1mLでTP，ALB，TBIL，AST，GGT，CK，BUN，CRE，Na，K，Ca，GLU，tCO2，GLOBなど，14項目が測定可能
株式会社東京メニックス	麻酔管理	既存の入院ケージに取付可能な簡易ICU。酸素・温度管理が可能
スリーエムヘルスケア販売株式会社	麻酔管理	透明な切開用ドレープ。開腹手術などの際に胸部が観察しやすいために使用している
スリーエムヘルスケア販売株式会社	麻酔管理	接着面にヨウ素化合物を含み，整形外科手術で使用している
アコマ医科工業株式会社	麻酔管理	ウサギ用声門上気道確保器具
アコマ医科工業株式会社	麻酔管理	v-gel使用時利便性が高い（なくても実施できる）
新鋭工業株式会社	毛球症	胃切開時の胃内容液吸引，膀胱切開時の尿吸引，腹腔洗浄時の洗浄液吸引に使用する
大祐医科工業株式会社	毛球症	多孔式で1カ所に吸引圧がかかることがない。また，吸引のON/OFFスイッチがついているため，使い勝手が非常によい
スリーエムヘルスケア販売株式会社	毛球症	幅広のステープラーが使用しやすい
アルフレッサファーマ株式会社	毛球症	皮内縫合には4-0縫合糸が使用しやすい
第一三共株式会社	手術時皮膚接合，足底潰瘍	
ジョンソン・エンド・ジョンソン株式会社	避妊手術	撚り糸であるためにゆるみにくく，血管結紮時などでの使い勝手はよい。ただし，細菌感染が疑われる症例や皮膚縫合では使用しないほうがよい
株式会社津川洋行	不正咬合	切歯切断に使用
株式会社津川洋行	不正咬合	臼歯切断に使用
株式会社津川洋行	不正咬合	切歯に装着し上下に開口させる
株式会社津川洋行	不正咬合	両頬内側に装着し左右に開口させる
ビー・ブラウンエースクラップ株式会社	不正咬合	臼歯切削時，舌を保護するために使用する
株式会社オサダメディカル	不正咬合	切歯切断や臼歯切削に使用する
株式会社オサダメディカル	不正咬合	抜歯に使用する。犬や猫では歯石除去にも使用できる
株式会社オサダメディカル	不正咬合	抜歯に使用する。犬や猫では抜歯にも使用できる

表1 ウサギの診療に使用している器具・器材（つづき）

	商品名	規格
ラウンドバー	サクセスバー・ドリル	ヘッド径2.1mm，3.1mm
ダイヤモンドディスク	ホリコ ダイヤモンドディスク（ジュニアフレックス）	直径8，10，13mmディスク
ラクスエーター	ウサギ用ラクスエーター	大195mm
中性電解水生成器	Meau DS-1	
サージカルテープ	トランスポア サージカルテープ	幅12.5mm，25mm
熱可塑性キャスト材	プライトン-100	2号（幅5.0cm）
ストッキネット	制菌・ストッキネット	1号（幅2.8cm）
自着性伸縮包帯	クラシール	幅25mm
自着性弾力包帯	コーバン	幅25mm
ピンチャックハンドル	ヤコブチャックハンドル	全長270mm
骨膜起子	フレア式骨膜起子	全長178mm
骨鉗子	セルフセンタリング骨鉗子	全長150mm
キルシュナー鋼線	両端トロカール型	0.9mm，1.1mm
ピンカッター	ピンカッター	31.5cm
整形外科用軟性ワイヤー	ワイヤースプール	22〜24G
ワイヤー誘導子	ワイヤーガイド	
ワイヤー締結器	ワイヤーツイスター	15.2cm
ホーマン型レトラクター	ホーマン型レトラクター	全長159mm
センミラーレトラクター	センミラーレトラクター	鈍先160mm
大腿骨頭離断レトラクター	大腿骨頭離断レトラクター	全長140mm
骨ノミ	骨のみ（オステオトーム）	刃幅7.9mm
骨ヤスリ	関節形成用骨ヤスリ	靴べら型170mm
骨ツチ	コンビマレット骨つち	
ゲルピー開創器	ゲルピー開創器	100mm
電動式骨手術器	プリマド2	
粘着性弾力包帯	エラテックス	3号（2.5cm幅）
固定マット	バスターバキューサポート	50×100cm
スリットランプ	SL-15Lポータブルスリットランプ	
TONO-PEN	トノペン AVIA VET	
倒像鏡用非球面レンズ	20D倒像鏡用非球面レンズ	

付録-G　ウサギの診療に使用している器具・器材

販売元	用途	備考
株式会社オサダメディカル	不正咬合	臼歯切削に使用する
株式会社茂久田商会	不正咬合	切歯切断に使用する
株式会社津川洋行	不正咬合	切歯抜歯に使用する
日本アクア販売株式会社	皮膚疾患	抗菌スペクトルが広く，細菌，ウイルス，真菌，芽胞が除菌できる。皮膚だけでなく，口腔，目，陰部，肛門などの粘膜に対して使用できる
スリーエムヘルスケア販売株式会社	外固定	外固定時クッション材の一時固定や，あぶみに使用する
アルケア株式会社	外固定	外固定時のキャスト材として使用する
アルケア株式会社	外固定	外固定時のクッション材として使用する
クラレクラフレックス株式会社	外固定	外固定時のクッション材として使用する
スリーエムヘルスケア販売株式会社	外固定	外固定時キャスト剤成形に使用する
株式会社キリカン洋行	ピンニング	髄内ピン挿入に使用する。本来犬猫用であるため，やや大きい
株式会社キリカン洋行	ピンニング	骨膜剥離や筋肉と骨の分離に使用する
株式会社キリカン洋行	ピンニング	骨への圧力を調整できる骨鉗子
株式会社キリカン洋行	ピンニング	髄内ピンとして使用する
ミズホ株式会社	ピンニング	3.0〜4.0mmの鋼線を切断できる。本来犬猫用であるため，やや大きい
株式会社キリカン洋行	ピンニング	骨折ワイヤー固定に使用する
株式会社キリカン洋行	ピンニング	ワイヤーを骨周囲に配置する際の誘導用ガイド
株式会社キリカン洋行	ピンニング	古い把針器で代用可能
株式会社キリカン洋行	骨頭切除	先端を骨〜筋間に挿入，テコの原理で持ち上げる
株式会社津川洋行	骨頭切除	くま手型のレトラクター
株式会社キリカン洋行	骨頭切除	靱帯を切断し，寛骨臼から大腿骨頭を離断するために使用する
株式会社キリカン洋行	骨頭切除	骨切り術に使用する
株式会社津川洋行	骨頭切除	骨切断面の微調整に使用する
株式会社キリカン洋行	骨頭切除	打撃の衝撃を和らげる交換可能なプラスチックヘッド骨ツチ
株式会社津川洋行	骨頭切除	小型動物や狭小部位に最適なゲルピー開創器。犬では椎間板ヘルニア手術などにも有用である
株式会社ナカニシ	骨頭切除	アタッチメントの交換によりオシレート機能を有したワイヤードライバーも接続可能であり，創外固定，ピンニング，プレーティング，骨切断などあらゆる整形外科手術に対応可能である
アルケア株式会社	吊り包帯	テーピング，吊り包帯，外固定時のあぶみに使用する
富士平工業株式会社	膀胱結石	動物を寝かせた後，内部の空気を抜くと体型通りの形状で固定できるX線透過性固定マット
興和株式会社	眼科疾患	角膜，前房，虹彩，水晶体，硝子体前部の検査に使用する
輸入販売元：アールイーメディカル株式会社	眼科疾患	眼圧測定
輸入販売元：株式会社キーラー・アンド・ワイナー	眼科疾患	倒像検査

付録-H
参考図書

著者がウサギの診療を学び，執筆するにあたって参考にさせていただいた書籍を掲載する．大きく，ウサギについての基礎知識や、検査，診断，治療の参考にさせていただいたエキゾチック関連の書籍と，ウサギの診療に応用するために参考にさせていただいた犬猫関連の書籍に分けられる．

いずれもすばらしい書籍であるため，ぜひ参考にしていただきたい．

エキゾチック関連書籍

総合
- Katherine E. Quesenberry, James W. Carpenter（2012）：フェレット・ウサギ・齧歯類の内科と外科，田向健一監訳，インターズー，東京．
- Johon E. Harkness, Joseph E. Wagner（1998）：ウサギと齧歯類の生物学と臨床医学，斉藤久美子，林典子訳，松原哲舟監修，LLLセミナー，鹿児島．
- 斉藤久美子（1997）：ウサギ学入門，インターズー，東京．
- 斉藤久美子（2006）：実践ウサギ学－診療の基礎から応用まで－，インターズー，東京．
- 霍野晋吉（1998）：エキゾチックアニマルの診療指針 Vol. 1, 2，インターズー，東京．

解剖
- Peter Popesko（2012），ATLAS OF TOPOGRAPHICAL ANATOMY OF THE RABBIT [Kindle 版]，Vydavatelstvo Priroda, s.r.o. Slovakia.
- Thomas O. McCracken, Robert A. KainerKather, David Carlson（2009）：イラストで見る小動物解剖カラーアトラス，浅利昌男監訳，インターズー，東京．
- 加藤嘉太郎，山内昭二（2003）：新編家畜比較解剖図説上・下巻，養賢堂，東京．

外科
- Douglas Slatter,（2000）：スラッター 小動物の外科手術1, 2巻，高橋 貢，佐々木伸雄監訳，永文堂出版，東京．

歯科
- David A. Crossley, 奥田綾子（1999）：げっ歯類とウサギの臨床歯科学，ファームプレス，東京．

眼科
- Nicholas J. Millichamp（2004）：THE VETERINARY CLINICS OF NORTH AMERICA エキゾチックアニマル臨床シリーズ Vol. 9 眼科学，高橋和明監訳，インターズー，東京．

エキゾチック関連雑誌

外科
- 岡野祐士，村上佐和子（2007）：ウサギの全身麻酔，VEC, 5（4），6-13，インターズー，東京．
- 佐々井浩志，藤田大介，藤田 直，岡村健作，森 さやか，山崎了経，石井 隼（2007）：ウサギの全身麻酔－ペインコントロールの重要性－，VEC, 5（4），14-22，インターズー，東京．
- 田中 治（2007）：ウサギに対する気管内挿管について，VEC, 5（4），23-25，インターズー，東京．
- 毛利 崇（2006）：ウサギの毛球症の内科療法，VEC, 4（3），20-26，インターズー，東京．

整形外科

- 佐々井浩志，藤田大介，岡村健作，山崎了経，石井隼，田上弓圭里（2009）：ECの骨折治療［総論］，VEC，7（2），3-20，インターズー，東京．

消化器

- 小沼　守（2006）：ウサギの毛球症の診断，VEC，4（3），6-18，インターズー，東京．
- 加藤　郁（2012）：ウサギの救急疾患，エキゾチック診療，4（4），20-35，インターズー，東京．
- 加藤　郁（2013）：ウサギの食欲不振とは，エキゾチック診療，5（1），24-30，インターズー，東京．
- 霍野晋吉（2010）：写真でわかる消化器の解剖と上部消化管の疾患，エキゾチック診療，2（4），6-25，インターズー，東京．
- 霍野晋吉（2011）：写真でわかる消化器疾患（上部消化管）の検査①，エキゾチック診療，3（1），3-14，インターズー，東京．
- 霍野晋吉（2011）：写真でわかる消化器疾患（上部消化管）の検査②，エキゾチック診療，3（2），6-18，インターズー，東京．
- 霍野晋吉（2011）：写真でわかる胃のうっ滞・毛球症の治療，エキゾチック診療，3（3），6-24，インターズー，東京．
- 霍野晋吉（2011）：写真でわかる下部消化器疾患，エキゾチック診療，3（4），3-21，インターズー，東京．
- 毛利　崇（2006）：ウサギの毛球症の内科療法，VEC，4（3），20-26，インターズー，東京．

歯科

- Alexander M. Reiter，曽根和代（2010）：ウサギ，モルモット，チンチラにおける咀嚼器官の解剖と歯科疾患の病態生理，エキゾチック診療，2（1），50-56，インターズー，東京．
- 網本昭輝（2004）：ウサギの臼歯の不正咬合の診断と治療，VEC，2（2），25-33，インターズー，東京．
- 清水邦一，清水宏子（2004）：ウサギの臼歯の不正咬合の安全な治療法，VEC，2（2），34-40，インターズー，東京．
- 鶴岡　学，斉藤久美子（2004）：ウサギの臼歯の不正咬合の現状，VEC，2（2），6-10，インターズー，東京．
- 若松　勲（2007）：超音波多目的治療器にソード型チップを装着してウサギの切歯および臼歯の抜歯術を行った臨床応用，CAP，214，66-71，緑書房，東京．

皮膚

- 飯塚春奈，三輪恭嗣（2009）：特集　ウサギの皮膚疾患　ウサギの皮膚疾患の検査方法，VEC，7（1），12-19，インターズー，東京．
- 田川雅代（2009）：特集　ウサギの皮膚疾患　落屑，鱗屑を伴う皮膚疾患，VEC，7（1），20-27，インターズー，東京．
- 田向健一，赤羽良仁（2009）：特集　ウサギの皮膚疾患　びらん，発赤，潰瘍を伴う皮膚疾患，VEC，7（1），28-36，インターズー，東京．
- 霍野晋吉（2009）：特集　ウサギの皮膚疾患　ウサギの外部寄生虫，VEC，7（1），44-56，インターズー，東京．
- 中田至郎（2013）：特集　脱毛症を見極める！　ウサギ　原因となる基礎疾患と鑑別診断，エキゾチック診療，5（2），30-46，インターズー，東京．

生殖器

- 大橋英二（2005）：ウサギの雌性生殖器疾患の概要，VEC，3（1），6-8，インターズー，東京．
- 小沼　守（2005）：ウサギの雌性生殖器疾患の予防：避妊手術，VEC，3（1），29-33，インターズー，東京．
- 小沼　守（2005）：ウサギの雌性生殖器疾患の治療，VEC，3（1），21-28，インターズー，東京．
- 佐々井浩志，藤田大介，上田洋平，奥田秀子，岸本真樹，飯島　尚：ウサギの雌性生殖器疾患の診断，VEC，3（1），9-20，インターズー，東京．

泌尿器

- 岡野祐士（2003）：ウサギの病気の診断法3 ウサギの尿，VEC，1（4），8-12，インターズー，東京．
- 加藤　郁（2008）：ウサギの尿石症，VEC，6（4），3-9，インターズー，東京．

脳および神経

- 霍野晋吉（2015）：写真でわかる脳・脳神経の解剖と神経学的検査，エキゾチック診療，7（1），66-77，インターズー，東京．

眼科

- 岡野祐士（2009）：ウサギの眼圧の参考基準値，VEC，

7（3），56-59，インターズー，東京．
- 小野　啓（2009）：ウサギの眼科学－眼の特徴と検査のコツ，VEC，7（3），6-11，インターズー，東京．
- 小野　啓（2009）：水晶体破壊性ぶどう膜炎の診断と治療，VEC，7（3），12-15，インターズー，東京．
- 霍野晋吉（2009）：流涙と眼脂がみられる疾患，VEC，7（3），34-43，インターズー，東京．

犬猫関連書籍

一般診療
- 浅野妃美，浅野隆司（2003）：コンパニオン・アニマルの看護技術学，インターズー，東京．

外科
- 枝村一弥（2007）：ロジックで攻める！！初心者のための小動物の実践外科学，チクサン出版社，東京．

整形外科
- Ann L. Johnson, John EF. Houlton, Rico Vannini（2009）：AO法によるイヌとネコの骨折治療－基本原則から実践的手技まで－，泉澤康晴日本語版総編集，インターズー，東京．
- Donald L. Piermattei, Kenneth A. Johnson（2005）：イラストでみるイヌとネコの骨・関節へのアプローチ，原　康監訳，インターズー，東京．

腫瘍
- Stephen J. Withrow, E. Gregory MacEwen（2000）：小動物の臨床腫瘍学　第2版，岡　公代訳，松原哲舟監修，LLLセミナー，鹿児島．
- Rob Foale, Jackie Demetriou（2012）：SAUNDERSソリューションシリーズ　ポイント解説　症状から見る小動物の腫瘍，町田　登訳，インターズー，東京．

眼科
- Glenn A. Severin（2003）：セベリンの獣医眼科学　基礎から臨床まで　第3版，小谷忠生，工藤荘六監訳，インターズー，東京．

犬猫関連雑誌原稿

外科
- 中川貴之（2011）：胃切開術と胃部分切除術，SURGEON，15（3），6-17，インターズー，東京．

整形外科
- 川田　睦，戸次辰郎（2015）：跛行診断における画像診断，CAP，30（2），35-44，緑書房，東京．
- 根津欣典（2005）：後肢の断脚，SURGEON，9（2），30-37，インターズー，東京．
- 山口伸也（2015）：跛行診断のアプローチ方法，CAP，30（2），21-33，緑書房，東京．

付録-1
索引

【あ】
アチパメゾール　　36，付録60
アトロピン　　33
アラセプリル　　付録60
アルファルファ　　付録48
アルベンダゾール　　付録58

【い】
胃液　　付録47
胃切開術　　60
イソフルラン　　35
イトラコナゾール　　90，付録58
イヌセンコウヒゼンダニ　　91
イネ科植物　　付録48
異物摘出鉗子　　付録64
イベルメクチン　　89，付録58
陰睾　　126
陰嚢腫大　　124
陰嚢ヘルニア　　125，付録27

【う】
ウサギ
　　おやつ　　付録49
　　しつけ　　付録50
　　食餌　　付録47
　　トイレ　　付録50
　　特徴　　付録46
　　年齢　　付録46
　　水　　付録48
ウラジロガシエキス　　付録60
ウルソデオキシコール酸　　付録60

【え】
栄養カテーテル　　付録64

エナラプリルマレイン酸塩　　付録60
エピネフリン　　付録60
エレベーター　　79
エンセファリトゾーン症　　付録28
エンテロコッカス・フェシウム　　付録60
エンロフロキサシン　　87，付録58

【お】
横隔膜ヘルニア　　付録20
オキシブプロカイン塩酸塩　　210，付録62
オフロキサシン　　付録62

【か】
開口器　　81，付録64
外固定　　141
外耳処置　　23
外傷性眼球突出　　付録41
疥癬　　91
外側広筋　　183
開張症　　136，付録44
外部寄生虫症　　付録22
開放骨折　　154
核硬化　　付録40
角膜炎　　213，付録37
角膜潰瘍　　213，付録37
角膜瘢痕化　　付録39
角膜反射　　201
角膜閉鎖症　　216，付録41
角膜保護薬　　208
かじり木　　85
活性炭　　付録60
下部呼吸器炎症　　付録18
眼圧測定　　203
簡易ICU　　37

肝炎　　付録17
眼科検査　　197
眼科疾患　　付録36
眼窩腫瘍　　付録42
眼窩膿瘍　　付録38
眼球萎縮　　付録9
眼球突出　　付録10
眼球癆　　付録42
緩下剤　　58
眼瞼炎　　218
眼瞼反射　　201
眼瞼閉鎖不全　　215
寛骨臼骨折　　169
眼脂　　付録8
眼振　　133
関節炎　　付録33
関節鼠　　付録33
乾草　　付録48
　　1番刈り　　付録48
　　2番刈り　　付録48
管電圧　　132
眼白濁　　付録11
顔面神経麻痺　　198
換毛　　94
肝リピドーシス　　付録17

【き】

気管支パターン　　付録18
気管チューブ　　付録64
キチン　　付録60
キチン・キトサン配合軟骨　　97
キトサン　　付録60
偽妊娠　　104
ギプス包帯　　144
吸引器　　64，付録64
臼歯　　67
　　臼歯の切削　　81
　　臼歯の抜歯　　83
　　臼歯の不正咬合の処置　　81
臼歯カッター　　81，付録64
給水器　　付録49
吸入麻酔ボックス　　33
矯正切断　　79

胸腺腫　　付録19
蟯虫　　付録16
局所麻酔点眼薬　　210
去勢手術　　121
筋肉内注射　　26

【く】

駆血器　　付録64
くしゃみ　　付録4
クランベリーパウダー　　付録60
グリッド　　132
グルコサミン　　付録60
クロストリジウム性腸炎　　付録17
クロラムフェニコール　　87，207，付録58，付録62

【け】

経口投与　　27
脛骨骨折　　159
脛骨前方引き出し徴候　　138
頸椎椎間板ヘルニア　　付録32
経鼻気管カテーテル　　33
経鼻食道カテーテル　　28
ケージ　　付録49
外科用吸引管　　付録64
外科用接着剤　　付録60
ケタミン　　33，付録60
血液検査　　15
血液-房水関門　　207
血尿　　付録6
結膜炎　　211，付録36
毛抜き行動　　93，付録23
下痢　　付録3
ゲルピー開創器　　付録66
肩関節脱臼　　138，175
元気消失　　付録5
健康診断　　3

【こ】

高BUN血症　　付録13
抗菌薬　　207
口腔内検査　　10，70
虹彩　　214
後肢吊り包帯　　176

交尾排卵動物　　付録46
酵母菌　　付録16
股関節脱臼　　136, 169, 175
呼吸回路　　付録64
呼吸器疾患　　付録18
呼吸困難　　付録10
呼吸数　　付録46
コクシジウム　　付録16
骨鉗子　　付録66
骨棘　　付録33
骨頸骨折　　169
骨折　　133
骨頭骨折　　169
骨ノミ　　付録66
骨盤骨折　　付録31
骨膜起子　　付録66
骨ヤスリ　　付録66
固有受容感覚検査　　132

【さ】
細菌性外耳炎　　付録25
細菌性肝炎　　付録17
細隙灯　　202
採血　　15
採血用注射器　　付録64
細針吸引生検　　97
削痩　　付録12
坐骨神経　　172, 183
散瞳薬　　210

【し】
ジアゼパム　　付録60
ジアルジア　　付録16
飼育環境
　　温度　　付録49
　　湿度　　付録49
飼育方法　　付録49
歯科用多目的超音波治療器　　付録64
色素尿　　付録33
子宮間膜　　111
子宮疾患　　付録26
子宮動静脈　　112
歯棘　　68

ジクロフェナクナトリウム　　208, 付録62
歯根膜　　80
歯式　　付録46
四肢骨折　　付録30
四肢脱臼　　付録33
耳疾患　　付録12
糸状菌鑑別用培地　　93
糸状菌検出試験紙　　92
歯髄　　78
自着性伸縮包帯　　付録66
膝蓋骨脱臼　　137
湿性皮膚炎　　91, 96, 付録21
シプロヘプタジン　　56, 付録60
ジメチコンシロップ　　58, 付録60
斜頸　　133
雌雄鑑別　　9, 付録46
十字靱帯損傷　　138
臭腺　　付録47
周年繁殖　　付録46
集卵法　　13
出産数　　付録46
授乳　　付録46
シュミーデン縫合　　63
腫瘤　　付録11
循環器疾患　　付録43
瞬膜疾患　　216
瞬膜腺過形成　　216, 付録42
瞬目反応　　201
消化管運動機能低下症　　45, 付録14
消化管運動亢進薬　　56
消化管造影X線検査
　　毛球症　　51
消化管内寄生虫症　　付録16
消化器疾患　　付録14
消泡剤　　58
静脈内注射　　26
上腕骨骨折　　159
食欲増進薬　　56
食欲不振　　付録2
ショック状態　　60
シラミ　　付録22
シルマーティア検査　　197
神経学的検査　　131

神経疾患　　　付録 28
神経症状　　　付録 6
腎結石　　　付録 35
靭帯切断用起子　　　173
深殿筋　　　172
心拍数　　　付録 46
心肥大　　　付録 43
心不全　　　付録 43
腎不全　　　付録 35
深部痛覚検査　　　132

【す】
水晶体核硬化　　　付録 40
水晶体癒着　　　214
ズツキダニ　　　95，付録 22
ステロイド　　　208
ストラバイト結晶　　　189
スノコ　　　付録 49
スプレー　　　121
スラッジ　　　付録 34
スリットランプ　　　202，付録 66
スルファメトキサゾール・トリメトプリム　　　付録 58

【せ】
精管　　　123
生菌製剤　　　59
整形外科疾患　　　付録 30
生殖器疾患　　　付録 26
性成熟　　　付録 46
精製ヒアルロン酸ナトリウム　　　付録 62
精巣炎　　　124
精巣腫瘍　　　付録 27
精巣上体　　　123
精巣上体炎　　　124
精巣上体尾間膜　　　123
精巣摘出術　　　121
精巣動静脈　　　123
生体顕微鏡検査　　　202
成長期　　　付録 46
赤色尿　　　付録 6
脊髄神経根炎　　　付録 28
脊椎骨折　　　134，付録 32
脊椎疾患　　　134

脊椎脱臼　　　134，付録 32
脊椎の触診　　　132
舌圧子　　　付録 64
切開用ドレープ　　　付録 64
切歯　　　67
　　　切歯の抜歯　　　79
　　　切歯の不正咬合の処置　　　77
切歯カッター　　　77，付録 64
セラメクチン　　　89，付録 58
セロハンテープ法　　　89
旋回運動　　　133
浅後腹壁動静脈　　　105
全肢ギプス包帯　　　144
前肢吊り包帯　　　176
前庭疾患　　　133
前庭症状　　　付録 28
浅殿筋　　　173
前房蓄膿　　　214
センミラーレトラクター　　　付録 66

【そ】
ソアホック　　　97
足底皮膚炎　　　97，付録 23
続発性緑内障　　　214
鼠径ヘルニア　　　付録 28
鼠径輪　　　123
組織プラスミノーゲンアクチベータ　　　付録 58
ソノサージ　　　117

【た】
大腿筋膜　　　172
大腿筋膜張筋　　　173
大腿骨骨折　　　159
大腿骨頭切除術　　　169
大腿骨頭離断レトラクター　　　付録 66
大腿静脈　　　183
大腿直筋　　　183
大腿動脈　　　183
大腿二頭筋　　　172
体表腫瘍　　　付録 21
体表腫瘤　　　付録 11，付録 21
　　　体表腫瘤摘出術　　　99
体表膿瘍　　　付録 20

ダイヤモンドディスク　78, 付録66
多飲多尿　付録12
断脚術　181
炭酸脱水素酵素阻害薬　209

【ち】

恥骨筋　183
チモシー　付録48
チモロールマレイン酸塩　210, 付録62
チャイニーズ・フィンガートラップ縫合　28
中間広筋　183
肘関節脱臼　138, 175
中耳炎　付録29
注射反応性皮膚炎　95, 付録26
中性電解水　88
中性電解水生成器　付録66
中殿筋　173
中毒　付録44
超音波凝固・切開　117
超音波検査　19
聴診　5
聴診器　6, 付録64
直腸温　付録46
直腸腫瘍　付録18

【つ】

椎間板ヘルニア　135, 付録32
爪切り　21
ツメダニ　94, 付録22
吊り包帯　175

【て】

低ALB血症　55
デキサメタゾン　付録60
デキサメタゾンメタスル安息香酸エステルナトリウム
　　付録62
デキサメタゾン点眼薬　208
電動式骨手術器　付録66

【と】

倒像鏡非球面レンズ　付録66
倒像検査　203
糖尿病　付録44

ドキサプラム塩酸塩水和物　付録60
ドキシサイクリン塩酸塩水和物　付録58
特発性てんかん　付録30
ドルゾラミド塩酸塩　209, 付録62
トレポネーマ症　90, 付録24
トロピカミド　210, 付録62

【な】

内固定　157
内耳炎　付録29
内側広筋　183
内転筋　183
生牧草　付録49
軟便　付録3

【に】

肉芽腫性脳炎　付録28
肉垂　付録47
ニューキノロン系抗菌薬　207, 208
乳腺炎　104
乳腺癌　106
乳腺腫瘍　付録27
乳腺腫瘍摘出術　104
尿管結石　付録35
尿検査　14
尿道結石　付録34
妊娠期間　付録46

【ぬ】

【ね】

ネコショウセンコウヒゼンダニ　91
熱可塑性キャスト材　付録66
熱中症　付録43

【の】

膿瘍摘出術　106
ノミ　95, 付録22

【は】

肺水腫　付録20
排尿障害　付録9
肺膿瘍　付録19

肺胞パターン　付録18
ハエウジ症　97，付録25
歯ぎしり　付録3
薄筋　183
白色ワセリン　付録60
白内障　付録40
跛行　付録4
　　跛行の診断　129
抜歯用チップ　付録64
半腱様筋　183
瘢痕化　付録39
半肢ギプス包帯　147
半膜様筋　183

【ひ】
ヒアルロン酸ナトリウム点眼薬　208
鼻炎　付録18
皮下注射　25
皮下輸液　25
鼻汁　付録4
ヒゼンダニ　付録22
泌尿器疾患　付録33
避妊手術　109
皮膚異常　付録4
皮膚糸状菌症　92，付録24
皮膚疾患　付録20
　　陰部周囲の皮膚疾患　91
　　外鼻孔周囲の皮膚疾患　90
　　眼周囲の皮膚疾患　92
　　口唇周囲の皮膚疾患　92
　　背部の皮膚疾患　94
皮膚腫瘤　97
肥満　付録43
鼻涙管狭窄　付録37
鼻涙管洗浄　211
鼻涙管閉塞　211，付録37
ピンカッター　付録66
ピンチャックハンドル　付録66
ピンニング　157

【ふ】
ファモチジン　付録58
フィプロニル　89，付録45

フェノバルビタール　付録60
腹囲膨満　付録8
伏在神経　183
副子　147
副鼻腔炎　付録18
浮腫　付録13
不正咬合　付録15
　　不正咬合の診断　67
　　不正咬合の治療　77
　　不正咬合の予防　84
不正咬合由来鼻炎　付録18
ぶどう膜炎　213，付録37
ブピバカイン塩酸塩水和物　付録60
ブピバカイン注射薬　101
プラノプロフェン　208，付録62
フルオレセイン試験　199
プレドニゾロン　208，付録60，付録62
プレバイオティクス　59
フロセミド　付録60
分娩異常　付録28
糞便検査　13

【へ】
へちま　85
ペレット　付録48
変形性脊椎症　135
便秘　付録2

【ほ】
膀胱炎　付録33
縫工筋　183
膀胱結石　付録34
　　膀胱結石摘出術　189
縫合糸　付録64
膀胱腫瘍　付録36
ホーマン型レトラクター　付録66
牧草フィーダー　付録50
歩行検査　130
頬拡張器　81，付録64
ポルフィリン　付録33

【ま】
マイクロエンジン　78，付録64

麻酔　31
マメ科植物　付録48
マルボフロキサシン　付録58

【み】
耳ダニ症　付録25
ミミヒゼンダニ（耳ダニ）　91, 付録22
脈絡膜　213

【む】

【め】
メデトミジン　31, 33, 付録60
メトクロプラミド　33, 56, 付録58
メトロニダゾール　付録58
メロキシカム　208, 付録60

【も】
毛球症　45, 付録14
　　毛球症の内科治療　55
盲腸便　付録47
　　盲腸便の食べ残し　付録9
毛様体　213
モサプリド　56, 付録58
モニタリング　35

【や】
薬剤　付録58
野菜　付録49
野草　付録49

【ゆ】
輸液　55

【よ】
ヨウ化銀錯塩　付録60
ヨード系造影剤イオヘキソール　付録60

【ら】
ラウンドバー　82, 付録65
ラキサトーン　58
ラクスエーター　30, 付録66
ラニチジン　付録58

卵巣間膜　110
卵巣子宮摘出術　109
卵巣動静脈　110

【り】
リーフレット　付録55
リドカイン塩酸塩　付録60
離乳　付録46
流動食　57
流動パラフィン　付録60
流涙　付録7
緑内障　214, 付録39
　　緑内障治療薬　209
臨床化学分析装置　付録64
臨床検査　13

【る】
涙点　212
涙嚢炎　211, 付録37

【れ】

【ろ】
ローリング　133

【わ】
ワイヤー固定　164
ワイヤー締結器　付録66
ワイヤー誘導子　付録66

【英文用語】
BCS　7
Cyniclomyces guttulatulus　14, 付録16
merangiotic型　203
NSAIDs　208
tPA　付録41
v-gel　39
Walking suture　102
X線CT検査　19
　　不正咬合　72
X線検査　18, 49
　　不正咬合　70
　　毛球症　50
β受容体遮断薬　210

著者
沖田将人
アレス動物医療センター（富山県高岡市）院長

できる!! ウサギの診療

2016年9月16日	第1版第1刷発行
2016年11月14日	第1版第2刷発行
2017年2月28日	第1版第3刷発行
2018年9月14日	第1版第4刷発行
2021年10月25日	第1版第5刷発行

著　者	沖田将人
発 行 者	西澤行人
発 行 所	株式会社 EDUWARD Press（エデュワードプレス）
	〒194-0022
	東京都町田市森野1-27-14　サカヤビル2F
	編集部　Tel：042-707-6138／Fax：042-707-6139
	業務部（受注専用）Tel：0120-80-1906／Fax：0120-80-1872
	振替口座　00140-2-721535
	E-mail　info@eduward.jp
	Web Site　https://eduward.jp（コーポレートサイト）
	https://eduward.online（オンラインショップ）
組　版	有限会社アーム
印刷・製本	瞬報社写真印刷株式会社
表紙デザイン	龍屋意匠合同会社

乱丁・落丁本は送料小社負担にてお取り替えいたします。
本書の内容に変更・訂正などがあった場合は，小社Web Site（上記参照）にてお知らせいたします。
本書を無断で複製する行為は，「私的使用のための複製」など著作権法上の限られた例外を除き禁じられています。
大学，動物病院，企業などにおいて，業務上使用する目的（診療，研究活動を含む）で上記の行為を行うことは，その使用範囲が内部的であっても，私的使用には該当せず，違法です。また，私的使用に該当する場合であっても，代行業者などの第三者に依頼して上記の行為を行うことは違法となります。

Copyright©2016 Masato Okida and Interzoo Publishing Co., Ltd.
All Rights Reserved. Printed in Japan
ISBN978-4-89995-948-9 C3047